21世纪高等学校计算机专业实用规划教材

C++语言程序设计

◎千锋教育高教产品研发部 / 编著

U0378348

清华大学出版社
北京

内容简介

本书以零基础讲解为宗旨,摒弃了枯燥乏味、层次结构混乱等缺陷,不会在初学者还不会编写代码的情况下,就开始讲解算法,这样只会吓跑初学者,让初学者难以入门。

本书知识系统全面,吸取了十多本 C++ 语言图书及教材的优点。全书共 10 章,涵盖 C++ 语言基础、封装性、继承性、多态性、模板、输入输出流、异常处理、STL 等主流 C++ 语言开发技术。为了使大多数读者都能看懂,本书采用朴实生动的语言来阐述复杂的问题,列举了大量案例进行讲解,真正做到通俗易懂。

本书面向初学者和中等水平的 C++ 语言开发人员、大专院校及培训学校的老师和学生,是掌握主流 C++ 语言开发技术的必读之作。

图书在版编目(CIP)数据

C++语言程序设计/千锋教育高教产品研发部编著.—北京:清华大学出版社,2018(2023.4重印)
(21世纪高等学校计算机专业实用规划教材)
ISBN 978-7-302-51436-7

Ⅰ.①C… Ⅱ.①千… Ⅲ.①C++语言—程序设计 Ⅳ.①TP312.8

中国版本图书馆 CIP 数据核字(2018)第 235744 号

责任编辑:贾 斌 李 晔
封面设计:张 琴
责任校对:李建庄
责任印制:曹婉颖

出版发行:清华大学出版社
   网   址:http://www.tup.com.cn,http://www.wqbook.com
   地   址:北京清华大学学研大厦 A 座   邮 编:100084
   社 总 机:010-83470000   邮 购:010-62786544
   投稿与读者服务:010-62776969,c-service@tup.tsinghua.edu.cn
   质量反馈:010-62772015,zhiliang@tup.tsinghua.edu.cn
   课件下载:http://www.tup.com.cn,010-83470236

印 装 者:三河市龙大印装有限公司
经 销:全国新华书店
开 本:185mm×260mm 印 张:21.5 字 数:491千字
版 次:2018年12月第1版 印 次:2023年4月第5次印刷
印 数:2801～3300
定 价:59.80元

产品编号:077959-01

C++语言程序设计编委会

序 preface

为什么要写这样一本书

当今的世界是知识爆炸的世界，科学技术与信息技术急速发展，新型技术层出不穷，但教科书却不能将这些知识内容随时编入，致使教科书的知识内容很快便会陈旧不实用，以致教材的陈旧性与滞后性尤为突出，在初学者还不会编写一行代码的情况下，就开始讲解算法，这样只会吓跑初学者，让初学者难以入门。

IT这个行业，不仅仅需要理论知识，更需要的是实用型、技术过硬、综合能力强的人才。所以，高校毕业生求职面临的第一道门槛就是技能与经验的考验。由于学校往往注重学生的素质教育和理论知识，而忽略了对学生的实践能力培养。

如何解决这一问题

为了解决这一问题，本书倡导的是快乐学习，实战就业。在语言描述上力求准确、通俗、易懂，在章节编排上力求循序渐进，在语法阐述时尽量避免术语和公式，从项目开发的实际需求入手，将理论知识与实际应用相结合。目标就是让初学者能够快速成长为初级程序员，并拥有一定的项目开发经验，从而在职场中拥有一个高起点。

千锋教育

在瞬息万变的 IT 时代，一群怀揣梦想的人创办了千锋教育，投身到 IT 培训行业。七年来，一批批有志青年加入千锋教育，为了梦想努力前行。千锋教育秉承用良心做教育的理念，为培养"顶级 IT 精英"而付出一切努力。为什么会有这样的梦想，我们先来听一听用人企业和求职者的心声：

"现在符合企业需求的 IT 技术人才非常紧缺，这方面的优秀人才我们会像珍宝一样对待，可为什么至今没有合格的人才出现？"

"面试的时候，用人企业问能做什么，这个项目如何来实现，需要多长的时间，我们当时都蒙了，回答不上来。"

"这已经是面试过的第十家公司了，如果再不行的话，是不是要考虑转行了，难道大学里的四年都白学了？"

"这已经是参加面试的 N 个求职者了，为什么都是计算机专业，当问到项目如何实现，怎么连思路都没有呢？"

这些心声并不是个别现象，而是中国社会反映出的一种普遍现象。高校的 IT 教育与企业的真实需求存在脱节，如果高校的相关课程仍然不进行更新的话，毕业生将面临难以就业的困境。很多用人单位表示，高校毕业生表面上知识丰富，但高校学习阶段所学知识绝大多数在实际工作中用之甚少，甚至完全用不上。针对上述存在的问题，国务院也作出了关于加快发展现代职业教育的决定。很庆幸，千锋所做的事情就是配合高校达成产学合作。

千锋教育致力于打造 IT 职业教育全产业链人才服务平台，全国数十家分校，数百名讲师团坚持以教学为本的方针，全国采用面对面教学，传授企业实用技能，教学大纲实时紧跟企业需求，拥有全国一体化就业体系。千锋的价值观"做真实的自己，用良心做教育"。

针对高校教师的服务

1. 千锋教育基于近七年来的教育培训经验，精心设计了包含

"教材＋授课资源＋考试系统＋测试题＋辅助案例"的教学资源包，节约教师的备课时间，缓解教师的教学压力，显著提高教学质量。

2. 本书配套代码视频，索取网址：http://www.codingke.com/。

3. 本书配备了千锋教育优秀讲师录制的教学视频，按本书知识结构体系部署到了教学辅助平台(扣丁学堂)上，可以作为教学资源使用，也可以作为备课参考。

高校教师如需索要配套教学资源，请关注(扣丁学堂)师资服务平台，扫描下方二维码关注微信公众平台索取。

扣丁学堂

针对高校学生的服务

1. 学IT有疑问，就找"千问千知"，它是一个有问必答的IT社区，平台上的专业答疑辅导老师承诺工作时间3小时内答复您学习IT中遇到的专业问题。读者也可以通过扫描下方的二维码，关注千问千知微信公众平台，浏览其他学习者在学习中分享的问题和收获。

2. 学习太枯燥，想了解其他学校的伙伴都是怎样学习的？你可以加入"扣丁俱乐部"。扣丁俱乐部是千锋教育联合各大校园发起的公益计划，专门面向对IT有兴趣的大学生提供免费的学习资源和问答服务，已有超过30万名学习者获益。

就业难，难就业，千锋教育让就业不再难！

千问千知

关于本教材

本书既可作为高等院校本、专科计算机相关专业的入门教材，也可作为计算机基础的培训教材，其中包含了千锋教育C++语言基础全部的课程内容，是一本适合广大计算机编程爱好者的优秀读物。

抢红包

本书配套源代码、习题答案的获取方法：添加小千QQ号或微信号2133320438。

注意！小千会随时发放"助学金红包"。

致谢

本教材由千锋教育高教产品研发团队编写。大家在近一年里翻阅了大量 C++ 语言图书，并从中找出它们的不足，通过反复的修改最终完成了这本著作。另外，多名高校老师也参与了教材的部分编写与指导工作。除此之外，千锋教育 500 多名学员也参与到了教材的试读工作中，他们站在初学者的角度对教材提供了许多宝贵的修改意见，在此一并表示衷心的感谢。

意见反馈

在本书的编写过程中，虽然力求完美，但难免有一些不足之处，欢迎各界专家和读者朋友们给予宝贵意见。联系方式：huyaowen@1000phone.com。

千锋教育　高教产品研发部

2018-7-25 于北京

目录

contents

学习Coding知识

获取配套教学资源包

考试系统　在线作业　云课堂

教学PPT　教学设计

成就Coding梦想

在线视频 http://www.codingke.com/

配套源码 微信: 2570726663

Q Q: 2570726663

学IT有疑问，就找千问千知！

第1章

初识 C++

本章学习目标
- 了解 C++ 语言的特征
- 掌握第一个 C++ 程序
- 理解对象与类
- 理解面向对象程序设计思想

C++ 作为一门永不过时的编程语言,早在 20 世纪 90 年代便是最重要的编程语言之一,并在 21 世纪仍然占据着举足轻重的地位,其应用领域也越来越广。C++ 语言的应用领域主要集中在游戏、网络软件、服务器、嵌入式系统这四大领域中。除此之外,近些年,C++ 语言在数字图形处理、虚拟现实仿真等方面也有着广泛的应用。

1.1　C++ 简介

为了让大家更了解 C++ 语言,在深入学习 C++ 语言之前,先分别介绍 C++ 语言的发展史、特征及应用领域。

1.1.1　C++ 发展史

语言的发展是一个逐步递进的过程,C++ 也一样,它是从 C 语言基础上发展而来的。早期的 C 语言主要是用于 UNIX 系统,由于 C 语言的强大功能和各方面的优点逐渐为人们认识,到了 20 世纪 80 年代,C 开始进入其他操作系统,并很快在各类大、中、小和微型计算机上得到了广泛的使用,成为当代最优秀的程序设计语言之一。但随着 C 语言应用的推广,C 语言存在的一些弊端也开始显露出来,比如,C 语言对数据类型检查机制较弱,缺少代码重用机制,难以适应大型程序开发等。

为了保持 C 语言简洁、高效、接近汇编语言的特点,并克服 C 语言本身存在的缺点,1980 年,贝尔实验室的本贾尼·斯特劳斯特卢普(Bjarne Stroustrup)博士(见图 1.1)对 C 语言进行改进和扩充,增加了面向对象程序设计的支持。最初的成果称为 new C,后来称为 C with Class,1983 年正式取名为 C++。经历了 3 次修订后,于 1994 年制定了 ANSI C++ 标准的草案,以后又经过不断的完善,成为目前的 C++ 语言。C++ 语言是同时支持面向过程程序设计和面向对象程序设计的混合型语言,是目前应用最为广泛的高级程序设计语言之一。

图 1.1 C++之父

为了使 C++具有良好的可移植性,C++在 1998 年获得了 ISO、IEC 和 ANSI 的批准,这是第一个 C++的国际标准 ISO/IEC 14882:1998,常称为 C++98 或标准 C++。2003 年,标准委员会发布了 C++标准第二版(ISO/IEC 14882:2003),该版本没有对核心语言进行修改,只是对 C++98 中的部分问题进行了修订。2011 年,新的 C++标准 ISO/IEC 14882:2011(也称 C++11)面世,增加了多线程支持、通用编程支持等,同时标准库也发生了很多变化。2014 年,C++第四版本 ISO/IEC 14882:2014(也称 C++14)发布,这个版本主要对 C++11 做了小范围的扩展并修复了一些错误(bug)以提高性能。

1.1.2   C++的特征

如果能很好地运用 C++,那么程序可以获得很高的性能,消耗较少的资源。在云计算时代,C++在很多关键业务中起到了不可替代的作用。举个例子,曾有业内专家要在美国服务器上部署一个 JSF 编写的网站,安装 GlassFish 失败是因为虚拟机核心线程和进程的总数被限制,只能换成 C++编写的网站。这台服务器还同时运行着 C++编写的 TCP 服务程序和 NoSQL 数据库。总体来说,C++语言的主要特征如下:

- C++是和 C 同样高效且可移植的多用途程序设计语言。
- C++直接和广泛地支持多种程序设计风格(程序化程序设计、资料抽象化、面向对象程序设计、泛型程序设计)。
- C++设计无需复杂的程序设计环境。
- C++语言灵活,运算符的数据结构丰富,具有结构化控制语句,程序执行效率高,而且同时具有高级语言与汇编语言的优点。与其他语言相比,可以直接访问物理地址,与汇编语言相比又具有良好的可读性和可移植性。
- C++语言最有意义的方面是支持面向对象的特征。虽然与 C 的兼容使得 C++具有双重特点,但它在概念上完全与 C 不同,更具面向对象的特征。

- 出于保证语言的简洁和运行高效等方面的考虑,C++ 的很多特性都是以库(如 STL)或其他的形式提供的,而没有直接添加到语言本身。
- C++ 引入了面向对象的概念,使得开发人机交互类型的应用程序更为简单、快捷。很多优秀的程序框架包括 Boost、Qt、MFC、OWL、wxWidgets、WTL 就是使用 C++ 编写的。

1.1.3　C++ 的应用领域

C++ 语言经过 30 多年的发展,已经在编程领域占据着举足轻重的地位,其应用也越来越广。C++ 语言的应用主要集中以下几个领域。

1. 科学计算

科学计算是指为解决科学和工程中的数学问题而利用计算机进行的数值计算。其中 FORTRAN 与 MATLAB 是使用最多的两种语言,但 C++ 语言凭借先进的数值计算库、泛型编程等优势在科学计算这一领域也占有一席之地。

2. 操作系统

操作系统的编写主要是使用 C 语言完成的,但由于 C++ 语言对 C 语言的良好兼容性,这使得 C++ 语言也开始在该领域内崭露头角。

3. 服务器端开发

服务器端开发要求所用的编程语言必须是高效率的,而使用 C++ 语言开发是个很好的选择,因为服务器大多是 Linux、UNIX 等类似操作系统,需要编程者熟悉这些操作系统及网络编程,而这些知识都离不开 C++ 的支持。

4. 游戏开发

C++ 凭借先进的数值计算库与超高的执行效率,在游戏领域发挥着重要作用。基本上所有的网游(客户端与服务器端)、PC 游戏都是使用 C++ 语言编写的,比如星际争霸、魔兽争霸、魔兽世界等。

除此之外,C++ 语言还在图形处理、网络软件、分布式应用、移动设备、嵌入式软件等领域有着重要应用,因此可以说 C++ 是无所不能的。

1.1.4　C++ 主流开发环境

较早期程序设计的各个阶段都要用不同的软件来进行处理,如先用字处理软件编辑源程序,然后用链接程序进行函数、模块连接,再用编译程序进行编译,开发者必须在几种软件间来回切换操作。

现在的编程开发软件将编辑、编译、调试等功能集成在一个桌面环境中,这就是集成开发环境,又称 IDE(Integrated Development Environment),大大方便了用户。

IDE 为用户使用 C、C++、Java 和 Delphi 等现代编程语言提供了方便。不同的技术体系有不同的 IDE。比如 Visual Studio 可以称为 C、C++、VB、C♯等语言的集成开发环境,所以 Visual Studio 可以叫作 IDE。同样,Borland 的 JBuilder 也是一个 IDE,它是 Java 的 IDE。Eclipse 也是一个 IDE,可以作为 Java 语言和 C++语言开发环境。下面介绍几种主流的 C++语言开发环境。

1. Code∷Blocks

Code∷Blocks 是一个体积小、开放源码、免费的跨平台 C/C++集成开发环境,它提供了大量的工程模板,支持插件,并且具有强大而灵活的配置功能,是目前主流的开发环境。

2. Microsoft Visual Studio

Microsoft Visual Studio 是美国微软公司推出的集成开发环境。它包括整个软件生命周期中所需要的大部分工具,如代码管控工具、集成开发环境等,但软件体积偏大,目前最新版本为 Visual Studio 2017。

3. Eclipse

Eclipse 是用于 Java 语言开发的集成开发环境,现在 Eclipse 已经可以作为进行 C、C++、Python 和 PHP 等众多语言的开发环境,此外,也可以安装插件,比如 CDT 是 Eclipse 的插件,它使得 Eclipse 可以作为 C/C++的集成开发环境。

4. Vim

Vim 是一个功能强大的文本编辑器,它是从 Vi 编辑器发展过来的,可以通过插件扩展功能来达到和集成开发环境相同的效果。因此,Vim 有的时候也被程序员当作集成开发环境使用。

5. Microsoft Visual C++ 6.0

Microsoft Visual C++ 6.0 简称 VC 6.0,是微软于 1998 年推出的一款 C++编译器,集成了 MFC 6.0,包含标准版(Standard Edition)、专业版(Professional Edition)与企业版(Enterprise Edition)。发行至今,一直被广泛地用于大大小小的项目开发。本书的开发环境为 Microsoft Visual C++ 6.0。

1.2　第一个 C++程序

一个程序是由若干个程序源文件组成的。为了与其他语言相区分,每一个 C++程序源文件都是以.cpp 为扩展名的,它由编译预处理指令、数据或数据结构定义以及若干个函数组成。接下来以例 1-1 的程序代码来分析 C++ 的基本程序结构。

　　例 1-1

```
1    # include < iostream >
2    using namespace std;
3    int main()
4    {
5        cout << "Hello world!" << endl; //输出"Hello world!"并换行
6        return 0;
7    }
```

运行结果如图 1.2 所示。

```
 D:\com\1000phone\Debug\1-1.exe
Hello world!
Press any key to continue
```

图 1.2　例 1-1 运行结果

　　例 1-1 就是一个完整的 C++ 程序，接下来针对该程序中的部分结构做详细讲解，如图 1.3 所示。

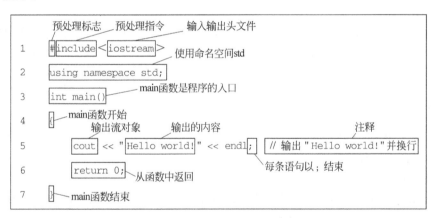

图 1.3　例 1-1 程序分析

1. iostream 头文件

　　第 1 行代码是 C++ 文件包含 ♯include 的编译指令，称为预处理指令。♯include 后面的 iostream 是 C++ 编译器自带的文件，称为 C++ 库文件，它定义了标准输入输出流的相关数据及操作。由于库文件总是被放置在源程序文件的起始处，所以这些文件被称为头文件。在旧的标准 C++ 中，使用的是 iostream.h，现在 C++ 标准明确提出不支持扩展名为.h 的头文件。实际上 iostream 和 iostream.h 是不同的文件，在编译器 include 文件夹里它们的内容是不同的。

　　在例 1-1 第 5 行代码处使用了 iostream 头文件中的 cout 对象来输出一行信息。此处要注意 cout 的用法，它的后面要跟一个插入运算符"≪"，"≪"后面的所有内容都会被输出在屏幕上。如果要输出字符串,务必要使用双引号将其引起来,这里输出"Hello world!"。在该条语句的结尾处,使用了一个换行符号"endl",该符号与"\n"的区别是"endl"除了具备"\n"的换行功能外,还可以刷新缓冲区,让数据直接写入文件或显示在屏幕上。

2. 命名空间

using 是编译指令,namespace 是定义命名空间的关键字。由于 iostream 头文件是C++标准组件库,它所定义的类、函数和变量均放入命名空间 std 中,因此例 1-1 在程序文件的开始位置处指定"using namespace std;"以便能被后面的程序所使用。事实上,cout 就是 std 中已定义的流对象,若不使用"using namespace std;",还可以使用以下两种方式。

```
//第 1 种方式: 使用 using 命名空间名称::成员
using std::cout;
using std::endl;
cout << "Hello world!" << endl;
//第 2 种方式: 使用命名空间名称::成员
std::cout << "Hello world!" << std::endl;
```

显然,使用"using namespace std;"这种方式最为简便,但最好的方式不是用"using namespace std;",而是用"using std::cout;"。为方便起见,本书中使用"using namespace std;"这种方式。

3. main 函数

例 1-1 中,main 表示主函数。由于每一个程序执行时都必须从 main 函数开始,而不管该函数在整个程序中的具体位置,因此每一个 C++程序或由多个源文件组成的 C++项目都有且仅有一个 main 函数。

在 main 函数代码中,"int main()"称为函数的函数头。函数头下面是用一对大括号"{}"括起来的部分,称为 main 函数的函数体。函数体中包括若干条语句,每一条语句都是以分号结束。由于 main 函数名的前面有 int,它表示 main 函数的返回类型是整型,因此需要在函数体中使用关键字 return 来将其后面的值作为函数的返回值。由于 return语句运行后,函数体 return 后面的语句不再被执行,因此除非需要函数提前结束,否则return 语句应写在函数体的最后。

4. 注释

注释是对程序的代码的解释。假如不对程序进行注释,当代码量非常大时,很可能理不清编写思路。C++的注释有两种类型:双斜杠型和斜杠星型。

双斜杠型注释(也称 C++型注释)使用方法比较简单,如例 1-1 中的第 5 行。但如果还想注释下一行,则必须在开头再次写"//",即这种注释只能注释一行语句。

斜杠星型注释(也称 C 型注释)用"/* */"表示,其中"/*"告诉编译器忽略后面所有内容,直到发现"＊/"为止,即"/＊"与"＊/"必须成对出现。这种形式比较烦琐,但是它可以注释多行语句。

1.3　C++程序的运行流程

C++程序的运行流程与其他高级语言运行流程类似,包括编辑、编译、链接和运行4 个步骤。

1. 编辑

编辑是将编写好的 C++语言源程序通过输入设备录入到计算机中,生成磁盘文件加以保存。编辑程序可采用两种方法:一种是使用计算机中装有的文本编辑器,将源程序通过选定的编辑器录入生成磁盘文件,并将文件扩展名修改为.cpp;另一种是选择 C++编译系统提供的编辑器,编辑 C++语言源程序,这是最常用的方法。

2. 编译

编译是将已生成的 C++语言源程序代码转换为机器可识别的目标代码,即二进制代码。整个编译过程又分为预处理和编译两个子过程。预处理过程是指对程序中的预处理指令进行预处理,编译过程是指对源程序中的语句做语法检查,如果有错误,会报错,回到第一个步骤进行编辑,直到没有语法错误编译才通过,最终生成.obj 目标文件。

3. 链接

链接是把目标文件和其他分别进行编译生成的目标程序模块(项目中不止一个源文件)及系统提供的标准库函数连接在一起,生成可运行文件的过程。该环节一般是由链接器完成的,最终生成.exe 可执行文件。

4. 运行

运行是指运行链接环节生成的可执行文件,得到预期结果的过程。运行可执行文件的方法很多,最常用的方法是选择编译系统的菜单命令或工具栏中的按钮命令来运行可执行文件。运行可执行文件也可以在计算机系统下,通过命令行直接输入可执行文件名运行。

为了让读者更直观地了解 C++程序的运行流程,下面通过图例来进行演示,具体如图 1.4 所示。

在图 1.4 中,注意 4 个步骤中每个一步都有可能出错,但无论是哪个步骤出了错,都应回到编辑这一步。因为如果源文件有错,就无法保证后面各步生成正确的文件;如果是运行这步出错,则程序存在逻辑上的错误,要借助调试器找出错误才能保证源程序的修改正确。

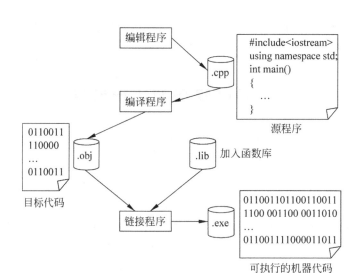

图 1.4 C++程序的运行流程

1.4 面向对象的基本概念

面向对象程序设计是模拟现实世界而产生的一种编程方法,是对事物的功能抽象与数据抽象,并将解决问题的过程看成一个分类演绎的过程。其中,对象与类是面向对象程序设计的基本概念。

1.4.1 对象与类

在现实世界中,随处可见的一种事物就是对象,对象是事物存在的实体,如学生、汽车等。人类解决问题的方式总是将复杂的事物简单化,于是就会思考这些对象都是由哪些部分组成的。通常都会将对象划分为两个部分,即静态部分与动态部分。顾名思义,静态部分就是不能动的部分,这个部分被称为"属性",任何对象都会具备其自身属性,如一个人,其属性包括高矮、胖瘦、年龄、性别等。然而具有这些属性的人会执行哪些动作也是一个值得探讨的部分,这个人可以转身、微笑、说话、奔跑,这些是这个人具备的行为(动态部分),人类通过探讨对象的属性和观察对象的行为了解对象。

在计算机世界中,面向对象程序设计的思想要以对象来思考问题,首先要将现实世界的实体抽象为对象,然后考虑这个对象具备的属性和行为。例如,现在面临一名足球运动员想要将球射进对方球门这个实际问题,试着以面向对象的思想来解决这一实际问题。步骤如下:

首先可以从这一问题中抽象出对象,这里抽象出的对象为一名足球运动员。

然后识别这个对象的属性。对象具备的属性都是静态属性,如足球运动员有一个鼻子、两条腿等,这些属性如图 1.5 所示。

接着识别这个对象的动态行为,即足球运动员的动作,如跳跃、转身等,这些行为都

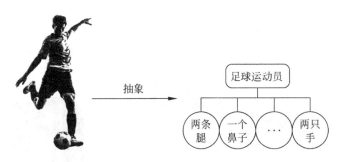

图 1.5　识别对象的属性

是这个对象基于其属性而具有的动作,这些行为如图 1.6
所示。

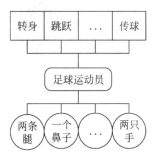

　　识别出这个对象的属性和行为后,这个对象就被定义完
成了,然后根据足球运动员具有的特性制定要射进对方球门
的具体方案以解决问题。

　　究其本质,所有的足球运动员都具有以上的属性和行
为,可以将这些属性和行为封装起来以描述足球运动员这类
人。由此可见,类实质上就是封装对象属性和行为的载体,
而对象则是类抽象出来的一个实例。这也是进行面向对象
图 1.6　识别对象具有的行为

程序设计的核心思想,即把具体事物的共同特征抽象成实体概念,有了这些抽象出来的
实体概念,就可以在编程语言的支持下创建类,因此说类是那些实体的一种模型,具体如
图 1.7 所示。

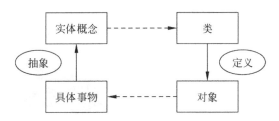

图 1.7　现实世界与编程语言的对应关系

　　在图 1.7 中,通过面向对象程序设计的思想可以建立现实世界中具体事物、实体概
念与编程语言中类、对象之间的一一对应关系。

1.4.2　面向对象的三大特征

　　面向对象程序设计实际上就是对现实世界的对象进行建模操作。面向对象程序设
计的特征主要可以概括为封装性、继承性和多态性,接下来针对这 3 种特性进行简单
介绍。

1. 封装性

封装性是面向对象程序设计的核心思想。它是指将对象的属性和行为封装起来,其

载体就是类,类通常对客户隐藏其实现细节,这就是封装的思想。例如,计算机的主机是由内存条、硬盘、风扇等部件组成,生产厂家把这些部件用一个外壳封装起来组成主机,用户在使用该主机时,无须关心其内部的组成及工作原理,如图1.8所示。

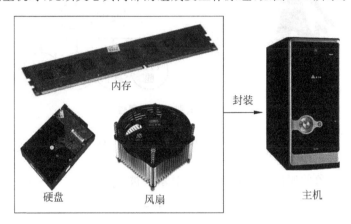

图1.8　主机及组成部件

2. 继承性

继承性是面向对象程序设计提高重用性的重要措施。继承性体现了特殊类与一般类之间的关系。当特殊类包含了一般类的所有属性和行为,并且特殊类还可以有自己的属性和行为时,称作特殊类继承了一般类。一般类又称为父类或基类,特殊类又称为子类或派生类。例如,已经描述了汽车模型这个类的属性和行为,如果需要描述一个小轿车类,只需让小轿车类继承汽车模型类,然后再描述小轿车类特有的属性和行为,而不必再重复描述一些在汽车模型类中已有的属性和行为,如图1.9所示。

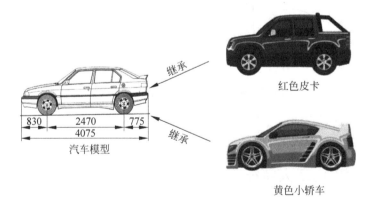

图1.9　汽车模型与小轿车

3. 多态性

多态性是面向对象程序设计的重要特征。生活中也常存在多态性,例如,学校的下课铃声响了,这时有学生去买零食,有学生去打球,有学生在聊天。不同的人对同一事件产生了不同的行为,这就是多态性在日常生活中的表现。程序中的多态是指一种行为对应着多种不同的实现。例如,在一般类中说明了一种求几何图形面积的行为,这种行为不具有具体含义,因为它并没有确定具体的几何图形。然后再定义一些特殊类,如三角形、正方形、梯形等,它们都继承自一般类。不同的特殊类都继承了一般类的求面积的行为,可以根据具体的不同几何图形使用求面积公式,重新定义求面积行为的不同实现,使之分别实现求三角形、正方形、梯形等面积的功能,如图 1.10 所示。

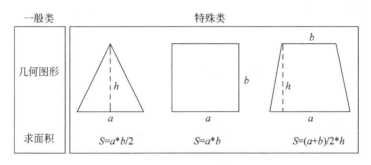

图 1.10　一般类与特殊类

　　综上所述,面向对象的程序设计就是通过建立一些类以及它们之间的关系来解决问题。编程者要根据对象间的关系,建立类的体系,明确它们之间是构成关系还是类属关系,从而确定类之间是包含、引用还是继承。面向对象程序设计的一个很大特点是支持代码的重用,这就要求可重用的类一定要抓住不同实体间的共性特征。当类的定义初步完成后,编程者就可以根据现实事物中对象的行为、对象之间的协作关系对具体工作细化模块,并对这些对象进行有机组装,也就是利用对象进行模块化编程。

1.5　本 章 小 结

　　通过本章的学习,大家能够对 C++ 及其相关特性有初步的认识,重点要了解的是 C++ 在 C 语言的基础上增加了对面向对象编程和泛型编程的支持,这有助于提高模块化和创建可重用代码,从而节省编程时间并提高程序的可靠性。

1.6　习　　　题

1. 填空题

(1) C++ 语言具有面向对象程序设计的三大特征：＿＿＿＿＿＿、＿＿＿＿＿＿和＿＿＿＿＿＿。

(2) C++ 语言既支持＿＿＿＿＿＿的程序设计,又支持＿＿＿＿＿＿的程序设计。

(3) C++ 程序的扩展名是＿＿＿＿＿＿。

(4) 使用左移运算符进行标准输出时,使用的输出流对象名是＿＿＿＿＿＿。

(5) C++ 程序中有且仅有一个＿＿＿＿＿＿。

2. 选择题

(1) 下列选项中,(　　)属于面向对象程序设计语言。

A. C++语言　　　　　　　　　　　　B. 汇编语言

C. 机器语言　　　　　　　　　　　　D. C语言

(2) 下列不是面向对象程序设计特征的是(　　)。

A. 开放性　　　　B. 封装性　　　　C. 继承性　　　　D. 多态性

(3) 下列关于对象的描述中,不正确的是(　　)。

A. 对象就是C语言中的结构体变量

B. 对象是现实世界中存在的某种实体

C. 对象是类的实例

D. 对象是属性和行为的封装体

(4) C++程序经过编译后生成的文件的扩展名是(　　)。

A. .c　　　　　　B. .exe　　　　　C. .cpp　　　　　D. .obj

(5) 下列选项中,属于多行注释的是(　　)。

A. //　　　　　　B. /* … */　　　　C. \\　　　　　　D. \ * … * \

3. 思考题

(1) 请分别解释面向对象程序设计的三大特征。

(2) C++程序的运行流程有哪些步骤?

4. 编程题

编写程序,显示两条信息:"众里寻他千百度"和"锋自苦寒磨砺出"。

第2章

C++语言编程基础

本章学习目标

- 了解基本数据类型
- 理解表达式与类型转换
- 掌握指针的用法
- 掌握基本控制结构
- 掌握函数的用法

在日常生活中,想要盖一栋房子,那么首先需要知道盖房都需要哪些材料,以及如何将它们组合使用;同样,要使用C++语言开发出一款软件,就必须充分了解C++语言的基础知识。

2.1 变量与常量

数据类型是指对数据的解释,它规范了不同数据在计算机内存储空间的大小与存储的具体形式。

2.1.1 标识符与关键字

现实世界中每个事物都有自己的名字,从而与其他事物区分开。例如,现实生活中每种交通工具都有一个名称来标识,如图2.1所示。

在程序设计语言中,同样也需要对程序中的各个元素命名加以区分,这种用来标识常量、变量、自定义类型、函数和标号等元素的记号称为标识符。

C++语言规定,标识符是由字母、数字和下画线组成的,并且只能以字母或下画线开头的字符集合。在使用标识符时应注意以下几点:

- 标识符中的大小写字母是有区别的。
- 命名时应遵循见名知义的原则。
- 系统已用的关键字不得用作标识符。

关键字是系统已经定义过的标识符,它在程序中已有了特定的含义,如 int、char 等。C++中的关键字都是小写字母,表2.1列出了C++中的所有关键字。

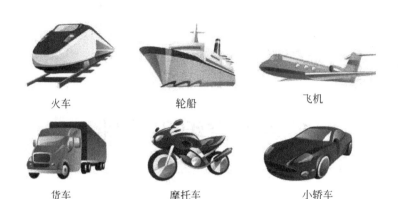

图 2.1 现实生活中的标识符

表 2.1 C++中的关键字

asm	auto	break	case	catch	char
class	const	continue	default	delete	do
double	else	enum	extern	float	for
friend	goto	if	inline	int	long
new	operator	private	protected	public	register
return	short	signed	sizeof	static	struct
switch	template	this	throw	try	typedef
union	unsigned	virtual	void	volatile	while

2.1.2 变量与赋值

日常生活中,例如,大家在淘宝购物的时候,都会有一个购物车,用来进行存储用户想购买的物品,等到所有的物品都挑选完成后,选择结算即可,如图 2.2 所示。

挑选商品　　　　加入购物车　　　　支付

图 2.2 淘宝购物流程

进行结算时,要对多个数据进行求和,需先把这些数据先存储起来,再对这些数据进行累加。在 C++中,若要存储数据,需要用到变量。变量可以理解为淘宝购物车中存储的物品,如苹果、水等。变量的赋值是通过等号来表示的,进行结算时是每个变量进行相加的过程。示例代码如下:

```
int apple = 20;            //apple 就是一个变量,购买的苹果,价格是 20
int water = 7;             //water 也是一个变量,购买的水,价格是 7
int sum = apple + water;   //把 apple 和 water 进行累加,然后放到 sum 变量中
```

上述示例中,apple、water、sum 都是变量,其中,apple 和 water 变量就好比购物车中存储的物品,它们分别存储的数据是 20 和 7。sum 变量存储的数据是 apple 和 water 这两个物品的数据累计之和。

2.1.3 变量的类型

变量用来存储数据,那么大家来思考一下:如何选择合适的容器来存放数据才不至于浪费空间,可以保存什么样的数据呢? 在介绍数据类型之前,先来看一个生活中的例子。比如,某公司要快递一本书,文件袋和纸箱都可以装载,但是,如果使用纸箱装一本书,显然有点大材小用,浪费纸箱的空间,如图 2.3 所示。

同样,大家如果在使用变量进行存储数据时,为了更充分地利用内存空间,可以为变量指定不同的数据类型。C++ 数据类型如图 2.4 所示。

图 2.3 纸箱与文件袋快递一本书   图 2.4 C++ 数据类型

在图 2.4 中,可看到 C++ 提供的基本数据类型有整型、实型、字符型和空型;复合类型有指针型、引用型;构造类型有数组、枚举、结构体、联合体、类。这些类型中不同于 C 语言的主要是引用型与类,这两种类型将在后面的章节中详细讲解,整个面向对象程序设计的学习都是围绕类展开的。

有关基本数据类型的说明如表 2.2 所示,其中数据长度在不同的操作系统下编译器对应的值有可能不相同,需要参考相应的手册。

表 2.2 C++ 基本数据类型

类 型		类 型 描 述	数据长度/B	取 值 范 围
整型	(signed) int	(有符号)整型	4	$-2^{31} \sim 2^{31}-1$
	unsigned int	无符号整型	4	$0 \sim 2^{32}-1$
	(signed) short	(有符号)短整型	2	$-2^{15} \sim 2^{15}-1$
	unsigned short	无符号短整型	2	$0 \sim 2^{16}-1$
	(signed) long	(有符号)长整型	4	$-2^{31} \sim 2^{31}-1$
	unsigned long	无符号长整型	4	$0 \sim 2^{32}-1$

续表

类　　型		类　型　描　述	数据长度/B	取　值　范　围
实型	float	单精度浮点型	4	3.4e-38～3.4e38
	double	双精度浮点型	8	1.7e-308～1.7e308
	long double	长双精度浮点型	8	1.7e-308～1.7e308
字符型	char	字符型	1	0～255
	signed char	有符号字符型	1	－128～127
	unsigned char	无符号字符型	1	0～255
空类型	void	空值类型	无	无

说明:

(1) 无符号(unsigned)和有符号(signed)的区别在于数值最高位的含义。对于 signed 类型来说,最高位是符号位,其余各位表示数值大小,而 unsigned 类型的各个位都用来表示数值大小,因此相同基本数据类型的 signed 和 unsigned 的数值范围是不同的。

(2) 许多 C++版本还有布尔型(bool),即值为 true 或 false。事实上,在计算机编译系统中将 true 表示成整数 1,false 表示成整数 0,因此也可以把布尔型看成是一个整型。

2.1.4　常量

在程序执行过程中,其值不能改变的量称为常量。普通常量的类型是根据数据的书写形式来决定的。如 100 是整型常量,0.5 是实型常量,'q'是字符型常量,"qianfeng"是字符串常量。

1. 整型常量

在 C++中,使用的整型常量可以用八进制、十进制和十六进制 3 种方式表示,具体如下所示:

- 十进制整型常量是最常用的一种表示形式,如 321、－123。
- 八进制整型常量以 0 开头作为前缀,其数码取值为 0～7,如 025、－066。
- 十六进制整型常量以 0x 或 0X 开头作为前缀,其数码取值为 0～9、A～F 或 a～f,如 0xffff、－0X15。

整型常量在表示时,除了用前缀表示进制外,有时还需要用到后缀表示 long、unsigned 修饰符。当表示长整型常数时,需要在该数的后面加上 L 或 l,如 2345L;当表示无符号整型常数时,需要在该数的后面加上 U 或 u,如 4567U。

2. 实型常量

实型常量又称浮点型常量,它由整数部分和小数部分组成,其表示形式有以下两种形式:

- 小数表示形式,它由数字和小数点组成,不可省略小数点,但可以省略整数部分或小数部分数字,如 1.、.21。
- 指数表示形式,它由小数表示法后加 e(或 E)和指数组成,指数部分可正可负,但必须是整数,并且 e 前边必须有数字,如 1.23e-5、.23e6。

实型常量分单精度、双精度和长双精度 3 类,它们用后缀加以区分,不加后缀的为双精度浮点型常量,如 2.12;加后缀 F 或 f 的为单精度浮点型常量,如 2.12f;加后缀 L 或 l 的为长双精度浮点型常量,如 0.56e7L。

3. 字符型常量

用一对单引号括起来表示的形式就是字符型常量。在内存中,字符数据以 ASCII 码的形式存储,在一定范围内可以与整数相互赋值,但含义有所不同。ASCII 码是一种给字符编码的国际标准,它以整数表示字符,比如十进制数 65,表示字符'A'。此处注意数字与字符的区别,如 4 与'4'是不同的,4 是整数,'4'是字符,对应的 ASCII 码值为 52。

在 C++中,有些特殊字符用转义字符表示,转义字符以反斜杠"\"开头,后跟若干个字符。转义字符具有特定的含义,不同于字符原有的意义,故称转义字符,表 2.3 列出了常用的特殊字符。

表 2.3　常用的转义字符及含义

转 义 字 符	含　　义	ASCII
\0	空字符	0
\n	回车换行	10
\t	横向跳到下一制表位置	9
\b	退格	8
\r	回车	13
\f	换页	12
\\	反斜杠符	92
\'	单引号符	39
\"	双引号符	34
\a	鸣铃	7
\ddd	1～3 位八进制数所代表的字符	—
\xhh	1～2 位十六进制数所代表的字符	—

在表 2.3 中,'\ddd'和'\xhh'都是用 ASCII 码表示一个字符,如'\101'和'\x41'都是表示字符'A'。转义字符在输出中有许多应用,如想让计算机的喇叭发出响声,可以使用下面的语句。

```
cout << '\a';
```

如果需要在屏幕上输出以下内容:

```
小千对小锋说:"遇到 IT 技术难题,就上扣丁学堂"。
```

不能使用以下方法:

```
cout << " 小千对小锋说:"遇到 IT 技术难题,就上扣丁学堂"。" << endl;
```

因为双引号在 C++中是有特殊作用的,上述写法会使编译器产生错误,正确的语句如下所示:

```
cout << " 小千对小锋说: \"遇到 IT 技术难题,就上扣丁学堂\"。" << endl;
```

4. 字符串常量

字符串常量是由一对双引号括起来的字符序列。被括起来的字符序列可以是一个字符,也可以是多个字符,还可以没有字符。如"q"、"qian"、""。字符串常量都有一个结束符,用来标识字符串的结束,该结束符是'\0',即 ASCII 码值为 0 的空字符。

对于初学者,经常混淆字符与字符串的概念,它们是不同的量,两者区别如下:

- 字符用单引号括起来,字符串用双引号括起来;
- 字符与字符串占用的内存空间不同,字符只占用一个字节的空间,而字符串占用的内存字节数等于双引号中的字符个数加 1,如字符'q'和字符串"q"在内存中的情况是不同的,字符'q'在内存中占一个字节,而字符串"q"在内存中占两个字节,如图 2.5 所示。

图 2.5 字符'q'与字符串"q"在内存中的表示

5. 符号常量

有一种特殊的常量是用标识符来表示的,称为符号常量。符号常量主要用于帮助记忆和提高程序的可读性与维护性。例如,程序中经常会用到圆周率,假设为 3.14,如果程序想提高圆周率的精度到 3.141 592 65,那么它在程序中出现的所有地方都需要做修改,大大降低了程序的维护性。这时如果用 PI 表示圆周率,每次使用时都写 PI,那么在需要修改 PI 的精度时,只需要修改 PI 的初值就可以了。在 C++中,为了保持与 C 语言的兼容,允许程序用编译预处理指令#define 来定义一个符号常量,上面的圆周率可以通过如下定义:

```
#define PI 3.14159265
```

这条指令的格式是#define 后跟一个标识符和一串字符,中间用空格隔开。由于它不是 C++语句,因此此行没有分号。在程序编译时,编译器首先将程序中的 PI 用 3.14159265 来替换,然后再进行代码编译。标识符后面的内容实际上是一个字符串,编译器本身不会对其进行任何语法检查,仅仅是在程序中将标识符简单替换为字符串,因此,有时会带来意想不到的错误。

6. const 常量

在定义变量时,可以使用 const 关键字来修饰,这样的变量是只读的,即在程序中不能对其修改,只能读取。由于不可修改,因而它是一个符号常量,且在定义时必须进行初始化。需要说明的是,通常将符号常量中的标识符写成大写字母易于与其他标识符区分。用 const 关键字定义符号常量的格式如下:

```
const 数据类型   常量名 = 初值表达式;
```

上面的圆周率可以通过如下定义:

```
const double PI = 3.14159265;
```

const 还可以放在数据类型名后,具体示例如下:

```
double const PI = 3.14159265;
```

注意下面的语句是错误的:

```
const double PI;         //PI 的值无法确定
PI = 3.14159265;         //常量值不能修改
```

接下来演示通过 const 关键字定义符号常量,如例 2-1 所示。

例 2-1

```
1   # include < iostream >
2   using namespace std;
3   const double PI = 3.14159265;        //定义符号常量 PI
4   int main()
5   {
6     double area, r = 10.0;
7     area = PI * r * r;                 //使用符号常量 PI
8     cout << "area = " << area << endl;
9     return 0;
10  }
```

运行结果如图 2.6 所示。

```
"D:\com\1000phone\Debug\2-1.exe"
area = 314.159
Press any key to continue
```

图 2.6　例 2-1 运行结果

在例 2-1 中,第 3 行通过 const 关键字定义一个符号常量 PI 表示圆周率。第 7 行中使用圆周率就可以用 PI 来代替。

2.2 构造数据类型

C++的构造类型主要有数组、枚举、结构体、联合体和类,关于类将在后面章节中详细介绍,本节简单介绍其他几种构造类型。

2.2.1 数组

有时需要在程序中表示许多类型相同的数据,如记录一个班级每名学生某门课程的成绩,假设这个班级有 60 名学生,在程序中定义 60 个不相关的实型变量是非常烦琐的,这时可以用数组来表示这 60 名学生某门课程的成绩。数组变量可以存放一组具有相同类型的数据,其语法格式如下:

```
数据类型    数组名[数组元素个数];
```

其中,数据类型既可以是简单数据类型,又可以是构造数据类型。上面提到 60 名学生某门课程的成绩可以表示为:

```
float score[60];
```

访问数组中的元素可以通过数组名加下标的方式,下标范围从 0 到数组元素个数减 1,如用 score[0]访问数组中第一个元素,即第一名学生的成绩;score[59]访问数组中最后一个元素,即第 60 名学生的成绩。下面的语句可以输出第 10 名学生的成绩。

```
cout << score[9] << endl;
```

字符数组是一种常用的数组,它是指数组中的每个元素都是字符,这样就可以用字符数组描述字符串变量,具体示例如下:

```
char str[9] = "qianfeng";
```

上述语句中,str 数组有 9 个存储空间,除了存储字符串中的 8 个字符外,还在最后一个存储单元中存储字符串结束标志'\0'。上述语句定义完字符数组后,用 str[3]表示字符'n',用 str 表示整个字符串,下面的语句就可以直接输出 str 整个字符串,具体示例如下:

```
cout << str << endl;
```

当观众去电影院看电影时,通常电影票上写着几排几座,此时观众首先会根据排号找到座位所在的行,然后根据座号找到座位所在的列,类似这样的数据都可以用二维数组来描述,其语法格式如下:

```
数组类型    数组名[行数(常量表达式)][列数(常量表达式)];
```

假如需要记录 60 名学生 3 门课程的成绩,可以通过如下方式定义:

```
float score[60][3];
```

其中,行号范围为 0～59,表示 60 名学生;列号范围为 0～2,表示 3 门课程,这个数组总有 180 个元素,即对应 180 个成绩。数组元素在内存中是按顺序存放的,如 score 数组的存放方式如图 2.7 所示。

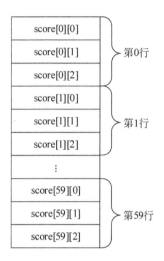

图 2.7　score 数组的存放方式

类似地,还可以定义多维数组,它的定义与二维数组类似,但由于多维数组不易于想象、难以调试且较占用内存,在实际开发中很少用到,因此不再赘述。

2.2.2　枚举

在生活中,表示男女性别时,有两种取值:Male、Female。程序中可以用整数来表示这种数据,具体示例如下:

```
int Gender; //Gender 取值为 0 或 1,0 表示 Male,1 表示 Female
```

这种表示有两个缺点:一是不直观,二是容易出错。如果 Gender 赋值为 3,在编译时不会报错,但这显然有问题,此时 Gender 不再表示男女性别。在 C++中,可以用枚举这个数据类型来解决这个问题。枚举的使用很像一个整数类型,其语法格式如下:

```
enum 枚举类型名{常量 1,常量 2, …,常量 n};
```

它表示定义一种枚举的数据类型,具有这种数据类型的变量所有可以取的值都列在后面的括号中。定义描述性别的枚举类型,具体示例如下:

```
enum Gender {Male, Female};
```

接下来,可以通过枚举类型 Gender 定义变量,具体示例如下:

```
Gender gender;
```

这时,变量 gender 的取值就有两种,即 Male、Female。如果希望变量 gender 表示 Male,只需把 Male 赋值给 gender,具体示例如下:

```
gender = Male;
```

枚举类型中的每个元素的值实际上都是整数,枚举类型本质上就是一个整数的集合,默认情况下,第一个枚举元素被赋值为 0,接下来的枚举元素取值依次是前一个枚举元素的取值加 1。根据实际情况,程序中也可以显式地指定某个枚举元素的值,具体示例如下:

```
enum Week {Sun, Mon, Tue = 3, Wed, Thu = 3, Fri, Sat};
```

上述语句中,Sun 值为 0,Mon 值为 1,Tue 值为 3,Wed 值为 4,Thu 值为 3,Fri 值为 4,Sat 值为 5。从此示例中可以得出,同一枚举类型的不同常量取值不是唯一的。

在 C++中,另一种使用枚举类型的方法是定义一个匿名 enum 枚举类型,即 enum 后不给出具体的类型名,将其中的枚举常量作为一般常量使用,具体示例如下:

```
enum {Min = 0, Max = 10};
int x = MIN, array[Max];    //等价于 int x = 0, array[10];
```

上述语句中,枚举常量 Min 和 Max 可以作为一般的符号常量使用,事实上,匿名枚举的主要用途就是定义符号常量。

2.2.3   结构体

假设要存储有关学生的信息,则可能要存储学生的姓名、学号、年龄、成绩等。这时就希望有一种数据类型可以将这些信息存储在一个单元中,显然数组不能符合要求,但 C++中的结构体可以符合要求。结构体是一种比数组更灵活的数据类型,因为同一个结构可以存储多种类型的数据,这样就可以将有关学生的信息放在一个结构体中,从而将数据的表示合并到一起。如果要表示整个班级学生,则可以使用结构体数组。结构体也是类的基石,学习结构体将使大家离面向对象程序设计的核心更近一步,其语法格式如下:

```
struct 结构体名
{
    成员 1 的类型 变量名;
    成员 2 的类型 变量名;
    …
    成员 n 的类型 变量名;
};
```

其中,struct 是关键字,不可以省略;结构体名要符合标识符的命名规则,可以省略;成员类型除了可以是基本数据类型外,还可以是构造数据类型。具体示例如下:

```
struct Student
{
    char name[30];      //学生姓名
    int id;             //学生学号
    int age;            //学生年龄
    float score;        //学生成绩
};
```

定义了结构体类型后,在表示具体的一个学生时,就可以定义这个结构体类型的变量,具体示例如下:

```
Student stu;
```

当存储学生信息时,就可以为结构体中的各个成员分别赋值,具体示例如下:

```
strcpy (stu.name,"小千");
stu.id = 2018010101;
stu.age = 18;
stu.score = 98.0f;
```

为使某个结构体变量有初始值,可以在定义这个变量时直接为它初始化,具体示例如下:

```
Student stu1 = {"小锋", 2018010102, 18, 99.0f};
```

2.2.4　联合体

联合体是一种数据格式,它能够存储不同的数据类型,但只能同时存储其中的一种类型。简单理解,结构体可以同时存储 int、long 和 double,但联合体只能存储 int、long 和 double 中的一种类型,因此联合体常用于节省内存。定义和使用联合体的方法和结构体十分类似,也需要首先定义联合体内部的成员类型,其语法格式如下:

```
union 联合体名
{
    成员 1 的类型 变量名;
    成员 2 的类型 变量名;
    …
    成员 n 的类型 变量名;
};
```

假设管理一个商品目录,其中有一些商品的编号为整数,而另一些商品的编号为字符串,这时就可以用联合体来表示,具体示例如下:

```
union Id
{
    int id_num;
    char id_name[30];
};
```

定义了联合类型后,在表示具体的一个商品编号时,就可以定义这个联合体类型的变量,具体示例如下:

```
Id id;
id.id_num = 65;
cout << id.id_num << id.id_name << endl;
```

上述代码中,当 id.id_num 赋值为 65 时,输出 id.id_name 为 A。

2.3 表达式与类型转换

2.3.1 表达式

表达式是由操作数和运算符按一定的语法形式组成的符号序列。每个表达式经过运算后,都会有一个确定的值,并且这个值一定属于某一特定类型。表达式的求值顺序取决于表达式中各种运算符的优先级与结合性。C++常用运算符的功能、优先级和结合性如表 2.4 所示。

表 2.4 C++中常用运算符的功能、优先级和结合性

优先级	运 算 符	功 能 说 明	结 合 性
1	( )	改变优先级	从左至右
	::	作用域运算符	
	[ ]	数组下标	
	.、—>	成员选择	
2	++、——	增1、减1运算符	从右至左
	&	取地址	
	*	取内容	
	!	逻辑求反	
	~	按位求反	
	+、—	取正数、取负数	
	( )	强制类型	
	sizeof	取所占内存字节数	
	new、delete	动态存储分配	

续表

优先级	运　算　符	功 能 说 明	结 合 性
3	*、/、%	乘法、除法、取余	
4	+、-	加法、减法	
5	<<、>>	左移位、右移位	
6	<、<=、>、>=	小于、小于等于、大于、大于等于	
7	==、!=	相等、不等	从左至右
8	&	按位与	
9	^	按位异或	
10	|	按位或	
11	&&	逻辑与	
12	||	逻辑或	
13	?:	三目运算符	
14	=、+=、-=、*= /=、%=、&=、^= |=、<<、>>=	赋值运算符	从右至左
15	,	逗号运算符	从左至右

1. 算术表达式

算术表达式是指由算术运算符和位操作运算符组成的表达式。接下来演示算术表达式求值，如例 2-2 所示。

例 2-2

```
1   # include < iostream >
2   using namespace std;
3   int main()
4   {
5       int a = 'a' + 4 / 7 * 6 - 14 / 5;
6       cout << a << endl;
7       double b = 1.3e2 / 13 + 5.2 * 5 - 9 % 4;
8       cout << b << endl;
9       int c(6), d(4); //等价于 int c = 6, d = 4;
10      a = c++ +-- d;
11      cout << a << ',' << c << ',' << d << endl;
12      return 0;
13  }
```

运行结果如图 2.8 所示。

在例 2-2 中，程序有 3 个算术运算表达式，在计算时，需要注意以下几点：

- 整数型相除，商值为整型。本例中 4/7 值为 0，14/5 值为 2。
- 字符常量在算术表达式中会自动转换为 int 型，即使用它的 ASCII 码值。本例中第 5 行字符 'a' 的取值为 97。

图 2.8　例 2-2 运行结果

- 在赋值表达式 a＝c＋＋＋－－d 中,系统自动将表达式拆解为 a ＝ c＋＋ ＋ －－d。计算时,先计算 c＋＋,表达式值为 6,c 为 7,再计算－－d,表达式值为 3,d 为 3,再将 c＋＋与－－d 两个表达式值相加赋值给 a,因此 a 的值为 9。

2. 关系表达式

关系表达式是由关系运算符组成的表达式。接下来演示关系表达式求值,如例 2-3 所示。

例 2-3

```
1    # include < iostream >
2    using namespace std;
3    int main()
4    {
5        int a, b, c, d;
6        a = 'a' < 'A';
7        b = 5 > 4;
8        c = 3 == 2;     //等价于 c = (3 == 2);
9        d = 3 != 2;     //等价于 d = (3 != 2);
10       cout << a << ' ' << b << ' ' << c << ' ' << d << endl;
11       return 0;
12   }
```

运行结果如图 2.9 所示。

图 2.9　例 2-3 运行结果

在例 2-3 中,程序有 4 个关系表达式,关系运算实际上是比较两个操作数是否符合给定的条件。若符合条件,则关系表达式的值为真,否则为假。在 C++编译系统中,通常将真表示为 true 或 1,将假表示为 false 或 0。非 0 数被认为是真,0 被认为是假。如本例中第 6 行,因为字符'a'的 ASCII 码值大于字符'A'的 ASCII 码值,所以表达式'a'<'A'的值为 0。

3. 逻辑表达式

逻辑表达式是将多个关系表达式或逻辑量(真或假)组成的一个表达式,它的运算结果也为真或假。逻辑表达式求值有特殊规定:在逻辑表达式中,各操作数从左至右依次计算,只要出现了某个操作数的值可以确定整个逻辑表达式的值时,后面余下的操作数将不会再计算。接下来演示逻辑表达式求值,如例 2-4 所示。

例 2-4

```
1    # include < iostream >
2    using namespace std;
3    int main()
4    {
5        int a, b, c;
6        a = b = c = 6;
7        int i = !a && b++ || ++c;       //等价于 int i = (!a && b++) || ++c;
8        cout << a << ' ' << b << ' ' << c << ' ' << i << endl;
9        int j = a || --b && c++;        //等价于 int j = a || (--b && c++);
10       cout << a << ' ' << b << ' ' << c << ' ' << j << endl;
11       return 0;
12   }
```

运行结果如图 2.10 所示。

图 2.10　例 2-4 运行结果

在例 2-4 中,程序有两个逻辑表达式:第一个逻辑表达式!a && b++ || ++c,!a 为假,则得出!a && b++ 为假,此时不会执行 b++,b 的值为 6,再执行++c,此时 c 为 7,整个逻辑表达式!a && b++ || ++c 的值为真;第二个逻辑表达式 a || --b && c++,根据优先级,此表达式等价于 a || (--b && c++),因为 a 的值为真,所以不需要再计算--b && c++,--b 与 c++ 也不会执行,整个逻辑表达式 a || --b && c++ 的值为真。

4. 条件表达式

条件表达式是指使用三目运算符组成的表达式,因为它具有简单的条件语句的功能。接下来演示条件表达式求值,如例 2-5 所示。

例 2-5

```
1    # include < iostream >
2    using namespace std;
3    int main()
4    {
5        int a = 4, b = 6, c;
6        //等价于 c = a > b ? 2 * a : (a < b ? a + b : a - b);
7        c = a > b ? 2 * a : a < b ? a + b : a - b;
8        cout << c << endl;
```

```
9        return 0;
10  }
```

运行结果如图 2.11 所示。

图 2.11　例 2-5 运行结果

在例 2-5 中，使用了三目运算符的嵌套，注意该运算符的结合性是从右至左的。程序中条件表达式实现的功能是：如果 a 大于 b，则 c 为 2 * a；如果 a 小于 b，则 c 为 a+b；如果 a 等于 b，则 c 为 0。

5. 逗号表达式

逗号表达式是指由逗号运算符将若干个表达式连成的表达式。逗号运算符是优先级最低的运算符，它可以使多个表达式放在一行上，从而大大简化了程序。接下来演示逗号表达式的使用，如例 2-6 所示。

例 2-6

```
1    # include < iostream >
2    using namespace std;
3    int main()
4    {
5        int a, b, c;
6        //等价于 a = 2; b = a + 3; c = b + 4;
7        c = (a = 2, b = a + 3, b + 4);
8        cout << c << endl;
9        return 0;
10   }
```

运行结果如图 2.12 所示。

图 2.12　例 2-6 运行结果

在例 2-6 中，(a = 2, b = a + 3, b + 4)为逗号表达式，C++将从左至右逐个计算每个表达式，最终整个表达式的结果就是最后计算的那个表达式的类型和值，因此 c 的值为 9。

2.3.2　自动类型转换

自动类型转换是由编译器编译时自动完成转换的。在 C++中，自动类型转换的规则如下：

- 算术运算中的自动转换是以较高类型为准进行转换的。较高类型指存储空间较大者的类型，C++中的基本数据类型级别如图 2.13 所示。

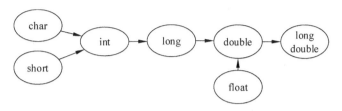

图 2.13　C++中基本数据类型的类型级别

- 赋值运算符的自动转换以赋值号左侧的变量类型为准进行转换。
- 在函数中，实参类型以形参类型为准进行转换，函数返回值类型以函数声明中的返回值类型为准进行转换。

2.3.3　强制类型转换

在任何表达式中，编程者都可以将某个量强制转换成所需要的类型。强制类型转换的语法格式如下：

```
(类型名) 表达式
类型名(表达式)
```

第一种格式来自 C 语言，第二种格式是纯粹的 C++。C++格式的强制类型转换就是让使用者像函数调用一样，具体示例如下：

```
cout << double(6) / 4 << endl;
```

上面语句中，表达式 double(6) / 4 先进行强制类型转换，将 6 转换成 double 类型，但除法运算符右边的 4 为 int 类型，此时对 4 进行自动类型转换，将 4 转换成 double 类型，最后进行除法运算，结果为 1.5，它是 double 类型的。

关于类型转换还需注意它占用系统时间，并且有时会带来意想不到的错误，因此应谨慎使用。

2.4　指　　针

2.4.1　内存和地址

前面提到过，变量其实就是用来放置数值等内容的"盒子"，每个盒子都可以容纳数据，并通过一个编号来标识。盒子也有自己的地址，计算机要找到某个盒子，必须知道该盒子的地址。

计算机的内存是以字节为单位的一段连续的存储空间,每个字节单元都有一个唯一的编号,这个编号就称为内存的地址。接下来用一张图来展示机器中的一些内存位置,如图 2.14 所示。

图 2.14   机器中的内存位置

图 2.14 中每个盒子的存储类型为字节,每个字节都包含了存储一个字符所需要的位数。在许多现代的机器上,每个字节包含 8 个位,可以存储无符号值 0~255,或有符号值 -128~127。图 2.14 中并没有显示这些位置的内容,但内存中的每个位置总是包含一些值。每个字节通过地址来标识,如图 2.14 中方框上面的数字所示。

为了存储更大的值,可以把两个或更多个字节合在一起作为一个更大的内存单位。例如,许多机器以字为单位存储整数,每个字一般由 2 个或 4 个字节组成。接下来用一张图来表示 4 个字节的内存位置,如图 2.15 所示。

图 2.15   机器中 4 字节的内存位置

举一个例子,这次盒子里显示了内存中 4 个整数的内容,如图 2.16 所示。

图 2.16   内存中存放了 4 个整数

这里显示了 4 个整数,每个整数都位于对应的盒子中。如果大家记住了一个值的存储地址,那么以后可以根据这个地址取得这个值。

但是,要记住所有这些地址实在太烦琐了,因此高级语言所提供的特性之一就是通过名字而不是地址来访问内存的位置。接下来使用名字来代替地址,如图 2.17 所示。

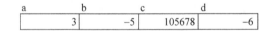

图 2.17   用变量来存储整数

当然,这些名字就是变量。有一点非常重要,必须记住,名字与内存位置之间的关联并不是硬件提供的,它是由编译器为人们实现的。所有这些变量正是为了人们而提供的一种更方便用来记住地址的方法——硬件仍然通过地址访问内存位置。在 C++ 语言中可以通过取地址运算符 & 来获取系统将某种数据存放在内存中的位置。

2.4.2   指针的定义与使用

在旅店住宿时,前台服务员通常会提供给客户一个房间号,然后客户通过房间号就可以很方便地找到自己预定的房间。在 C++ 中,指针就起到房间号的作用,它指向另一个内存地址,这个地址对应的内存空间就是编程者真正需要操作的数据。

1. 指针的定义与初始化

指针的定义是使用一个特殊的符号 * 来区别的,其语法格式如下:

```
数据类型 *指针变量名;
```

具体示例如下:

```
int * p;              //定义一个指向整型空间的指针
float * p1, * p2;     //定义两个指向单精度浮点型空间的指针
char * str;           //定义一个指向字符空间的指针
```

上面示例中,p、p1、p2、str 都是指针类型的变量,int、float、char 是指针所指向内存空间中的数据类型,它决定了指针所指向的内存空间的大小,int * 、float * 、char * 是指针数据类型,用来定义 p、p1、p2、str 这样的指针变量。指针的值是另外一个变量的内存地址,如定义一个整型变量,将它的地址赋值给一个整型指针变量,具体示例如下:

```
int a = 1;
int * p = &a;
```

上述语句中,定义指针变量 p 时,初始化为 &a,此时 p 的值就是 a 的地址,一般称为指针变量 p 指向变量 a。由于指针变量的值是某个内存空间的首地址,而地址的长度都是一样的,因此指针变量所占的内存空间大小都是相同的。

2. 指针的赋值

由于指针也是一个变量,因此它的值是可以改变的,需要注意的是,在给指针赋值时,指针变量的值必须是与其类型相对应的内存地址,具体示例如下:

```
int a = 1, b = 2;
float c = 1.0f;
int * p1 = &c;        //错误,不能将浮点型变量的地址赋值给整型指针
int * p2 = &1001;     //错误,不能对常数进行取地址操作
int * p3 = &a;        //正确
p3 = &b;              //正确
```

引入指针的目的是操作指针指向的内存空间,完成指针定义及初始化后,在指针变量前加 *,表示对指针所指的内存空间的引用,这时就可以通过指针间接地操作这块内存空间,需要注意此处 * 与定义时的 * 之间的区别。接下来演示指针的用法,如例 2-7 所示。

例 2-7

```
1   #include <iostream>
2   using namespace std;
```

```
3   int main()
4   {
5       int a = 2, b = 3;
6       int *p = &a;              //指针 p 指向变量 a
7       cout << "p = &a" << endl;
8       cout << "a = " << a << " &a = " << &a << endl;
9       cout << "p = " << p << " &p = " << &p << " *p = " << *p << endl;
10      p = &b;                   //指针 p 指向变量 b
11      cout << endl << "p = &b" << endl;
12      cout << "b = " << b << " &b = " << &b << endl;
13      cout << "p = " << p << " &p = " << &p << " *p = " << *p << endl;
14      *p = 4;                   //通过指针 p 修改变量 b 的值
15      cout << endl << "*p = 4" << endl;
16      cout << "a = " << a << " &a = " << &a << endl;
17      cout << "b = " << b << " &b = " << &b << endl;
18      cout << "p = " << p << " &p = " << &p << " *p = " << *p << endl;
19      return 0;
20  }
```

运行结果如图 2.18 所示。

图 2.18　例 2-7 运行结果

在例 2-7 中,定义了 3 个变量,其中 a、b 是整型变量,p 是指向整型的指针。从运行结果可以看出,3 个变量的内存地址是连在一起的,首先 p 的值是 a 的地址,*p 的值是 a 的值;接着使 p 指向 b,p 的值是 b 的地址,*p 就是 b 的值;最后给 *p 赋值为 4,b 的值变为 4。由此可见,对 *p 操作,与对 p 指向的变量 b 做操作是一样的。

3. void 指针

有一种特殊类型的指针,这种指针指向的数据类型是 void。在 C++ 中,void 是空的意思,但 void 指针的含义是不确定类型的指针,简单理解为通用类型指针,即它可以指向任何数据类型的内存空间,具体示例如下:

```
void *p;
```

上述语句仅表示 p 是一个指针,可以存放一个内存地址,但是这个内存地址所指的空间中存放的数据类型还不能确定,当需要使用这个指针时,可以通过对指针进行强制类型转换的方法确定其具体表示的类型。接下来演示 void 指针的使用,如例 2-8 所示。

例 2-8

```
1    # include < iostream >
2    using namespace std;
3    int main()
4    {
5        int a = 65;
6        void * p = &a;          //指针 p 指向变量 a
7        cout << ( * (int * )p) << endl;
8        cout << ( * (char * )p) << endl;
9        return 0;
10   }
```

运行结果如图 2.19 所示。

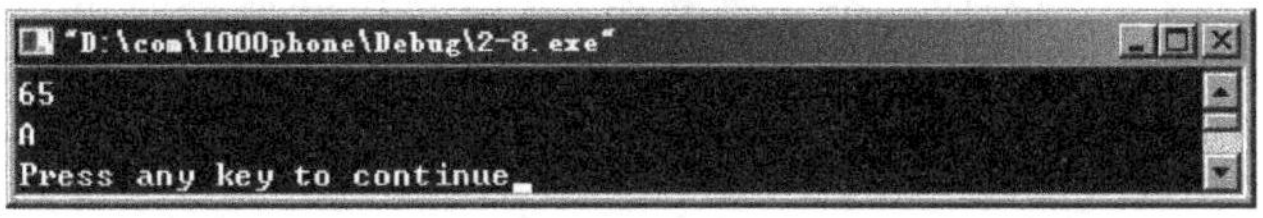

图 2.19　例 2-8 运行结果

在例 2-8 中,第 7 行通过强制类型转换将 void * 类型指针转换为 int * 型,再通过 * p 输出指针指向的内存空间的值。同理,第 8 行通过强制类型转换将 void * 类型指针转换为 char * 型,再通过 * p 输出指针指向的内存空间的值。

void 指针经常用在能支持多种数据类型的数据操作函数中,读者在以后深入学习 C++时需要理解这种指针的用法。

4. NULL 指针值

当一个指针定义时没有为其初始化,且使用前也没有为其赋值,那么这个指针的值是随机的,它可以指向一个随机的内存,通常把这种指针称为野指针。在程序中如果不小心使用了野指针,很容易造成程序混乱。为避免这种情况发生,当一个指针不指向任何内存地址时,必须用 NULL 作为指针的值。在使用指针前,有时也需要判断一下指针是否为 NULL,如果不是 NULL,则该指针指向一个内存空间;如果是 NULL,则该指针没有具体指向。具体示例如下:

```
int * p = NULL;            //将指针 p 初始化为 NULL
//中间可能执行很多语句,其中有可能包含对指针的赋值操作
if (p != NULL)
//访问 * p
```

2.4.3　指针与数组

一维数组名本质上说是一个地址常量,这个地址是一维数组中第一个元素的内存地

址,因此可以将一维数组名赋值给一个指针变量,当指针指向一个一维数组时,指针也可以当成数组名使用。具体示例如下:

```
int a[10];
int * p = a;      //注意此处不能使用 &a
```

有了上面的定义,a 和 p 就可以互换,如果要访问数组的第一个元素,a[0]、* a、p[0]、* p 这 4 种方式都是正确的,p 可以看成数组的名字 a,访问数组的第 i+1 个元素,可以用 a[i],也可以用 p[i]。但 p 与 a 是有本质的区别的:a 是地址常量,不能被赋予其他地址值;而 p 是变量,可以被重新赋予地址值。

C++中使用行指针来访问二维数组,设有如下定义:

```
int a[3][4];
```

在形式上,可以将 a[3]看成一个一维数组,在定义指针变量时可以将 a[3]用 * p 来替换,具体示例如下:

```
int( * p)[4];
```

由于二维数组中定义的最高维(a[3])用来确定二维数组的行,因此把 p 称为行指针。接下来 p 的初值就可以用 a 来设定,具体示例如下:

```
p = a;
```

这样就可以通过 p 来访问数组 a 中的元素了,如访问 a[2][3],就可以通过 p[2][3]、* (p[i]+j)、* (* (p+i)+j)这 3 种方式访问。

使用行指针也可以访问多维数组的元素,读者可以根据二维数组的方式类似推出多维数组,此处不再赘述。

2.4.4 指针运算

指针的运算主要是指指针的移动,即通过指针递增、递减、加上或者减去某个整数值来移动指针指向的内存位置。此外,两个指针在有意义的情况下,还可以做关系运算,如比较运算。

指针变量的值实际上是内存中的地址,因此,一个指针加减整数相当于对内存地址进行加减,其结果依然是一个指针。然而,尽管内存地址是以字节为单位增长的,指针加减整数的单位却不是字节,而是指针指向数据类型的大小。具体示例如下:

```
int a = 0;
int * p = &a;
p++;
```

第 3 行将指针变量 p 存储的内存地址自加,由于 p 指向的是 int 型变量,因此执行自加操作会将原来的内存地址增加 4 个字节(此处是 int 型占用 4 个字节的系统)。接下来演示指针的加减运算,如例 2-9 所示。

例 2-9

```
1    # include < iostream >
2    using namespace std;
3    int main()
4    {
5        int a = 1, * p = &a;
6        double b = 2, * q = &b;
7        cout << "p = " << p << endl;
8        p--;             //指针 p 移动 4 个字节
9        cout << "p - 1 = " << p << endl;
10       cout << "q = " << q << endl;
11       q += 2;          //指针 q 移动 16 个字节
12       cout << "q + 2 = " << q << endl;
13       return 0;
14   }
```

运行结果如图 2.20 所示。

图 2.20　例 2-9 运行结果

在例 2-9 中,指针 p 中存储的是变量 a 的地址 0X0018FF44,然后让 p 自减,此时 p 的值为 0X0018FF40,从 0X0018FF44 到 0X0018FF40 需要移动 4 个字节,而这正好是 int 型变量所占用的内存字节数。同理,指针 q 中存储的是变量 b 的地址 0X0018FF38,然后让 q 自加 2,此时 q 的值为 0X0018FF48,从 0X0018FF38 到 0X0018FF48 需要移动 16 个字节,而这正好是两个 double 型变量所占用的内存字节数。

2.4.5　动态内存管理

在 C 语言中,用于管理动态内存的方法主要是 malloc()和 free()函数,使用时需要注意很多细节,一不小心就会造成内存泄漏。在 C++ 中,更常用的动态内存管理是 new 和 delete 操作符,它们一般配套使用,new 表示从堆内存中申请一块空间,delete 表示将申请的空间释放。

1. new 申请内存

用 new 运算符申请堆内存空间有 3 种格式,其语法格式如下:

```
new 数据类型;
new 数据类型(初始值);
new 数据类型[常量表达式];
```

第一种格式是申请一个指定数据类型的内存空间,可以将该操作结果赋值给一个相应数据类型的指针变量,具体示例如下:

```
int * p1 = new int;        //申请一个整型空间并赋给整型指针变量
* p1 = 1;                  //通过指针可以访问所申请的空间
```

第二种格式是在申请空间的同时,为空间赋初值,具体示例如下:

```
int * p2 = new int(2);      //申请一个整型空间赋初值 2,然后赋给整型指针变量
cout << * p2 << endl;       //通过指针可以访问所申请的空间
```

第三种格式是动态申请数组空间,中括号内的常量表达式代表申请空间的大小,这个空间大小是以数组类型大小为单位,具体示例如下:

```
int * p3 = new int[10];    //申请一个可以存放 10 个整型数的数组,然后赋值给整型指针变量
```

因为系统资源是有限的,所以不是在任何情况下都能申请到足够的空间,如果申请失败,将返回 NULL 指针。由于内存操作失败是非常危险的,因此在申请内存时,一般需要在程序中判断是否申请成功,如果成功就继续执行程序;如果失败,立即抛出异常或直接结束程序。

2. delete 释放内存

运算符 delete 用来释放 new 申请的内存,其语法格式如下:

```
delete 指针名;
delete []指针名;
```

当 new 使用前两种形式时,即申请的是一个数据类型空间时,对应的 delete 为第一种格式,即只释放指针所指的空间,具体示例如下:

```
int * p1 = new int;
double * p2 = new double(0.01);
delete p1;        //释放 p1
delete p2;        //释放 p2
```

当 new 使用第三种形式时,即申请的是动态数组,对应的 delete 为第二种格式,即释放数组的全部空间,具体示例如下:

```
int * p3 = new int[10];
delete []p3;
```

程序中一旦执行 delete 后,指针指向的可能是原来的值,也可能是其他的值,这取决于编译器对其处理的结果,因此出于对程序健壮性的考虑,一定要在使用 delete 后,将指针置为 NULL。

接下来演示 new 与 delete 的用法,如例 2-10 所示。

例 2-10

```
1    # include < iostream >
2    using namespace std;
3    struct Student                //结构体
4    {
5      char name[20];
6      float score;
7    };
8    int main()
9    {
10     Student * p = NULL;
11     int num, i;
12     cout << "输入学生人数:";
13     cin >> num;
14     p = new Student[num];        //申请内存
15     if(p == NULL)                //判读是否申请成功
16     {
17       cout << "申请内存失败!" << endl;
18       return − 1;
19     }
20     cout << "请输入学生姓名与成绩" << endl;
21     for(i = 0; i < num; i++)
22     {
23       cout << "输入第" << i + 1 << "个学生信息:";
24       cin >> p[i].name >> p[i].score;
25     }
26     float sum = 0;
27     for(i = 0; i < num; i++)
28     {
29       sum += p[i].score;
30     }
31     cout << "学生平均成绩:" << sum / num << endl;
32     delete []p;                  //释放申请的内存
33     p = NULL;
34     return 0;
35   }
```

运行结果如图 2.21 所示。

在例 2-10 中,第 3~7 行定义了一个结构体 Student,第 14 行通过 new 运算符申请内存,第 15~19 行申请内存失败返回−1,第 32 行释放申请的内存。

此外,使用 new 与 delete 时,还需注意以下几点:

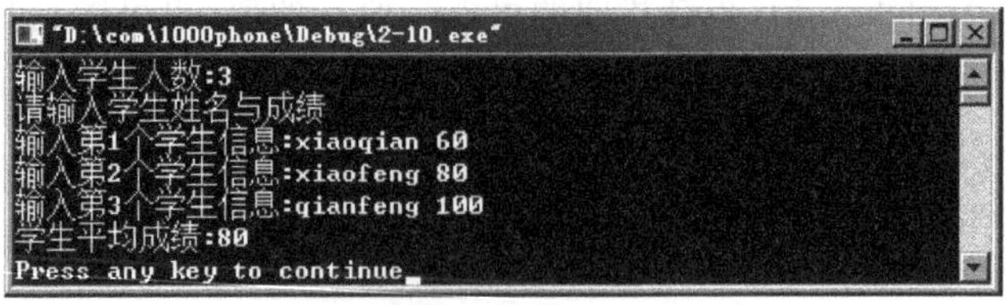

图 2.21　例 2-10 运行结果

- new 与 delete 必须配对使用,即用 new 为指针分配内存,使用完后,一定要用 delete 来释放已分配的内存空间。
- NULL 指针是不能释放的,即用 new 申请内存失败时,就不能再释放了。
- 用 new 给指针变量分配一个有效指针后,必须用 delete 先释放,然后再用 new 重新分配或改变指向,否则先前分配的内存空间因无法被程序引用而造成内存泄漏。

2.5　引　　用

在变量中,不同于 C 语言的是引用型变量。引用就是给一个变量起个别名,两个名字对应同一个地址,这使得变量与它的引用总是具有相同的值。简单理解引用,它就好比一个人有大名与小名之分,但都指同一个人。引用型变量的定义格式如下:

> 数据类型名　&引用变量名 = 被引用变量名;

在定义引用时,需要注意以下几点:

- 在以上定义格式中,"&"不是取地址符,而是引用运算符,只在定义一个引用的时候使用,引用被定义以后就像普通变量一样,使用时无须再用"&"符号。
- 引用变量名为一个合法的用户自定义标识符。
- 在定义一个引用时,如果不是作为函数的参数或返回值,就必须对它进行初始化,以明确该引用是哪一个变量的别名,以后在程序中不可以改变这种别名关系。
- 因为引用变量是某个变量的别名,所以系统并不为引用变量另外分配内存空间,它与所代表的变量名占用同一段内存空间。
- 不是任何类型的数据都有引用,如不能建立 void 类型引用。

接下来演示引用型变量的定义与使用,如例 2-11 所示。

例 2-11

```
1    # include < iostream >
2    using namespace std;
3    int main()
4    {
5        int a = 2;                //普通变量 a
6        int &b = a;               //引用变量 b
```

```
7        cout << "a = " << a << " b = " << b << endl;
8        b = 3;           //通过引用变量b修改a的值
9        cout << "a = " << a << " b = " << b << endl;
10       cout << "&a = " << &a << " &b = " << &b << endl;
11       return 0;
12 }
```

运行结果如图 2.22 所示。

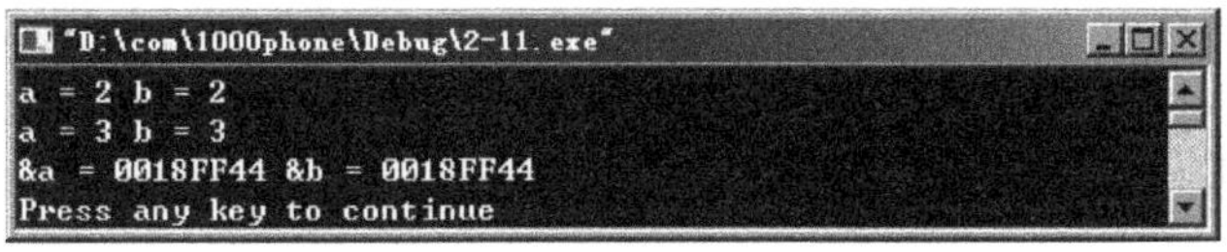

图 2.22　例 2-11 运行结果

在例 2-11 中,第 6 行表示 b 是 a 的引用变量,a 是 b 的被引用变量,a 与 b 共用同一块内存,因此 b 的值也是 2。第 8 行通过引用变量 b 修改 a 对应的内存值为 3,从第 9 行输出结果可以看出,a 和 b 的值都变为 3。第 10 行中通过取地址运算符 & 来输出 a 和 b 的地址,a 和 b 代表同一块内存地址。从本例中可以看出,无论程序中改变了变量值还是其引用变量值,变量与它的引用总是具有相同的值。但在一个程序中,通过引用变量引用一个普通变量,显然是没必要的,这样会降低程序的可读性。实际上,引用主要用作函数参数以及作为函数的返回值,它在程序中发挥着灵活的作用。

2.6　命名空间

在使用变量时,需要注意命名冲突问题,C++语言引入命名空间来减少和避免命名冲突。例如,有两个学生:一个叫小千,一个叫小锋,他们各自拥有一本 C++语言课本,为了区分这两本 C++语言课本,他们就在自己的课本封面写上自己的名字。同理,如果在同一作用域中定义两个相同数据类型的同名变量,则会出现重复定义的编译错误。采用命名空间,就可以避免这种情况的发生。命名空间的定义格式如下所示:

```
namespace   命名空间名称
{
    成员    //声明或定义成员
}
```

namespace 是定义命名空间的关键字,命名空间名称可以用任意合法的标识符,在{ }内声明空间成员,在命名空间中声明或定义的任何东西都局限于该命名空间内。

当命名空间外的作用域要使用空间内定义的标识符时,有以下 3 种方法:

(1) 使用命名空间名称加上域解析操作符"::"来表明要使用的成员,其语法格式如下:

命名空间名称::成员；

（2）使用 using 关键字来表明整个命名空间，此时该命名空间中的所有成员都会被引入到当前范围中，其语法格式如下：

using namespace 命名空间名称；

（3）使用 using 关键字能使指定的命名空间中的指定成员在当前范围中变为可见，其语法格式如下：

using 命名空间名称::成员；

接下来演示命名空间的作用及使用方法，如例 2-12 所示。

例 2-12

```
1   # include < iostream >
2   namespace A
3   {
4       int a = 1;            //命名空间 A 中的 a
5   }
6   namespace B
7   {
8       int a = 2;            //命名空间 B 中的 a
9   }
10  int main()
11  {
12      int a = 3;            //main()函数中的 a
13      std::cout << a << A::a << B::a << std::endl;
14      return 0;
15  }
```

运行结果如图 2.23 所示。

图 2.23　例 2-12 运行结果

在例 2-12 中，程序中有 3 个名为 a 的变量名，但它们的值都是不一样的。第 2 行到第 5 行，定义了一个命名空间 A，该命名空间中包含一个变量 a，它的值为 1；第 6 行到第 9 行，定义了一个命名空间 B，该命名空间中包含一个变量 a，它的值为 2；第 12 行，在 main 函数中又定义了一个变量 a，它的值为 3。第 13 行演示了对 3 个同名变量的读取，main 函数中定义的 a 可以直接以变量名进行读取，在命名空间中定义的变量名需要注明其所属的命名空间。

假如读者还是不理解命名空间的作用，可以尝试将命名空间 A 和 B 中的变量名 a 释放出来,然后再试着输出变量 a 的值,如例 2-13 所示。

例 2-13

```
1   # include < iostream >
2   namespace A
3   {
4       int a = 1;                    //命名空间 A 中的 a
5   }
6   namespace B
7   {
8       int a = 2;                    //命名空间 B 中的 a
9   }
10  int main()
11  {
12      using namespace A;           //释放命名空间 A 中的 a
13      using namespace B;           //释放命名空间 B 中的 a
14      std::cout << a << std::endl; //a 发生歧义
15      return 0;
16  }
```

该程序编译后,出现一条错误信息:

```
error: reference to 'a' is ambiguous.
```

上面的错误信息指出 a 引起了歧义,由于该程序第 12 行和第 13 行将命名空间 A 和 B 的所有成员都释放出来,导致在第 14 行产生歧义,程序不知此处访问哪个命名空间下的 a,因此程序编译失败。

2.7　基本控制语句

C++程序设计中基本控制结构包括顺序结构、选择结构和循环结构,它们都是通过控制语句实现的。其中顺序结构不需要特殊的语句,选择结构需要通过条件语句实现,循环结构需要用循环语句实现,除此之外,有时程序需要无条件地执行一些操作,这时需要用到转移语句,接下来详细讲解这 3 种基本控制语句。

2.7.1　条件语句

条件语句可以给定一个判断条件,并在程序执行过程中判断该条件是否成立,根据判断结果执行不同的操作,从而改变代码的执行顺序,实现更多的功能。例如,想给好友发一封电子邮件,必须将账号密码都输入正确才能进行相关操作,否则登录失败需要重新输入,具体如图 2.24 所示。

C++中条件语句有 if 语句、if-else 语句、if-else if-else 语句、switch 语句。接下来,本节将针对这些条件语句进行逐步讲解。

图 2.24　电子邮箱登录界面

1. if 语句

if 语句用于在程序中有条件地执行某些语句,其语法格式如下:

```
if(条件表达式)
{
    语句块;              //当条件表达式为真时,执行语句块
}
```

如果条件表达式的值为真,则执行其后面的语句,否则不执行该语句。if 语句的执行流程,如图 2.25 所示。

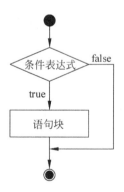

图 2.25　if 语句流程图

2. if-else 语句

if-else 语句用于根据条件表达式的值决定执行哪块代码,其语法格式如下:

```
if(条件表达式)
{
    语句块 1；          //当条件表达式为真时,执行语句块 1
}
else
{
    语句块 2；          //当条件表达式为假时,执行语句块 2
}
```

如果条件表达式的值为真,则执行其后面的语句块 1,否则执行语句块 2。if-else 语句的执行流程,如图 2.26 所示。

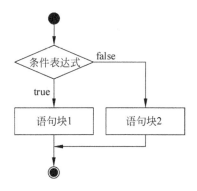

图 2.26　if-else 语句流程图

3. if-else if-else 语句

if-else if-else 语句用于进行多重判断。例如,参加高考的考生填报志愿,如果分数超过一本分数线,就可填报一本的学校;如果没有超过一本分数线,就来判断分数是不是超过二本分数线,超过就可填报二本的学校;如果二本的分数线也没有超过,就只能填报三本或大专的学校。其语法格式如下:

```
if(条件表达式 1)
{
    语句块 1；          //当条件表达式 1 为真时,执行语句块 1
}
else if(条件表达式 2)
{
    语句块 2；          //当条件表达式 2 为真时,执行语句块 2
}
…
else
{
    语句块 n；          //当以上条件表达式均为假时,执行语句块 n
}
```

当执行该语句时,依次判断条件表达式的值,当出现某个表达式的值为真时,则执行其对应的语句,然后跳出 if-else if-else 语句继续执行该语句后面的代码。如果所有表达式均为假,则执行 else 后面的语句块 n。if-else if-else 语句的执行流程,如图 2.27 所示。

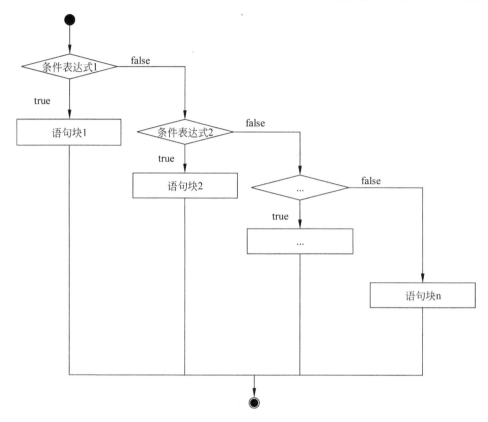

图 2.27 if-else if-else 语句流程图

接下来演示 if-else if-else 语句的用法,如例 2-14 所示。

例 2-14

```
1   # include < iostream >
2   using namespace std;
3   int main()
4   {
5       float s;
6       cout << "请输入成绩: ";
7       cin >> s;
8       if (s >= 90)          //s≥90
9       {
10          cout << "优秀" << endl;
11      }
12      else if (s >= 80)       //80≤s<90
13      {
14          cout << "良好" << endl;
```

```
15      }
16      else if (s >= 60)              //60≤s<80
17      {
18          cout << "及格" << endl;
19      }
20      else                           //s<60
21      {
22          cout << "不及格" << endl;
23      }
24      return 0;
25  }
```

运行结果如图 2.28 所示。

图 2.28　例 2-14 运行结果

在例 2-14 中,第 7 行中的 cin 为标准库函数中的一个对象,它用来接收键盘输入,其使用方法与 cout 相反,cin 后面加提取运算符"＞＞",要注意该提取运算符"＞＞"与 cout 的插入运算符"＜＜"是正好相反的。本程序的功能是输入成绩,并输出成绩对应的等级。当程序运行输入 s=58.9 时,程序依次判断表达式的真假,先执行表达式 s ＞= 90,此时结果为假,则跳过其后面的语句块,转而执行表达式 s ＞= 80,此时结果仍为假,则继续跳过其后面语句块,以此类推。显然所有的条件表达式结果都为假,因此程序将执行 else 后面的语句块,程序最终输出"不及格"。

4. switch 语句

switch 语句用于根据表达式的值确定在几种不同值时执行不同的语句块,其语法格式如下:

```
switch(含变量的表达式)
{
    case 常量 1:        //当表达式的值与常量 1 相符时,执行语句块 1
        语句块 1;
        break;
    case 常量 2:        //当表达式的值与常量 2 相符时,执行语句块 2
        语句块 2;
        break;
    …
    default:           //当表达式的值与以上常量值都不相符时,执行语句块 n+1
        语句块 n+1;
}
```

接下来演示 switch 语句的用法,如例 2-15 所示。

例 2-15

```
1    # include < iostream >
2    using namespace std;
3    int main()
4    {
5        char grade;
6        cout << "请输入等级：";
7        cin >> grade;
8        switch (grade)
9        {
10           case 'A':        //grade 为'A'
11               cout << "分数段为 90～100" << endl;
12               break;
13           case 'B':        //grade 为'B'
14               cout << "分数段为 80～90" << endl;
15               break;
16           case 'C':        //grade 为'C'
17               cout << "分数段为 70～80" << endl;
18               break;
19           case 'D':        //grade 为'D'
20               cout << "分数段为 60～70" << endl;
21               break;
22           case 'E':        //grade 为'E'
23               cout << "分数段为 0～60" << endl;
24               break;
25           default:         //grade 为其他
26               cout << "输入的格式不正确" << endl;
27       }
28       return 0;
29   }
```

运行结果如图 2.29 所示。

图 2.29   例 2-15 运行结果

在例 2-15 中，第 8 行 switch 检查 grade 的值是否与某个 case 中的值相同，假如相同，那么执行该 case 中的语句。程序运行输入"C"，该值被保存在 grade 变量中，第 8 行的 switch 检查 grade 的值，发现与第 16 行的 case 值相等，因此执行第 17 行，输出"分数段为 70～80"，然后执行第 18 行，遇到 break 语句，退出 switch 语句，程序转到第 28 行来执行。

2.7.2 循环语句

循环结构用于重复执行某一语句块,在 C++ 中提供了 3 种形式的循环语句:while 循环语句、do-while 循环语句和 for 循环语句。

1. while 循环语句

在 while 循环语句中,当条件表达式为真时,就重复执行循环体语句;当条件为假时,就结束循环,其语法格式如下:

```
while(条件表达式)
{
    循环体语句块;        //当条件表达式为真时执行
}
```

若 while 循环的循环体只有一条语句,则可以省略左右大括号。while 的循环体是否执行,取决于条件表达式是否为真,当条件表达式为真时,循环体就会被执行。循环体执行完毕后继续判断条件表达式,如果条件表达式为真,则会继续执行,直到条件表达式为假时,整个循环过程才会执行结束。while 循环的执行流程,如图 2.30 所示。

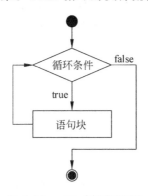

图 2.30 while 循环流程图

接下来演示 while 循环语句的用法,如例 2-16 所示。

例 2-16

```
1   #include <iostream>
2   using namespace std;
3   int main()
4   {
5       int sum = 0, i = 1;
6       while(i < 101)        //while 循环
7       {
8           sum += i;
9           i++;
```

```
10     }
11     cout << "1 + 2 + … + 100 = " << sum << endl;
12     return 0;
13 }
```

运行结果如图 2.31 所示。

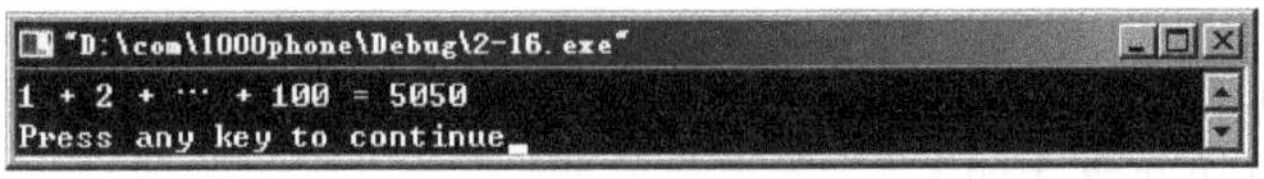

"D:\com\1000phone\Debug\2-16.exe"
1 + 2 + … + 100 = 5050
Press any key to continue

图 2.31　例 2-16 运行结果

在例 2-16 中，当 i=1 时，i<101，此时执行循环体语句，sum 为 1，i 为 2。当 i=2 时，i<101，此时执行循环体语句，sum 为 3，i 为 3。以此类推，直到 i=101，不满足循环条件，此时程序执行第 11 行代码。

2. do-while 循环语句

do-while 循环语句是非零次循环结构，即至少执行一次循环体。执行过程是先执行循环体结构，然后判断条件表达式，若条件表达式为真，则继续执行循环体；若条件表达式为假，则终止循环。在日常生活中，并不难找到 do-while 循环的影子。例如，在利用提款机提款前，应先进入输入密码的画面，允许用户输入 3 次密码，如果 3 次都输入错误，即会将银行卡吞掉，其程序的流程就是利用 do-while 循环设计而成的。其语法格式如下：

```
do
{
    循环体语句块;            //当条件表达式为真时再执行一次循环体语句
}while(条件表达式);
```

do-while 语句与 while 语句有一个明显的区别是 do-while 语句的条件表达式后面必须有一个分号，用来表明循环结束。do-while 循环的执行流程如图 2.32 所示。

语句块
true
条件表达式
false

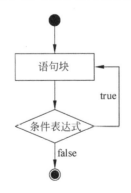

图 2.32　do-while 循环流程图

接下来演示 do-while 循环语句的用法,如例 2-17 所示。

例 2-17

```
1   # include < iostream >
2   using namespace std;
3   int main()
4   {
5       int sum = 0, i = 1;
6       do          //do - while 循环
7       {
8           sum += i;
9           i++;
10      }while(i < 101);
11      cout << "1 + 2 + … + 100 = " << sum << endl;
12      return 0;
13  }
```

运行结果如图 2.33 所示。

```
"D:\com\1000phone\Debug\2-17.exe"
1 + 2 + … + 100 = 5050
Press any key to continue_
```

图 2.33 例 2-17 运行结果

在例 2-17 中,程序执行完循环体后,sum 为 1,i 为 2,接着判断 i 是否小于 101,此时 i 小于 101,则执行循环体。直到 i 为 101,不满足循环条件,此时程序执行第 11 行代码。

3. for 循环语句

for 循环是最常见的循环结构,而且其语句更为灵活,不仅可以用于循环次数已经确定的情况,而且可以用于循环次数不确定的情况,完全可以代替 while 循环语句,其语法格式如下:

```
for(表达式 1;表达式 2;表达式 3)
{
    循环体语句;
}
```

其中,表达式 1 常用于初始化循环变量;表达式 2 是循环条件表达式,当条件为真时,将执行循环体语句,当条件为假时,结束循环;表达式 3 在每次执行循环体后执行,它一般用于为循环变量增量,for 循环的执行流程如图 2.34 所示。

接下来演示 for 循环语句的用法,如例 2-18 所示。

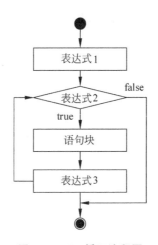

图 2.34　for 循环流程图

例 2-18

```
1    # include < iostream >
2    using namespace std;
3    int main()
4    {
5        int sum = 0, i;
6        for( i = 1; i < 101; i++)      //for 循环
7        {
8            sum += i;
9        }
10       cout << "1 + 2 + … + 100 = " << sum << endl;
11       return 0;
12   }
```

运行结果如图 2.35 所示。

图 2.35　例 2-18 运行结果

在例 2-18 中,先执行 i=1,再判断 i 是否小于 101,此时 i 小于 101,执行循环体,再执行 i++,此时 i 为 2,判断 i 是否小于 101,此时 i 小于 101,执行循环体,以此类推,直到 i 为 101,不满足循环条件,此时程序执行第 10 行代码。

C++中的循环语句也支持嵌套使用,即多重循环,3 种格式的循环语句可以根据需求相互嵌套。

2.7.3　转移语句

转移语句使函数内的程序无条件地改变控制权,包括 break、continue 和 goto 语句。

由于这些语句是无条件转移,因此常常与 if 等条件语句配合使用。

1. break 语句

break 语句可以用在 switch 结构和循环结构中,用于强制退出结构,转而执行该结构后面的语句。

2. continue 语句

continue 语句只能用在循环结构中,用于终止本次循环,转而执行下一次循环。

3. goto 语句

goto 语句可以用在程序中的任何位置,只能从结构里向结构外跳转,反之则不行。由于大量使用 goto 语句会大大降低程序的可读性,因此在程序设计中建议尽量不用goto 语句。

接下来演示 break 语句和 continue 语句的用法,如例 2-19 所示。

例 2-19

```
1    # include < iostream >
2    using namespace std;
3    int main()
4    {
5        float sum = 0, ave = 0, num = 0;
6        int i = 0;
7        while(1)
8        {
9            cout << "请输入第" << i + 1 << "个正数" << endl;
10           cin >> num;
11           if(num == 0)
12           {
13               cout << "输入结束" << endl;
14               break;            //结束 while 循环
15           }
16           if(num < 0)
17           {
18               cout << "输入错误,请重新输入" << endl;
19               continue;         //结束本次循环
20           }
21           sum += num;
22           i ++;
23       }
24       ave = sum / i;
25       cout << i << "个正数平均值为" << ave << endl;
26       return 0;
27   }
```

运行结果如图 2.36 所示。

图 2.36   例 2-19 运行结果

在例 2-19 中,程序的功能是计算并输出用户从键盘输入的正数的平均值(0 是输入结束标志)。程序运行时,当第二次输入 −1 时,对应程序中第 16～20 行代码,continue 的作用仅仅是结束本次循环。当第三次输入 0 时,对应程序中第 11～15 行代码,break 的作用是结束整个循环。

2.8   函   数

函数是对处理问题过程的一种抽象,通常在编程中将功能独立且经常被使用的某种功能抽象为函数。在 C++语言中,函数同样重要,它是面向对象程序设计中对于某种功能的抽象,对于代码重用和提高程序的可靠性是非常重要的。

2.8.1   函数的定义

函数可以理解为实现某种功能的代码块,这样当程序中需要这个功能时就可以直接调用,而不必每次都编写一次,就好比生活中使用计算器来计算,当需要计算时,直接使用计算器输入要计算的数,计算完成后生成计算结果,而不必每次计算都通过手写演算出结果。在程序中,如果想多次输出"拼搏到无能为力,坚持到感动自己!",就可以将这个功能写成函数,具体示例如下:

```
void Output()
{
    cout << "拼搏到无能为力,坚持到感动自己!";
}
```

void 表示该函数没有返回值,Output 是为函数取的名字,Output 后面有一对小括号,小括号中代表函数的参数,假如没有参数,小括号内为空。函数的主体从左大括号开始,到右大括号结束,中间是函数的功能。

当需要使用该函数时,就可以在程序中写入下面语句:

```
Output();
```

这就是调用函数,程序执行到这里,就会立即跳转到 Output() 函数的定义部分去执行(定义部分就是实现函数功能的部分),当函数执行完毕后,再跳回到原始位置继续往下执行。

从上述示例中,可以得出函数的定义,其语法格式如下:

```
数据类型    函数名(形式参数列表)
{
    函数体;
}
```

C++ 函数的定义包括函数名、参数、返回类型和函数体,其中函数名、参数列表和返回值类型一起组成函数头,它是函数的接口,即调用这个函数时需要知道这些信息,而函数体是函数真正的实现。

在 C++ 中,如果函数的定义在调用之前,则可以直接调用,但如果函数的定义出现在调用之后,则要先进行函数声明。为了提高程序的可读性,一般程序需要函数的声明。在 C++ 中,函数声明包括函数返回类型、函数名和完整的形式参数列表。

函数名是一个标识符,它的命名规则与变量相同。在给函数命名时,应尽量使名字能够代表函数所完成的功能,这样可以增强程序的可读性。

函数参数是函数完成功能所需要输入的信息,如定义一个求两个整数和的函数,那么这两个数就要作为参数。一个函数可以有零个或多个任意数据类型的参数,参数之间用“,”隔开,参数名也是标识符。例如,下面语句是求两个整数和的函数定义,其中 a 与 b 就是两个参数,具体示例如下:

```
int add(int a, int b)
{
    return a + b;
}
```

在上述函数定义中,参数 a、b 的值是从调用函数的地方传递过来的,在定义函数时还没有具体的值,因此称为形式参数,简称形参。与形式参数对应的是实际参数,即在调用这个函数时要传递给形式参数的具体量,简称实参。例如,下面的程序调用了 add 函数,其中 i 与 j 就是实际参数,具体示例如下:

```
int main()
{
    int i = 1, j = 2;
    cout << "i + j = " << add(i, j) << endl;
    return 0;
}
```

在调用函数时,实参将自己的值传递给形参。在上面的程序中,i 将自己的值 1 传递给对应的形参 a,j 将自己的值 2 传递给对应的形参 b,这样 a 的值为 1,b 的值为 2,如图 2.37 所示。

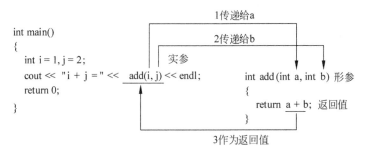

图 2.37 实参与形参

函数的返回类型是函数在调用结束后返回值的数据类型,可以是除数组以外的任意类型。函数体中的 return 语句用来返回函数的结果,这个语句指示系统结束当前函数的执行,返回到调用这个函数的地方继续执行。如果定义的函数返回类型是 void,则表示函数没有返回值,具体示例如下:

```
return;
```

此处也可以不写 return 语句,函数在执行到函数语句末尾的"}"自动结束调用返回。当函数有返回值时,可以用下面的任意一种格式。具体示例如下:

```
return   表达式;
return   (表达式);
```

上述语句中表达式的值就是函数需要返回的值。

函数体是由一些语句组成的,这些语句共同完成了函数的功能。函数体中的语句可以是任意形式的语句,包括常量和变量的定义语句、表达式语句和流程控制语句等。如果变量的定义在函数体内,则这个变量称为局部变量,只能在这个函数体中使用;如果变量的定义在函数体外,则这个变量称为全局变量,可以在所有函数中使用。

接下来通过一个案例来演示函数声明、实现及调用,如例 2-20 所示。

例 2-20

```
1   # include < iostream >
2   using namespace std;
3   int add(int a, int b);                    //函数声明
4   int main()                                 //主函数定义
5   {
6       int a, b;
7       cout << "请输入 a、b 两个整数: " << endl;
8       cin >> a >> b;
9       cout << "a + b = " << add(a, b) << endl;   //函数调用
```

```
10      return 0;
11  }
12  int add(int a, int b)              //函数实现
13  {
14      return a + b;
15  }
```

运行结果如图 2.38 所示。

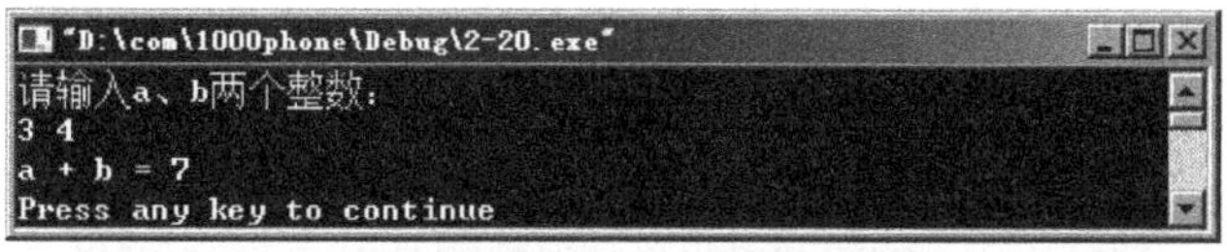

图 2.38　例 2-20 运行结果

在例 2-20 中,主函数中定义了两个整型变量,并从键盘读入这两个变量的值,然后调用函数 add 求这两个数的和并输出,注意区分实参 a、b 与形参 a、b。

上例中函数的调用过程可以分为以下 4 步:

- 当函数调用开始时,建立调用函数的栈空间,保存调用函数的运行状态和返回地址,先将函数进栈,并为函数的形式参数按其数据类型分配动态内存。
- 将实参的值对应传递给形参。
- 执行函数体。
- 当执行到 return 语句或函数结束的"}"时,系统为返回值按返回值类型分配临时单元,并将返回值放入该单元,函数出栈,清理函数所占内存,返回值的临时单元参与主调函数中的所在表达式运算后销毁,继续主调函数的执行。

2.8.2　函数的参数传递

1. 普通型形式参数

函数形参与实参均为普通变量,函数调用时将实参的值复制一份给形参,在被调函数中,对形参的任何操作都不会影响实参的值。接下来演示普通型形式参数作为函数参数,如例 2-21 所示。

例 2-21

```
1   # include < iostream >
2   using namespace std;
3   void swap(int a, int b)            //普通型形式参数
4   {
5       int t = a;
6       a = b;
7       b = t;
8   }
9   int main()
```

```
10  {
11      int a, b;
12      cout << "请输入两个整数: " << endl;
13      cin >> a >> b;
14      cout << "交换前: a = " << a << " b = " << b << endl;
15      swap(a, b);
16      cout << "交换后: a = " << a << " b = " << b << endl;
17      return 0;
18  }
```

运行结果如图 2.39 所示。

图 2.39　例 2-21 运行结果

在例 2-21 中，从运行结果可发现，a、b 的值并没有交换。这是因为，调用函数 swap 时，实参 a、b 的值会复制一份给形参 a、b，在执行 swap 函数时，交换的是形参 a、b 的值，swap 函数执行结束，形参 a、b 释放内存空间，这期间并没有改变实参中 a、b 的值，因此，打印结果中 a、b 值并不发生变化。

2. 指针型形式参数

当函数的形参是指针时，指针的值是一个地址，因而可以通过指针来间接访问该地址对应的内存空间。这种指针型形式参数提供了一种可以间接修改调用该函数的参数值的方法，但这种方法因其容易出错，所以很少使用，读者通过下面例题有所了解即可，如例 2-22 所示。

例 2-22

```
1   # include < iostream >
2   using namespace std;
3   void swap( int * a, int * b)        //指针型形式参数
4   {
5       int t = * a;                    //此处不能是 int *t = a; a = b; b = t;
6       * a = * b;
7       * b = t;
8   }
9   int main()
10  {
11      int a, b;
12      cout << "请输入两个整数: " << endl;
13      cin >> a >> b;
14      cout << "交换前: a = " << a << " b = " << b << endl;
```

```
15        swap(&a, &b);
16        cout << "交换后: a = " << a << " b = " << b << endl;
17        return 0;
18    }
```

运行结果如图 2.40 所示。

图 2.40　例 2-22 运行结果

在例 2-22 中,从运行结果可发现,a、b 的值交换了。这是因为,调用函数 swap 时,实参 a、b 的地址会复制一份给形参指针变量 a、b,在执行 swap 函数时,通过 * 访问指针变量 a、b 指向的内存空间,即实参 a、b 的值,这样就实现了交换 a、b 的值。

3. 数组型形式参数

在 C++中,当形参被定义为数组时,数组参数自动转换为指针参数,因此调用函数时实际上是将实参(也是一个数组)的首地址传递给形参(一个指针变量),如例 2-23 所示。

例 2-23

```
1     # include < iostream >
2     using namespace std;
3     void ArraySort(int array[ ], int n)       //数组参数自动转换为指针参数,n 为数组元素个数
4     {   //冒泡排序
5         for(int i = 0; i < n - 1; i++)        //i 表示趟数
6         {
7           for (int j = 0; j < n - 1 - i; j++)  //j 表示每趟两两比较的次数
8           {
9               if(array[j] > array[j + 1])     //如果前一个数比后一个数大,交换这两个数
10              {
11                  int tmp = array[j];
12                  array[j] = array[j + 1];
13                  array[j + 1] = tmp;
14              }
15           }
16        }
17    }
18    int main()
19    {
20        int array[ ] = {88, 62, 12, 100, 28}, i = 0, n;
21        n = sizeof(array) / sizeof(int);
22        cout << "排序前: " << endl;
23        for(i = 0; i < n; i++)
24        {
25            cout << array[i] << " ";
```

```
26          }
27      ArraySort(array, n);
28      cout << endl << "排序后: " << endl;
29      for(i = 0; i < n; i++)
30      {
31          cout << array[i] << " ";
32      }
33      cout << endl;
34      return 0;
35  }
```

运行结果如图 2.41 所示。

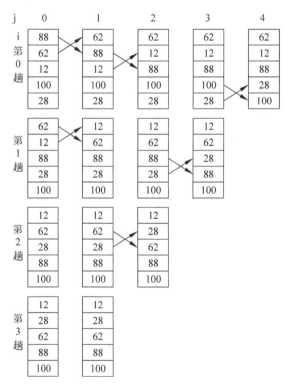

图 2.41　例 2-23 运行结果

在例 2-23 中,第 3~17 行代码为冒泡排序,具体过程如图 2.42 所示。数组参数实际上是一个指针,这个指针指向实参数组的首元素,因此可以通过指针来间接修改实参数组元素的值,也就是说,在函数中对数组参数所做的改变会影响到实参。

图 2.42　冒泡排序过程

2.8.3　函数与引用

当指针作为函数参数时,形参的改变可以影响到实参,但在函数中反复使用指针,容易发生错误且难以理解。如果以引用作为函数形参,则既可以实现指针所带来的功能,而且更加高效。使用引用作函数形参时只需在函数定义时将形参前加上引用运算符"&"即可,如例 2-24 所示。

例 2-24

```
1    # include < iostream >
2    using namespace std;
3    void swap(int &a, int &b)     //通过引用实现交换两个数
4    {
5        int t = a;
6        a = b;
7        b = t;
8    }
9    int main()
10   {
11       int a, b;
12       cout << "请输入两个整数: " << endl;
13       cin >> a >> b;
14       cout << "交换前: a = " << a << " b = " << b << endl;
15       swap(a, b);
16       cout << "交换后: a = " << a << " b = " << b << endl;
17       return 0;
18   }
```

运行结果如图 2.43 所示。

图 2.43　例 2-24 运行结果

在例 2-24 中,swap()函数中的 &a 和 &b 就是引用作为函数形参,在执行 swap(a, b)时,虽然看起来像是简单的变量传递,但实际上由于形参被声明成是实参的内存空间的引用,函数中对形参 a、b 的操作就是对所引用的实参 a、b 的内存空间的操作。

一个函数也可以返回为引用类型。返回引用的函数可以使函数出现在等号的左边,但是要求函数必须返回全局变量,如例 2-25 所示。

例 2-25

```
1    # include < iostream >
2    using namespace std;
```

```
3    double area;
4    double& CalArea(double r)    //函数返回引用
5    {
6        area = 3.1415 * r * r;
7        return area;
8    }
9    int main()
10   {
11       double a1 = CalArea(3.0);
12       double &a2 = CalArea(4.0);
13       cout << a1 << " " << a2 << " " << area << endl;
14       CalArea(5.0) = 6.0f;
15       cout << a1 << " " << a2 << " " << area << endl;
16       return 0;
17   }
```

运行结果如图 2.44 所示。

```
"D:\com\1000phone\Debug\2-25.exe"
28.2735 50.264 50.264
28.2735 6 6
Press any key to continue
```

图 2.44 例 2-25 运行结果

在例 2-25 中,函数 CalArea 用来计算一个圆的面积,形参 r 用来指定圆的半径。由于函数名前有运算符"&",表示函数返回一个引用,因此该函数中 return 后面必须是一个已分配的内存空间的标识,不能是表达式。由于函数调用后,函数中的局部变量的内存空间被释放,因而函数不能返回一个局部变量的内存空间的引用。第 12 行变量 a2 引用函数 CalArea 返回的内存空间的值,因此 area 的值改变后,a2 的值也会随之改变。第 14 行函数作为左值并进行赋值,此时 area、a2 的值也发生变化。

2.8.4 函数与 const

const 是不变的意思,这个关键字经常出现在函数的定义中,根据其出现在函数不同的位置,大致可以分为 3 类:修饰函数参数、修饰函数返回值和修饰类的成员函数。本节先讲解前两类,后一类在以后的章节中再讲解。

const 修饰函数参数表示函数体中不能修改参数的值(参数本身的值或参数其中包含的值),具体示例如下:

```
void func1(const int var);              //传递过来的参数在函数内不可变
void func2(const char *p);              //参数指针所指内容为常量不可变
void func3(char * const p);             //参数指针本身为常量不可变
void func4(const int array[], int n);   //保证 array 数组内容不可变
void func5(const int &var);             //引用参数在函数内不可变
```

函数返回值为 const 的情形只用在函数返回为引用的时候。当把返回为引用的函数

再用 const 限定后,就表示这个函数不能作为左值使用,即不能被赋值。如例 2-25 中的 CalArea()函数,如果定义成如下形式:

```
const double& CalArea(double r);
```

此时,执行下面的语句,会发生错误。

```
CalArea(5.0) = 6.0f;
```

2.8.5　内联函数

在编写程序时,经常会遇到短小且使用频繁的代码,这时把这些代码写成函数,由于函数调用时,额外开销非常大,会降低程序的运行效率;但不写成函数,每次重复写相同的代码,程序的可读性降低。这种情况在 C 语言中通过宏函数来解决,由于宏只是简单的替换,不会进行类型检查等工作,很可能带来一些潜在的错误。在 C++中通过内联函数可以解决这个问题,内联函数在实现过程上与宏函数相似,在编译时用函数体代替函数调用,节省执行时间。定义内联函数的方法很简单,即在函数头前面加上关键字 inline,其语法格式如下:

```
inline    数据类型    函数名(形式参数列表)
{
    函数体
}
```

例如,定义一个求两个整数和的函数为内联函数,具体示例如下:

```
inline int add (int a, int b)
{
    return a + b;
}
```

其中,add 函数是内联函数。在程序中出现的该函数的调用函数将用该函数的函数体代替,而不是转去调用该函数,因此内联函数可以提高运行效率。

内联函数的定义是有限制的,并不是所有的函数都可以定义成内联的,C++对内联函数的限制如下:

- 在内联函数中不能定义任何静态变量。
- 内联函数中不能有复杂的流程控制语句,如循环语句、switch 语句、goto 语句等。
- 内联函数不能递归。
- 内联函数中不能声明数组。

如果定义的内联函数比较复杂,违反了上述要求,那么即使使用 inline 限定,系统也将自动忽略 inline 关键字,把它当作普通函数处理。

2.8.6 默认参数的函数

C++是对 C 语言的改进,一方面是使得编译器能检查出更多的错误,另一方面减少编码的复杂程度。基于这两个方面,C++的函数中引入了默认参数的函数概念,即在定义或声明函数时给形参一个默认值,在调用函数时,如果不传递实参就使用默认参数值,如例 2-26 所示。

例 2-26

```
1    # include < iostream >
2    using namespace std;
3    int add( int a = 1, int b = 2);
4    int main()
5    {
6        int i, j, k;
7        i = add();              //使用默认参数 1、2
8        j = add(3);             //使用默认参数 2
9        k = add(5, 6);          //不使用默认参数
10       cout << i << " " << j << " " << k << endl;
11       return 0;
12   }
13   int add( int a, int b)
14   {
15       return a + b;
16   }
```

运行结果如图 2.45 所示。

图 2.45 例 2-26 运行结果

在例 2-26 中,第 7 行调用函数时,没有传递实参,形参 a、b 就使用默认值,最终函数返回 3。第 8 行调用函数时,传递 3 给形参 a,形参 b 使用默认值 2,最终函数返回 5。第 9 行调用函数时,传递 5 给形参 a,传递 6 给形参 b,此时没有使用默认值,最终函数返回 11。

在使用默认参数时,需要注意以下几点。

- 默认值的指定只可在函数声明中出现一次。如果函数没有声明,则只能在函数定义中指定。
- 指定默认参数的顺序是自右向左。如果一个参数指定了默认值,则其右边的参数一定也要指定默认值。
- 默认参数函数调用时,实参列表遵循从左向右依次匹配的原则。
- 默认值不可以是局部变量。

2.8.7　函数重载

在实际开发中,有时候需要实现几个功能类似的函数,只是有些细节不同。例如,求两个数的和,这两个数可以是 int、double 等类型,在 C 语言中,由于每个函数必须有唯一的函数名,因此需要有如下两个函数:

```
int addInt( int a, int b);
double addDouble( double a, double b);
```

这两个函数功能是相同的,都是求两个数的和。由于不同的函数名,给使用者带来诸多不便。因此考虑是否可以用同一个名字代替这两个函数名,在调用时根据参数的不同确定调用哪个函数,这便是 C++ 提供的函数重载机制,上述两个函数可以使用同一个名字 add,具体示例如下:

```
int add( int a, int b);
double add( double a,double b);
```

上述两个函数就构成了函数重载,每个函数对应着不同的实现,即各自有自己的函数体。读者可能会疑惑在调用函数时编译器如何选择这些函数,具体原则如下:

(1)编译器根据重载函数的形式参数类型或参数个数的不同进行选择,因此构成重载函数必须在形式参数类型和参数个数上至少有一处不相同。例如,有 3 个同名函数,具体示例如下:

```
double fun( int a, double b);
double fun( double a, int b);
int fun( double a, int b);
```

上述代码中,第一个函数与第二个函数构成函数重载,因为函数的参数类型不相同。而第二个函数与第三个函数仅仅是函数的返回类型不同,因此不能构成函数重载。

(2)编译器选择重载函数是按一定的顺序将实参类型与所有被调用的重载函数的形参类型一一比较进行匹配,具体按如下顺序匹配:首先选择严格匹配的函数,再选择通过自动类型转换匹配的函数,最后选择通过强制类型转换匹配的函数。

接下来演示函数重载的用法,如例 2-27 所示。

例 2-27

```
1    # include < iostream >
2    using namespace std;
3    double add( double a, double b)        //函数重载
4    {
5        cout << "double add( double a, double b)" << endl;
6        return a + b;
7    }
```

```
8   int add( int a, int b )          //函数重载
9   {
10      cout << "int add(int a, int b)" << endl;
11      return a + b;
12  }
13  int main()
14  {
15      int a1 = 1, b1 = 3;
16      double a2 = 1.2, b2 = 3.4;
17      char a3 = '1', b4 = '2';
18      cout << add(a1, b1) << endl;
19      cout << add(a2, b2) << endl;
20      cout << add(a3, b4) << endl;
21      cout << add(a2, (double)b1) << endl;
22      return 0;
23  }
```

运行结果如图 2.46 所示。

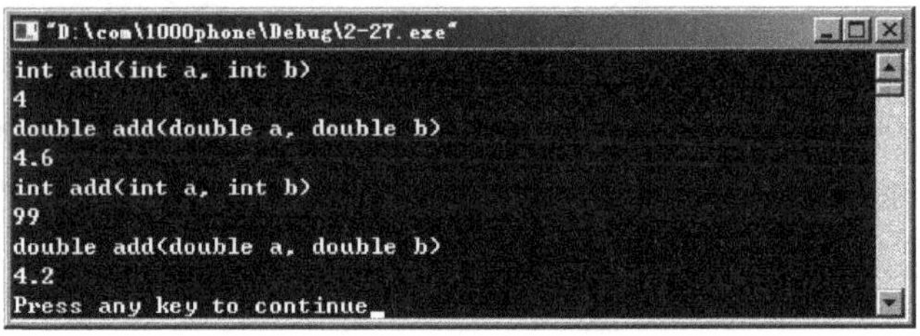

图 2.46　例 2-27 运行结果

在例 2-27 中,主函数中 4 次调用 add 函数,当传入不同的参数时调用对应的函数,在这个过程中,编译器会根据传入的参数与重载函数按照上面的顺序进行匹配,然后根据匹配结果调用不同的函数。

在使用具有默认参数的函数重载时需要注意调用时可能会发生歧义,具体示例如下:

```
void func(int a);
void func(int a, double b = 0);
```

当函数调用语句为"func(5);"时,它既可以调用第一个函数,也可以调用第二个函数,编译器无法确定调用哪一个函数,即发生了歧义,因此对函数进行重载时应避免设置默认参数。

2.9　本章小结

本章主要介绍了 C++语言程序中的基本概念,从变量和常量讲解基本数据类型,接着讲解构造数据类型、表达式与类型转换、指针、引用、命名空间,最后讲解函数,学习完

本章内容,读者可以进行简单的 C++编程。

2.10　习　　题

1. 填空题

(1) 声明一个内联函数时,需要使用_____关键字。

(2) 在 C++语言中,标识符只能以_____开头。

(3) 设所有变量均为整型,则表达式(e＝2,f＝5,e＋＋,f＋＋,e＋f)的值为_____。

(4) 一个变量为只读需要使用_____关键字修饰。

(5) _____就相当于给一个变量起个别名。

2. 选择题

(1) 下列十六进制的整型常量表示中,错误的是(　　)。

　　A. 0xac　　　　　　B. 0X22　　　　　　C. 0xB　　　　　　D. 4fx

(2) 下列对变量的引用中错误的是(　　)。

　　A. int a; int& p1 = a;　　　　　　　　B. double b; double& p2＝ b;

　　C. char c; char& p3 = c;　　　　　　　D. float d; float& p4; p4＝ d;

(3) 下列字符序列中,可以作为字符串常量的是(　　)。

　　A. ABC　　　　　　B. 'A'　　　　　　　C. "qian"　　　　　D. 'feng'

(4) 下列(　　)不是重载函数在调用时选择的依据。

　　A. 参数类型　　　　　　　　　　　　　B. 返回类型

　　C. 参数个数　　　　　　　　　　　　　D. 参数类型和参数个数

(5) 对于一个功能不太复杂,并且要求加快执行速度,选用(　　)。

　　A. 内联函数　　　　　　　　　　　　　B. 重载函数

　　C. 递归函数　　　　　　　　　　　　　D. 嵌套函数

3. 思考题

(1) 字符与字符串的区别是什么?

(2) continue、break 语句在循环中分别起到什么作用?

4. 编程题

编写程序,提示用户输入三角形的三边,判断是否构成三角形,若构成三角,则输出该三角形的面积;若不是,则提示用户重新输入,直到输入正确为止。

第 3 章

类 与 对 象

本章学习目标

- 理解类与对象
- 掌握构造函数与析构函数
- 理解友元函数与友元类
- 掌握静态成员、对象成员、常类型成员
- 掌握 string 类

在 C++ 中把具有相同属性和行为的对象看成同一类，把属于某个类的实例称为某个类的对象。例如学生小千、小锋是两个不同的对象，它们有共同的属性，如学号、成绩等，也有相同的行为，如选课、显示成绩等，它们同属于一个"学生"类。类和对象是面向对象程序设计中使用的最基本的概念，下面进一步阐述类和对象的定义及使用。

3.1 类 的 定 义

类是面向对象程序设计的核心，是进行封装和数据隐藏的工具。具体到代码上，类是逻辑上有关的函数及其数据的集合，它主要不是用于执行，而是提供所需要的资源。在使用一个类之前必须先定义类，定义一个类包含两个步骤：一是说明类体中的成员；二是实现类体中的函数。

类将数据表示和操作数据的函数组合在一起，下面来看一个用于描述平面上一点的类。

首先，考虑如何表示平面上一个点，可以用直角坐标系中的 x 轴和 y 轴上的两个数值分别表示平面上一个点的横坐标与纵坐标，如果想要在程序开始时指定这个点的坐标，可以通过定义一个函数来实现这种操作，而类就是将数据和操作封装在一起，如图 3.1 所示。

在图 3.1 中，x_0 与 y_0 就表示直角坐标系中的 x 轴和 y 轴上的两个数值，函数 init() 表示初始化一个点的坐标的操作，函数 GetX() 表示获取这个点的横坐标，函数 GetY() 表示获取这个点的纵坐标，通常将对类中数据操作的函数称为接口。因此，说明类体中的成员就是要说明它包含哪些成员，每个成员是什么类型。

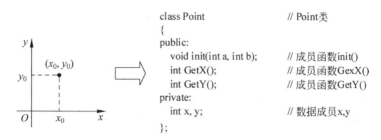

图 3.1 说明类体中的成员

从上面的示例中可以归纳出说明类体中成员的语法,其语法格式如下:

```
class 类名
{
public:
    公有型数据和函数;
protected:
    保护型数据和函数;
private:
    私有型数据和函数;
};
```

其中,class 是关键字,class 之后是要定义的类名。类中的数据和函数都是类的成员,分别称为数据成员和成员函数。数据成员用来描述类状态等属性,由于数据成员常用变量来定义,因此有时又将这样的数据成员称为成员变量。成员函数用来对数据成员进行操作,又称方法。注意,类体中大括号"}"后面的分号";"不能省略。

类中关键字 public、protected 和 private 说明了类中成员与类外之间的关系,称为访问权限,如表 3.1 所示。

表 3.1 访问权限及含义

访 问 权 限	**public**	**protected**	**private**
对本类	可见	可见	可见
对外部	可见	不可见	不可见
对子类	可见	可见	不可见

在说明类体中的成员时,也可以不定义成员的访问权限,如果不定义,则默认为private。另外,在类体中,public、protected 和 private 出现的顺序与次数都是任意的。一般来说,比较好的格式是将公有成员都放在最前面,以突出用户接口,私有成员放在后面。

在 C++ 中也可以定义有 struct 和 union 说明的类,只是很少使用,其也可以定义成员的访问权限,当成员的访问权限不定义时,默认是 public 的。

说明类体中的成员只是对其中的成员函数进行了函数声明,因此还必须在程序中定义这些成员函数的实现,具体示例如下:

```
返回类型   类名::成员函数名(形式参数列表)
{
    函数体
}
```

其中,":"称为作用域运算符,"类名::"表示其后的成员函数是在类体中被声明过的。在成员函数体内可以对类中的任何成员直接使用,不论是公有的还是私有的、保护的,也可以调用系统提供的库函数,以及其他已定义的一些普通函数。

例如,定义一个用于描述平面上一点的类,具体示例如下:

```cpp
class Point
{
public:
    void init(int a, int b);
    int GetX();
    int GetY()
    {
        return y;
    }
private:
    int x, y;
};
void Point::init(int a, int b)
{
    x = a;
    y = b;
}
inline int Point::GetX()        //内联函数
{
    return x;
}
```

在上例中,简单的成员函数经常定义成内联函数,定义的方法有两种:一种是在说明类体时,直接在类体内部定义函数体,系统将自动把这个函数当成内联函数;另一种是在类体外通过 inline 关键字定义。

3.2　对　　象

在面向对象程序设计方法中,类是一种封装数据与函数的形式,但在程序中,类是一种复杂的构造数据类型,可以用来定义变量,这个变量称为具有类属性的对象,是类的一个实例,因此在面向对象程序中,类是程序设计的核心,而对象是程序的实体。

3.2.1　对象的创建

类是用户定义的一种数据类型,因此程序员可以使用这个类型在程序中定义变量,

这种具有类类型的变量就称为对象,具体示例如下:

```
Point p1, p2;
```

定义对象的格式与定义普通变量是一样的,只要已经定义了类,就可以定义对象。类定义仅提供该类的类型,不占用内存空间,只有在定义了类的对象后,编译系统才会给对象在内存中分配相应的内存空间。对象与类的区别如表 3.2 所示。

每个对象占据内存中的不同区域,它们所保存的数据成员是不同的,但函数成员都是相同的。在 C++ 中,为节省内存,在创建对象时,只分配用于保存数据成员的内存,而函数成员被放在计算机内存的一个共用区中为每个对象所共享,如图 3.2 所示。但为了便于理解,读者仍然可以将对象理解为由数据成员和函数成员组成的封装体。

表 3.2　类与对象的区别

类	对　　象
抽象的	具体的
不占用内存	占用内存

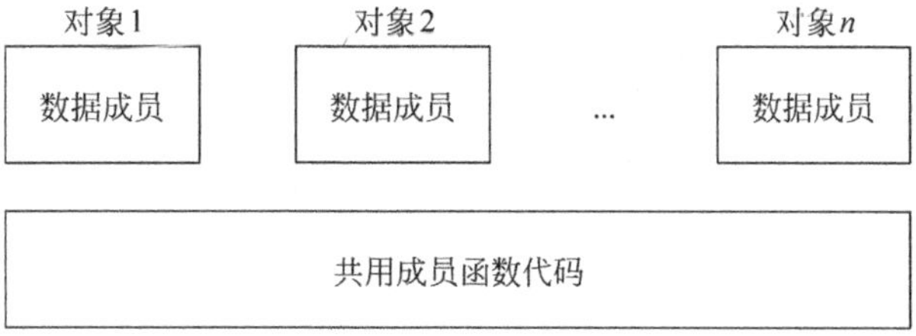

图 3.2　类的对象在内存中的分布

3.2.2　对象中成员的访问

定义了类及对象后,就可以通过对象来访问其中的成员。访问的方式包括圆点访问形式和指针访问形式。对象只能用前一种方式访问成员,而指向对象的指针用两种方式都可以访问。

1. 圆点访问形式

圆点访问形式就是使用成员运算符“.”来访问对象中的成员,具体示例如下:

```
对象名.成员
(*指向对象的指针).成员
```

成员包括数据成员和成员函数,在类的定义内部,所有成员之间可以相互直接访问,但在类的外部,只能以上述格式访问对象的公有成员。主函数也在类的外部,因此在主函数中定义的类对象,在操作时只能访问其公有成员。

2. 指针访问形式

指针访问形式是使用成员访问运算符“->”来访问对象的成员,该运算符前面必须是一个对象的地址,具体示例如下:

> 对象指针变量名 ->成员
> (& 对象名) ->成员

使用这种形式访问成员,需要先定义指向该类型的指针变量,在该指针指向某个对象后,再使用这种形式访问。

接下来演示这两种方式访问对象中的成员,如例 3-1 所示。

例 3-1

```
1    # include < iostream >
2    using namespace std;
3    class Point                    //Point 类
4    {
5    public:
6         void init( int a, int b);
7         int GetX();
8         int GetY()
9         {
10             return y;
11        }
12   private:
13        int x, y;
14   };
15   void Point::init( int a, int b)
16   {
17       x = a;
18       y = b;
19   }
20   inline int Point::GetX()
21   {
22       return x;
23   }
24   int main()
25   {
26       Point p1;
27       p1.init(3, 4);
28       //圆点访问形式
29       cout << "(" << p1.GetX() << "," << p1.GetY() << ")" << endl;
30       Point * p2 = new Point;
31       p2 -> init(5, 6);        //指针访问形式
32       //指针访问形式
33       cout << "(" << p2 -> GetX() << "," << p2 -> GctY() << ")" << endl;
34       //圆点访问形式
35       cout << "(" << ( * p2).GetX() << "," << ( * p2).GetY() << ")" << endl;
36       return 0;
37   }
```

运行结果如图 3.3 所示。

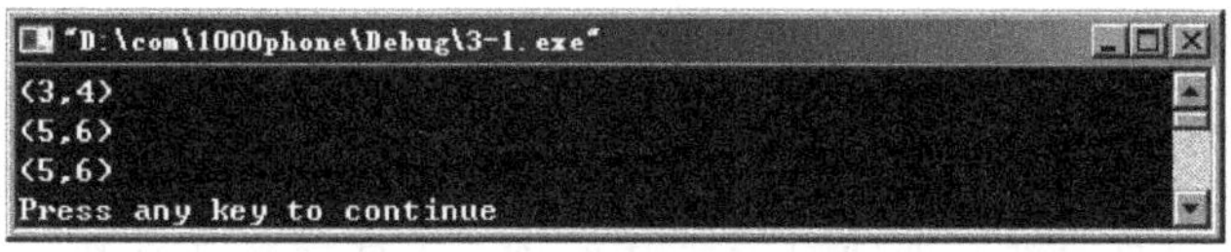

图 3.3 例 3-1 运行结果

在例 3-1 中,第 29 行通过圆点访问形式访问对象 p1 中的成员,第 31 行通过指针访问形式访问 p2 中的成员。第 35 行通过运算符"＊"将指针形式转化为圆点形式。读者在使用时,根据实际情况灵活运用这两种访问形式。

3.2.3 this 指针

在创建对象时,系统只分配用于保存数据成员的内存,而成员函数为每个对象所共享,this 指针将对象和该对象调用的成员函数联系起来,从外部来看,好像每个对象都有自己的成员函数,因此说 this 指针是 C++ 实现封装的一种处理机制。

this 指针是一种隐含指针,它隐含于每个类的成员函数之中,用于指向该成员函数所属的对象。当成员函数被调用时,系统自动向它传递一个隐含参数,该参数就是指向调用该函数对象的指针,从而使成员函数知道对哪个对象进行操作。

例如,例 3-1 中定义的 Point 类的成员函数 init() 定义如下:

```
void Point::init(int a, int b)
{
    x = a;
    y = b;
}
```

若执行下面语句:

```
Point p1, p2;
p1.init(3, 4);
```

则 p1.x 与 p1.y 会被赋值,但成员函数 init() 是对象 p1 和 p2 共享的,系统通过 this 指针对 p1 与 p2 加以区分。当执行语句"p1.init(3,4);"时,成员函数 init() 的 this 指针就指向 p1,这样成员函数中的 x 和 y 就是指 p1 的数据成员 x 和 y,而不是其他对象的。事实上,C++ 编译所认识的成员函数 init() 定义形式如下:

```
void Point::init(Point * const this, int a, int b)
{
    this->x = a;
    this->y = b;
}
```

对象调用成员函数 init()形式如下：

```
Point p1, p2;
p1.init(&p1, 3, 4);
```

从上可以得出成员函数与非成员函数的区别：成员函数的参数列表里有个隐含的 this 指针。通常编程者不必人为地在形参中添加 this 指针，也不必将对象的地址传给 this 指针。this 指针不能显示的定义，编程者只能使用它，通常如果希望成员函数返回本类对象或者本对象地址，则可以使用 this 指针，具体示例如下：

```
return * this;
return this;
```

另外，当成员函数的形参名与该类的成员变量名相同时，必须使用 this 指针来显示区分，例如，成员函数 init()定义形式如下：

```
void Point::init(int x, int y)
{
    this->x = x;
    this->y = y;
}
```

类 Point 中的私有数据成员 x、y 与成员函数 init()的形参同名，此处正是使用了 this 指针，从而使函数中的赋值语句合法有效。如果没有使用 this 指针，则 init()函数中的赋值语句就变成为"x = x; y = y;"，编译时编译器就会报错。

3.3 类的定义与文件

通常情况下，将说明类体放在一个与类同名的头文件中，将类的成员函数的实现放在一个与类同名的 C++源文件中。这样类的定义中包含了类的所有与接口有关的信息，还包括类的数据成员与成员函数的实现，在使用这个类的时候，只要将含有说明类体的头文件通过 include 指令包含进去就可以了，如例 3-2 所示。

例 3-2

```
   //Point.h
1  class Point
2  {
3  public:
4      void init(int x, int y);
5      int GetX();
6      int GetY()
7      {
```

```
8          return y;
9        }
10     void print();
11 private:
12     int x, y;
13 };
14 inline int Point::GetX()
15 {
16     return x;
17 }
   //Point.cpp
1  # include < iostream >
2  # include "Point.h"
3  using namespace std;
4  void Point::init(int x, int y)
5  {
6      this->x = x;
7      this->y = y;
8  }
9  void Point::print()
10 {
11     cout << "(" << this->GetX() << "," << this->GetY() << ")" << endl;
12 }
   //main.cpp
1  # include "Point.h"
2  int main()
3  {
4      Point p1;
5      p1.init(3, 4);
6      p1.print();
7      Point * p2 = new Point;
8      p2->init(5, 6);
9      p2->print();
10     return 0;
11 }
```

运行结果如图 3.4 所示。

图 3.4　例 3-2 运行结果

在例 3-2 中，类的定义与主函数分开在不同文件中，其中说明类体在 Point.h 头文件中，而成员函数的实现在 Point.cpp 源文件中。此外需要注意，如果类中成员函数是内联函数，那么它的实现应该与说明类体在同一个文件中，不能把它放在成员函数实现的文件中，如上例中的 GetX() 函数。

3.4　构造函数

构造函数是类的一种特殊成员函数。在定义类的对象时,系统会自动调用构造函数来初始化对象的数据成员。它的作用类似于造车厂刚生产的同类型车,其默认配置都是一样。

在例 3-2 中,程序中没有显式定义构造函数,为了能够正确地为对象的数据成员赋初始值,程序中提供了 init() 函数,但程序员可能在创建一个 Point 对象之后忘记调用 init() 成员函数,具体示例如下:

```
int main()
{
    Point p1;
    p1.print();
    return 0;
}
```

示例代码中对象 p1 没有初始化,因此运行程序时会输出两个随机数,但程序在编译时并没有报错,这显然 p1 中的数据成员值是随机的,在后面的程序中会带来意想不到的错误。使用构造函数完成对类对象的初始化工作可以避免产生这种随机结果。

3.4.1　构造函数的定义

构造函数是与类同名的成员函数,因为它是类的成员函数,所以可以调用类中所有的数据成员和成员函数。在类体外定义构造函数的语法格式如下:

```
类名::类名(形式参数列表)
{
    函数体
}
```

若构造函数在类体内定义,则去掉前面的"类名::"即可。

构造函数除了具有一般成员函数的特征外,还具有以下特征:

- 构造函数名必须与类名相同。
- 构造函数没有返回值类型,因此不能通过 return 语句返回一个值。
- 构造函数为 public 属性,否则定义对象时,系统无法自动调用构造函数,编译时报错。

Point 类的构造函数的定义,具体示例如下:

```
class Point
{
public:
```

```
        Point(int a = 0, int b = 0)
        {
            x = a;
            y = b;
        }
private:
    int x, y;
};
```

在一些类的定义中,为了适应不同情况的初始化工作,也可能定义多个构造函数,这时就要求多个构造函数的形参列表是互不相同的,因为它们的函数名都是类名,这称为构造函数的重载。同时,一个构造函数还可以具有默认参数,它在定义构造函数时经常使用,如上述示例中就使用到了默认参数。

3.4.2　构造函数的调用

定义完构造函数,就可以调用它,但它的调用不像普通函数那样通过函数名去调用,而是由系统在类被实例化时被自动调用,不需要编程者显式地调用它。实例化过程就是指某个对象实例开始拥有自己的内存空间的过程。C++的实例化过程包括以下几种情形:

- 定义一个对象变量时,为对象申请内存。
- 用 new 申请动态对象的内存。
- 参数列表中有类类型形参的函数发生调用。
- 若函数返回对象,则函数调用结束时会为返回对象建立一个临时单元。

此处需注意,定义对象的引用、对象的指针都不是实例化过程,因此不会发生构造函数的调用。

接下来演示构造函数的调用,如例 3-3 所示。

例 3-3

```
1   # include < iostream >
2   using namespace std;
3   class Point
4   {
5   public:
6       Point(int a, int b)
7       {
8           cout << "调用构造函数" << endl;
9           x = a;
10          y = b;
11      }
12      void print()
13      {
14          cout << "(" << x << "," << y << ")" << endl;
```

```
15         }
16  private:
17         int x, y;
18  };
19  int main()
20  {
21         Point p1(1, 2);                 //调用构造函数
22         p1.print();
23         Point * p2 = new Point(3, 4);   //调用构造函数
24         p2 -> print();
25         return 0;
26  }
```

运行结果如图 3.5 所示。

图 3.5　例 3-3 运行结果

在例 3-3 中,第 21 行定义一个对象变量 p1,系统会调用构造函数。第 23 行用 new 申请动态对象内存,系统也会调用构造函数。从运行结果发现,总共调用了两次构造函数。

3.4.3　默认构造函数与无参构造函数

前面提到任何类的对象在创建时系统自动调用构造函数,但细心的读者会发现,在例 3-2 程序中并没有定义构造函数,创建对象时也没报错。这是因为系统会自动生成一个默认的构造函数,该函数不仅没有形参,而且也没有任何语句,具体语法格式如下:

```
类名::类名()
{

}
```

C++系统并非总是会自动生成一个默认构造函数。如果类定义时没有提供构造函数,编译器会生成一个默认的构造函数。定义该类的对象时,编译器会自动调用这个构造函数。但如果类定义中已经为类提供了一个构造函数,编译器就不会再提供默认的构造函数了。每次定义类对象时,编译器会自动查找最合适的构造函数去调用。

如果定义对象时没有提供实参,编译器就会查找无参构造函数;如果类中已定义了其他有参构造函数,而没有定义无参构造函数,C++编译器就会报错。例如把例 3-3 中第 21 行改为如下代码:

```
Point p1;
```

编译器就会提示匹配不到合适的构造函数,因为在 Point 类的定义中,只提供了一个带两个参数的构造函数,而系统又没有再提供无参构造函数,因此编译器会报错。修改这种错误的方法有两种:

一是为此构造函数的两个参数提供默认值,具体示例如下:

```
Point(int a = 0, int b = 0)
{
    x = a;
    y = b;
}
```

二是重载一个无参构造函数,具体示例如下:

```
Point()
{
    x = 0;
    y = 0;
}
```

在编程时,如果希望所定义的类能够匹配定义对象的各种情形,就要充分利用构造函数的重载来减少程序的错误。

3.4.4 拷贝构造函数

对于基本数据类型而言,编程者可以用已确定初值的变量为另一个变量初始化。对于类类型而言,编程者可以通过拷贝构造函数用一个已有初值的对象为另一个对象初始化。

拷贝构造函数是使用类对象的引用作为参数的构造函数,它能将实参对象的数据成员值复制到新的对象对应数据成员中。拷贝构造函数定义的语法格式如下:

```
类名::类名(类名 & 对象名)
{
    函数体
}
```

拷贝构造函数在以下 3 种情况下由系统自动调用:

* 明确表示由一个对象初始化另一个对象。
* 对象作为实参传递给函数形参且形参不能是指针类型或引用类型。
* 函数返回类型为类类型。

接下来演示拷贝构造函数的调用,如例 3-4 所示。

例 3-4

```
1   # include < iostream >
2   using namespace std;
3   class Point
4   {
5   public:
6       Point()                    //无参构造函数
7       {
8           cout << "无参构造函数" << endl;
9           x = 0;
10          y = 0;
11      }
12      Point(int a, int b)        //有参构造函数
13      {
14          cout << "有参构造函数" << endl;
15          x = a;
16          y = b;
17      }
18      Point(Point &p)            //拷贝构造函数
19      {
20          cout << "拷贝构造函数" << endl;
21          x = p.x;
22          y = p.y;
23      }
24      Point GetPoint(Point p)
25      {
26          return p;
27      }
28      void print()
29      {
30          cout << "(" << x << "," << y << ")" << endl;
31      }
32  private:
33      int x, y;
34  };
35  int main()
36  {
37      Point p1, p2(3, 4), p3;
38      p3 = p1.GetPoint(p2);      //调用拷贝构造函数
39      return 0;
40  }
```

运行结果如图 3.6 所示。

在例 3-4 中,定义 p1、p2、p3 时,分别调用无参构造函数、有参构造函数、无参构造函数。对象 p1 调用 GetPoint()函数时,实参 p2 传递给形参 p,需要对象 p 调用拷贝构造函数。GetPoint()函数返回时,系统会创建一个临时对象作为返回值,此时调用拷贝构造函数,将对象 p 的数据成员赋值给临时对象对应的数据成员。

图 3.6 例 3-4 运行结果

此外需要注意,如果编程者没有定义拷贝构造函数,那么系统会自动生成一个函数体为数据成员对应赋值的默认拷贝构造函数,因此普通的类不需要编程者定义拷贝构造函数,但如果类中有指针类型数据成员时,编程者需要自定义拷贝构造函数,如例 3-5 所示。

例 3-5

```
1   # include < iostream >
2   # include < cstring >
3   using namespace std;
4   class String
5   {
6   public:
7       String(const char * s);        //普通构造函数
8       String(String &s);             //拷贝构造函数
9       void print();
10      ~String();                     //析构函数
11  private:
12      char * str;
13  };
14  String::String(const char * s)
15  {
16      str = new char[strlen(s) + 1];
17      strcpy(str, s);
18      cout << "普通构造函数" << endl;
19  }
20  String::String(String &s)
21  {
22      str = new char[strlen(s.str) + 1];
23      strcpy(str, s.str);
24      cout << "拷贝构造函数" << endl;
25  }
26  void String::print()
27  {
28      cout << str << endl;
29  }
30  String::~String()
31  {
32      delete str;
33      cout << "析构函数" << endl;
```

```
34  }
35  int main()
36  {
37      String s1("qianfeng");
38      String s2 = s1;        //调用拷贝构造函数
39      return 0;
40  }
```

运行结果如图3.7所示。

图3.7 例3-5运行结果

在例3-5中,String类中有个指针类型数据成员,如果使用默认的拷贝构造函数,则只是把s1.str赋值给s2.str,两者指向同一块内存空间,这就是浅拷贝,如图3.8所示。

图3.8 s1.str与s2.str指向同一内存空间

在图3.8中,当对象使用完毕后,系统会自动调用析构函数进行资源回收,即使用析构函数中的delete将构造函数中分配的空间进行回收。这样同一块内存空间就会被释放两次,程序会发生错误。

解决上述问题的办法是让s1.str与s2.str分别指向独立的内存空间,即使用深拷贝,如图3.9所示。

图3.9 s1.str与s2.str指向不同的内存空间

在图3.9中,当对象s1与s2使用完毕后,将分别使用析构函数中的delete将各自分配的空间进行回收,因此在例3-5中需要自定义拷贝构造函数。

通过本例题学习,读者需明白深拷贝与浅拷贝的区别。浅拷贝是指对象间数据成员的一一对应复制,而深拷贝是指当被赋值的对象数据成员是指针类型时,不是复制该指针成员本身,而是将指针所指向对象进行复制。

3.5 析 构 函 数

析构函数执行与构造函数相反的操作,用于在对象生命期结束时执行一些清理任务,如例 3-5 中,通过析构函数来释放由构造函数申请的内存空间。析构函数定义的语法格式如下:

```
类名::~类名()
{
    函数体
}
```

定义析构函数时需要注意以下几点:
- 析构函数也是类的特殊成员函数,其函数名与类名相同,但在类名前加"~"。
- 析构函数没有返回值类型,函数前面不能加"void"且定义为公有成员函数。
- 析构函数没有形参,因此析构函数不能被重载,每个类只能有一个析构函数。
- 析构函数的调用也是自动执行的,分为两种情形:第一种是在对象生命期结束时系统自动调用;第二种是用 new 运算符动态创建的对象在用 delete 运算符释放时,系统也会调用析构函数。
- 与构造函数一样,系统提供一个默认的析构函数,其函数体为空。一般情况下使用系统默认的析构函数就可以了。但如果一个类中有指针类型的数据成员,并且在构造函数中申请了动态空间,此时一定要定义构造函数来释放申请的动态空间。
- 析构函数的调用顺序与构造函数的调用顺序相反。

析构函数与构造函数的区别如下:
- 每个类可以有多个构造函数,但却只能有一个析构函数。
- 构造函数可以传递参数,但析构函数不允许传递参数。

接下来演示析构函数的用法,如例 3-6 所示。

例 3-6

```
1   # include < iostream >
2   using namespace std;
3   class Point
4   {
5   public:
6       Point();                //无参构造函数
7       Point(int a, int b);    //有参构造函数
8       Point(Point &p);        //拷贝构造函数
9       ~Point();               //析构函数
10  private:
11      int x, y;
```

```
12  };
13  Point::Point()
14  {
15      x = 0;
16      y = 0;
17      cout << "(" << x << "," << y << ")";
18      cout << "无参构造函数" << endl;
19  }
20  Point::Point(int a, int b)
21  {
22      x = a;
23      y = b;
24      cout << "(" << x << "," << y << ")";
25      cout << "有参构造函数" << endl;
26  }
27  Point::Point(Point &p)
28  {
29      x = p.x;
30      y = p.y;
31      cout << "(" << x << "," << y << ")";
32      cout << "拷贝构造函数" << endl;
33  }
34  Point::~Point()
35  {
36      cout << "(" << x << "," << y << ")";
37      cout << "析构函数" << endl;
38  }
39  int main()
40  {
41      Point * p1, p2(3, 4), p3;
42      p1 = new Point(1, 2);
43      delete p1;
44      return 0;
45  }
```

运行结果如图 3.10 所示。

图 3.10　例 3-6 运行结果

在例 3-6 中，第 41 行创建对象 p2 时调用有参构造函数，创建对象 p3 时调用无参构造函数。第 42 行通过 new 运算符创建对象并把对象的地址赋值给指针 p1，此时调用有参构造函数。第 43 行通过 delete 运算符释放指针 p1 指向的内存空间，此时调用析构函数。从程序运行结果可以看出,对象 p3 先执行析构函数,对象 p2 最后执行析构函数,与执行构造函数的顺序刚好相反。

3.6 友 元

类的封装性实现了数据隐藏,即类的私有成员在该类的作用域之外是不可见的。但有时可能需要在类的外部访问类的私有成员,为此 C++提供了一种允许类外的函数或其他的类访问该类的私有成员的方法,它通过关键字 friend 把其他类或函数声明为一个类的友元。友元的使用就好比一个独立的个人,私有成员是个人的秘密,本来对外界是保密的,但对于好朋友却没必要隐藏,这样好朋友就可以了解个人的所有秘密。在编程中,如果模拟空调和遥控器的程序,就可以使用友元关系来处理,遥控器不是空调或空调的一部分,但可以改变空调的状态。

3.6.1 友元函数

友元函数是声明在类体内的一般函数,也可以是另一个类中的成员函数。友元函数并不是这个类中的函数,但它具有这个类中成员函数所具有的访问该类所有成员的功能。接下来分两种情况讨论友元函数。

1. 普通函数作为友元函数

普通函数作为友元函数,其语法格式如下:

friend 函数返回值类型 函数名(形式参数列表);

接下来演示普通函数作为友元函数的用法,如例 3-7 所示。
例 3-7

```
1   # include < iostream >
2   # include < cmath >
3   using namespace std;
4   class Point
5   {
6   public:
7       Point(int a = 0, int b = 0)
8       {
9           x = a;
10          y = b;
11      }
12      void print()
13      {
14          cout << "(" << x << "," << y << ")";
15      }
```

```
16        friend double Distance(Point a, Point b);        //友元函数的声明
17 private:
18        int x, y;
19 };
20 double Distance(Point a, Point b)                        //友元函数的定义
21 {
22        int x = a.x - b.x;
23        int y = a.y - b.y;
24        return sqrt(x * x + y * y);
25 }
26 int main()
27 {
28        Point p1(3, 4), p2;
29        double d = Distance(p1, p2);                       //友元函数的调用
30        p1.print();
31        p2.print();
32        cout << "距离为" << d << endl;
33        return 0;
34 }
```

运行结果如图 3.11 所示。

图 3.11　例 3-7 运行结果

在例 3-7 中，Point 类中声明了一个友元函数，它是普通函数定义在类体外。友元函数中通过指定的对象访问了类中的私有数据成员，并进行了运算。

2. 类中的成员函数作为另一个类的友元函数

类中的成员函数作为另一个类的友元函数，其语法格式如下：

```
friend   类名::函数返回值类型   函数名(形式参数列表);
```

接下来演示类中的成员函数作为另一个类的友元函数的用法，如例 3-8 所示。

例 3-8

```
1   # include < iostream >
2   using namespace std;
3   class B;                   //声明 B 类
4   class A                    //定义 A 类
5   {
6   public:
7        A( int x = 0)
8        {
```

```
9            a = x;
10       }
11       void print()
12       {
13           cout << "A: a = " << a << endl;
14       }
15       void func(B &var);
16 private:
17       int a;
18 };
19 class B //定义 B 类
20 {
21 public:
22       B(int y = 0)
23       {
24           b = y;
25       }
26        void print()
27       {
28           cout << "B: b = " << b << endl;
29       }
30       friend void A::func(B &var);         //将 A 类中的成员函数 func()声明为 B 类的友元函数
31 private:
32       int b;
33 };
34 void A::func(B &var)                 //友元函数的定义
35 {
36       a = var.b;
37 }
38 int main()
39 {
40       A m(2);
41       m.print();
42       B y(3);
43       y.print();
44       m.func(y);                       //友元函数的调用
45       m.print();
46       return 0;
47 }
```

运行结果如图 3.12 所示。

图 3.12 例 3-8 运行结果

在例 3-8 中,第 3 行必须声明 B 类,因为只有 A 类完整定义过之后,才能定义友元的 B 类,而 A 类中又使用了"B"这个标识符,因此就需要使用类的声明。类的声明并不是对类的完整定义,它只是告诉编译器标识符的含义,一个只有声明的类是不能实例化的。

在使用友元函数时,还需要注意以下几点:

- 友元函数必须在类的定义中声明。
- 友元函数的声明可以出现在类的任何地方,包括在 private 和 protected 部分。
- C++不允许将某个类的构造函数、析构函数和虚函数声明为友元函数。

3.6.2　友元类

3.6.1 节介绍了将一个函数作为一个类的友元函数,它可以访问该类的所有成员。除此之外,还可以将一个类作为另一个类的友元类,它的所有成员函数都是这个类的友元函数。例如 A 类中声明 B 类为友元类,则 B 类中的所有成员函数都是 A 类的友元函数,因此可以访问 A 类中的私有成员。友元类声明的语法格式如下:

```
class B;
class A
{
…
    friend class B;
…
};
```

上面代码表示 B 类是 A 类的友元,B 类的所有成员函数都是 A 类的友元。接下来演示友元类的用法,如例 3-9 所示。

例 3-9

```
1    # include < iostream >
2    using namespace std;
3    class B;                      //声明 B 类
4    class A                       //定义 A 类
5    {
6    public:
7        A(int x = 0)
8        {
9            a = x;
10       }
11        void print()
12       {
13            cout << "A: a = " << a << endl;
14       }
15        friend class B;          //将 B 类声明为 A 类的友元类
16   private:
```

```
17        int a;
18   };
19   class B            //定义 B 类
20   {
21   public:
22        B( int y = 0)
23        {
24            b = y;
25        }
26         void print()
27        {
28            cout << "B: b = " << b << endl;
29        }
30        void func( A &var)
31        {
32            b = var.a;
33        }
34   private:
35        int b;
36   };
37   int main()
38   {
39        A m(2);
40        m.print();
41        B y(3);
42        y.print();
43        y.func(m);   //B 类的对象 y 访问 A 类的对象 m
44        y.print();
45        return 0;
46   }
```

运行结果如图 3.13 所示。

图 3.13　例 3-9 运行结果

在例 3-9 中,程序中定义了 A 类和 B 类,B 类是 A 类的友元类,B 类中的所有成员函数都是 A 类的友元函数,因此,在 B 类的成员函数 func() 中,可以通过 A 类的对象访问 A 类中的私有数据成员。

在使用友元类时,还需要注意以下几点:

- 友元类的所有成员函数都可以视为该类的友元函数,从而可以存取该类的私有成员和保护成员。

- 友元关系不能被继承。
- 友元关系是单向的,不具有交换性(由 B 是 A 的友元,不能推出 A 是 B 的友元)。
- 友元关系不具有传递性(由 A 是 B 的友元,B 是 C 的友元,不能推出 A 是 C 的友元)。

3.7　静　态　成　员

在类体内使用关键字 static 声明的成员称为静态成员。静态成员包括静态数据成员和静态成员函数两种,它的特点是属于整个类,而不属于某个对象。

3.7.1　静态数据成员

在定义一个类时,只有创建了该类的实例对象后,系统才会为每个对象分配空间,但有时需要某些特定的数据成员在内存中只有一份,而且能够被一个类的所有对象共享。例如所有大众款式的汽车都共享同一个品牌名,此时完全不必在每个汽车对象所占用的内存空间中都定义一个变量来表示大众品牌,如图 3.14 所示。

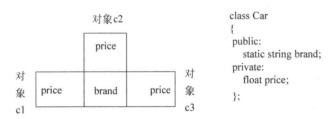

图 3.14　静态数据成员与普通数据成员

在图 3.14 中,这种做法是在对象以外的空间定义一个表示品牌的变量让所有的对象共享,这时就需要使用静态数据成员,其语法格式如下:

static　类型标识符　静态数据成员名;

对静态数据成员初始化的方法是在类体外进行初始化,具体格式如下:

数据类型　类名::静态数据成员名=初值;

由于静态数据成员不属于某个对象,因此,在给对象分配空间时不包含静态数据成员所占的空间。静态数据成员是在所有对象之外,系统为它开辟一个单独的空间,该空间与类的对象无关,只要类中定义了静态数据成员,即使没有定义对象,也可以通过类名加作用域的形式对它进行访问,其语法格式如下:

类名::静态数据成员名

接下来演示静态数据成员的使用,如例 3-10 所示。

例 **3-10**

```
1    # include < iostream >
2    using namespace std;
3    class Point
4    {
5    public:
6        Point( int a = 0, int b = 0)
7        {
8            x = a;
9            y = b;
10           num++ ;
11       }
12       static int num;     //静态数据成员
13   private:
14       int x, y;
15   };
16   int Point::num = 0;     //静态数据成员初始化
17   int main()
18   {
19       cout << "创建对象个数为" << Point::num << endl;
20       Point p1, p2(3, 4);
21       cout << "创建对象个数为" << Point::num << endl;
22       Point * p3 = new Point(5, 6);
23       cout << "创建对象个数为" << Point::num << endl;
24       return 0;
25   }
```

运行结果如图 3.15 所示。

图 3.15　例 3-10 运行结果

在例 3-10 中,类 Point 中定义了一个静态数据成员 num,它被放在类体外进行初始化。在每创建一个对象时,将 num 的值加 1,因此,最后一条输出语句输出创建对象个数为 3。

在使用静态数据成员时,需注意以下几点:

- 静态数据成员不属于任何一个对象,而是属于类。
- 一个对象所占的空间不包括静态数据成员的空间。静态数据成员所占的空间与对象的建立与撤销无关,它在程序编译时被分配,程序结束时才被释放。只要在类中定义了静态数据成员,即使不定义对象,编译时也为静态数据成员分配空间。
- 静态数据成员必须进行初始化。由于类的声明是抽象的,静态数据成员的初始化需要在程序的全局区域中进行,并且必须指明其数据类型与所属类的类名。

- 在类的内部,类中的任何成员函数都可以直接访问该类中的静态数据成员。在类的外部,对于在类的 public 部分说明的静态数据成员,可以不使用成员函数而直接访问,但使用时必须用类名指明其所属的类。

3.7.2 静态成员函数

在例 3-10 中定义的静态数据成员 num 具有 public 属性,使用者可以直接在类体外进行修改,存在一定的安全隐患,因此编程者希望 num 具有 private 属性并通过在类中增加相应的函数对 num 进行操作。C++中用于操作静态数据成员的函数可以定义为静态成员函数,只需在成员函数头前加关键字 static,其语法格式如下:

```
static   函数返回值类型   函数名(形式参数列表);
```

静态成员函数的实现可以放在类体内,也可以放在类体外。静态成员函数是属于整个类的,因此它有两种调用形式,其语法格式如下:

```
类名::静态成员函数名(实际参数列表)
对象名.静态成员函数名(实际参数列表)
```

通常静态成员函数可以访问静态数据成员,也可以访问其他静态成员函数。但静态成员函数想访问非静态成员,必须通过传递参数的方式得到对象,通过对象名访问非静态成员。

接下来通过一个案例来演示静态成员函数的用法,如例 3-11 所示。

例 3-11

```cpp
1    #include <iostream>
2    using namespace std;
3    class Point
4    {
5    public:
6        Point(int a = 0, int b = 0)
7        {
8            x = a;
9            y = b;
10           num++;
11       }
12       static int GetNum()        //静态成员函数
13       {
14           return num;
15       }
16       static int GetNum(Point &p)
17       {
18           cout << "(" << p.x << "," << p.y << ")";
19           return num;
20       }
```

```
21        ~Point()
22        {
23            num-- ;
24        }
25 private:
26        int x, y;
27        static int num;       //静态数据成员
28 };
29 int Point::num = 0;          //静态数据成员初始化
30 int main()
31 {
32        cout << "创建对象个数为" << Point::GetNum() << endl;
33        Point p1, p2(3, 4);
34        cout << "创建对象个数为" << Point::GetNum(p1) << endl;
35        Point * p3 = new Point(5, 6);
36        cout << "创建对象个数为" << p3 -> GetNum(p2) << endl;
37        delete p3;
38        cout << "创建对象个数为" << Point::GetNum() << endl;
39        return 0;
40 }
```

运行结果如图 3.16 所示。

图 3.16　例 3-11 运行结果

在例 3-11 中,程序中定义了两个静态成员函数 GetNum(),它们构成了重载函数,其中无参的函数只用来访问静态数据成员,有引用参数的函数中访问了非静态数据成员。第 34 行与第 36 行分别通过两种方式调用静态成员函数。

在使用静态成员函数时,需注意以下几点:

- 在类体外定义静态成员函数时,static 属性不用再写。
- 类的普通成员函数可以访问类中的非静态数据成员和静态数据成员,访问方式完全相同。
- 类的静态成员函数只能用来访问同一个类中的静态数据成员,达到对同一个类中对象之间共享的数据进行维护的目的,不能访问类中的非静态数据成员。
- 在类的外部可以通过对象或类调用类中的公有静态成员函数。

3.8　对象成员

数据成员的类型可以是整型、实型等数据类型,也可以是一个类。用一个类的对象作为另一个类的数据成员,这样的数据成员称为对象成员,其语法格式如下:

```
class T
{
    类名 1 对象成员 1;
    类名 2 对象成员 2;
    …
    类名 n 对象成员 n;
};
```

为了初始化 T 类中的对象成员,T 类的构造函数就需要调用这些对象成员所对应类的构造函数,这时,T 类的构造函数定义的语法格式如下:

```
T::T(形式参数列表 0)::成员 1(形式参数列表 1),…,成员 n(形式参数列表 n)
{
    T 类构造函数体
}
```

在冒号后由逗号分开的项组成了对象成员的初始化列表,其中形式参数列表是调用相应对象成员所对应类的构造函数时需要提供的参数。从形式参数表 1 到形式参数表 n 中只能出现常量、形式参数表 0 中的形式参数名或由它们组成的任意表达式。

对象成员的构造函数的调用顺序取决于这些对象在类体中的声明顺序,与它们在初始化列表中给出的顺序无关。当创建 T 类对象时,先根据构造函数的初始化列表对对象成员进行初始化构造,然后才执行 T 类自己的构造函数,初始化 T 类中其他的数据成员。而析构函数的调用顺序与构造函数的调用顺序刚好相反,先调用 T 类自身的构造函数,再按声明逆序依次析构对象成员。接下来演示构造函数与析构函数的调用顺序,如例 3-12 所示。

例 3-12

```
1   # include < iostream >
2   using namespace std;
3   class A
4   {
5   public:
6       A(int x = 0)
7       {
8           cout << "A 类构造函数" << endl;
9           a = x;
10      }
11      ~A()
12      {
13          cout << "A 类析构函数" << endl;
14      }
15  private:
16      int a;
17  };
18  class B
```

```
19 {
20 public:
21     B( int y = 0)
22     {
23         cout << "B类构造函数" << endl;
24         b = y;
25     }
26     ~B()
27     {
28         cout << "B类析构函数" << endl;
29     }
30 private:
31     int b;
32 };
33 class T
34 {
35 public:
36     T(int x, int y, int z):a(x), b(y) ,c(z)
37     {
38         cout << "T类构造函数" << endl;
39     }
40     ~T()
41     {
42         cout << "T类析构函数" << endl;
43     }
44 private:
45     A a;       //对象成员 a
46     B b;       //对象成员 b
47     int c;
48 };
49 int main()
50 {
51     T t(3, 4, 5);
52     return 0;
53 }
```

运行结果如图 3.17 所示。

图 3.17 例 3-12 运行结果

从程序运行结果可以看出,构造函数的调用顺序为:对象成员所对应类的构造函数、本类构造函数。析构函数的调用顺序恰好与构造函数的调用顺序相反。

3.9　常类型成员

C++语言面向对象的封装性实现了数据的安全性,但程序设计中各种形式的数据共享又在不同程度上破坏了数据的安全性。为解决数据共享与数据安全的统一问题,C++语言引入了 const 关键字。在类体内使用关键字 const 声明的成员称为常类型成员。常类型成员包括常数据成员和常成员函数两种。

3.9.1　常数据成员

常数据成员是在类中用 const 修饰的数据成员,它必须在构造函数中的初始化列表中给定初值,因为一旦用 const 修饰变量,就不允许在任何地方对它进行赋值操作,但作为类中的数据成员又不可能在定义时直接初始化,因此只能在构造函数初始化列表中对其进行初始化,其语法格式如下:

```
class 类名
{
public:
    类名(形式参数列表);
private:
    const 数据类型 数据成员 1;
    const 数据类型 数据成员 2;
};
类名::类名(形式参数列表):常数据成员 1(值),常数据成员 2(值)
{
    构造函数体
}
```

接下来演示常数据成员的用法,如例 3-13 所示。

例 3-13

```
1    # include < iostream >
2    using namespace std;
3    class Circle
4    {
5    public:
6        Circle(double x = 0);
7        double area();
8    private:
9        double r;
10       const double PI; //常数据成员
11   };
12   Circle::Circle(double x):PI(3.14)
13   {
```

```
14     r = x;
15 }
16 double Circle::area()
17 {
18     return PI * r * r;
19 }
20 int main()
21 {
22     Circle c(2);
23     cout << "圆的面积为" << c.area() << endl;
24     return 0;
25 }
```

运行结果如图 3.18 所示。

图 3.18　例 3-13 运行结果

在例 3-13 中，第 10 行定义了常数据成员 PI，表示圆周率的值。第 12 行在构造函数中通过初始化列表对 PI 进行初始化。注意对常数据成员只能进行读取，如果想通过赋值的方式对常数据成员保存新数据，编译会出错。

3.9.2　常成员函数

如果一个成员函数不需要直接或间接地改变该函数所属对象的任何数据成员，那么最好将这个成员函数声明为 const，在类体中通过关键字 const 声明的成员函数称为常成员函数，其语法格式如下：

```
class 类名
{
public:
    函数返回值类型 函数名(形式参数列表) const
    {
        函数体
    }
};
```

常成员函数可以访问类中的常数据成员和非常数据成员，但不能对其更改，常成员函数不能调用非常成员函数。非常成员函数可以读取常数据成员，但不能对其更改。

接下来演示常成员函数的用法，如例 3-14 所示。

例 3-14

```
1   # include < iostream >
2   using namespace std;
```

```
3   class Circle
4   {
5   public:
6       Circle(double x = 0);
7       void area();
8       void area() const;
9   private:
10      double r;
11      const double PI;
12  };
13  Circle::Circle(double x):PI(3.14)
14  {
15      r = x;
16  }
17  void Circle::area()
18  {
19      cout << "非常成员函数:";
20      cout << "半径 r = " << r << " 圆周率 PI = " << PI;
21      cout << " 面积为 " << PI * r * r << endl;
22  }
23  void Circle::area() const        //常成员函数
24  {
25      cout << "常成员函数 :";
26      cout << "半径 r = " << r << " 圆周率 PI = " << PI;
27      cout << " 面积为 " << PI * r * r << endl;
28  }
29  int main()
30  {
31      Circle c1(2);
32      c1.area();
33      const Circle c2(2);
34      c2.area();
35      return 0;
36  }
```

运行结果如图 3.19 所示。

图 3.19 例 3-14 运行结果

在例 3-14 中，主函数中定义了两个对象：一个是普通对象 c1，另一个是常对象 c2。一般对象调用非常成员函数 area()，其中非常成员函数可以访问常数据成员。常对象调用常成员函数 area()，其中常成员函数可以访问常数据成员和非常数据成员。

3.10　string 类

前面提到字符串变量用字符数组来表示,在 C++ 中还可以用 string 类来创建一个字符串对象,这个类包含在 string 头文件中。此处需注意,string.h 头文件和 cstring 头文件中包含对 C 风格字符串进行操作的 C 库字符串函数。string 类中包含了大量的成员函数,用于将字符串赋给变量、合并字符串、查找字符等操作。接下来介绍 string 类中常用的几个成员函数。

1. string 类的构造函数

string 类中提供了无参构造函数、有参构造函数、拷贝构造函数,具体示例如下:

```
string();                   //创建一个空字符串
string(const char * s);     //将 string 对象初始化为 s 指向的字符串
string(int n, char c);      //创建一个由 n 个字符 c 组成的 string 对象
string(const string &str);  //将一个 string 对象初始化为 string 对象 str
```

2. 求字符串长度

string 类中的 length() 函数可以求取字符串的长度,注意字符串长度不包括字符串结尾处的 '\0',具体示例如下:

```
int length() const;
```

3. 字符串赋值、拼接

使用 string 类时,某些操作比字符数组更简单。例如,不能将一个字符数组赋值给另一个字符数组,但可以将一个 string 对象赋值给另一个 string 对象,具体示例如下:

```
string str1, str2 = "qianfeng";
str1 = str2;
```

使用 string 类时,还可以通过运算符＋将两个 string 对象拼接起来,也可以使用运算符＋＝将字符串拼接到 string 对象的末尾,具体示例如下:

```
string str1 = "qian", str2 = "feng", str3;
str3 = str1 + str2;
str1 + = str2;
```

4. 字符串替换

string 类中的 replace() 用于在指定位置插入字符串,具体如下所示:

```
string &replace(int pos, int n, const string &s);
string &replace(int pos, int n, const char * s);
```

上述语句表示删除从 pos 位置开始的 n 个字符,然后在 pos 位置处插入字符串 s。

5. 字符串比较

string 类中的 compare()用于比较两个字符串是否相等,具体示例如下:

```
int compare(const string &s) const;
int compare(const char * s) const;
```

该函数逐个比较两个字符串中的字符,如果比较的字符串相等,则返回 0,否则返回非 0。

6. 查找字符或字符串

string 类中的 find()函数用于查找字符或字符串的位置,具体示例如下:

```
//从 pos 位置处查找字符 c 在当前字符串中的位置
int find(char c, int pos = 0) const;
//从 pos 位置处查找字符串 s 在当前字符串中的位置
int find(const char * s, int pos = 0) const;
//从 pos 处查找字符串 s 在当前字符串中的位置
int find(const string &s, int pos = 0) const;
```

上述函数如果查找不到字符或字符串,则返回值为—1。

接下来演示 string 类的用法,如例 3-15 所示。

例 3-15

```
1    # include < iostream >
2    # include < string >
3    using namespace std;
4    int main()
5    {
6      string str1 = "qian", str2 = "feng", str3;
7      str3 = str1 + str2; //字符串 str1 与 str2 拼接后赋值给 str3
8      cout << str3 << endl;
9      cout << "str3 的长度为" << str3.length() << endl;
10     string str4 = str3.replace(4, 1, "F");
11     cout << "str3 = " << str3 << " str4 = " << str4 << endl;
12     if(str3.compare(str4) == 0)
13       cout << "str3 与 str4 相同" << endl;
14     else
15       cout << "str3 与 str4 不相同" << endl;
16     cout << "str1 字符串在 str4 中的位置处于" << str4.find(str1, 0) << endl;
17     return 0;
18   }
```

运行结果如图 3.20 所示。

图 3.20　例 3-15 运行结果

在例 3-15 中,第 7 行通过运算符＋将 str1 与 str2 拼接后赋值给 str3。第 9 行通过 length()函数获取 str3 的长度。第 10 行将 str3 中下标为 4 处的 1 个字符替换为 F 并初始化 str4,此时 str3 与 str4 表示的字符串相同。第 12 行通过 compare()函数比较 str3 与 str4 是否相同。第 16 行通过 find()函数从字符串 str4 下标为 0 处查找字符串 str1 出现的位置。

3.11　本 章 小 结

本章主要围绕类与对象的基本概念和特点展开,先介绍类的定义与使用、类的构造函数与析构函数,再介绍友元函数与友元类,然后介绍静态成员、对象成员和常类型成员,最后介绍 string 类中的成员函数。通过本章的学习,希望读者能初步认识和使用类与对象并开启面向对象程序设计之路。

3.12　习　　题

1. 填空题

(1) 类体内成员有 3 个访问权限:public、_____和 private。

(2) 使用 class 定义的类,成员的默认访问权限是_____。

(3) 静态成员是属于_____的。

(4) 一个类的友元函数可以访问该类的_____成员。

(5) 当创建一个新对象时,系统自动调用_____。

2. 选择题

(1) 在下列关键字中,用以说明类中私有成员的是(　　)。
　　A. private　　　　　B. public　　　　　C. protected　　　　D. friend

(2) 下列关于构造函数的描述中,错误的是(　　)。
　　A. 构造函数可以设置默认参数　　　　B. 构造函数在创建对象时自动调用
　　C. 构造函数可以是内联函数　　　　　D. 构造函数不可以重载

(3) 下列关于析构函数的描述中,错误的是(　　)。
　　A. 析构函数的函数体都为空　　　　　B. 析构函数是用来释放对象资源的

C. 析构函数是系统自动调用的   D. 析构函数是不能重载的

（4）下列关于静态数据成员的描述中，错误的是（   ）。

    A. 它是用 static 来声明的

    B. 它是属于类的

    C. 它的初始化是在类体外进行的

    D. 它只可以用类名加作用域符来访问

（5）下列的各类函数中，（   ）不是类的成员函数。

    A. 友元函数   B. 析构函数

    C. 构造函数   D. 拷贝构造函数

3. 思考题

（1）在哪些情况下，系统自动调用拷贝构造函数？

（2）什么是 this 指针？

4. 编程题

编写程序，定义一个商品类 Goods，包括数据成员（其中 weight 记录商品的重量，total 记录库存的总重量）、成员函数（默认参数构造函数、拷贝构造函数、GetWg()函数获取商品重量、GetTotal()函数获取库存总重量），模拟商品出货和进货。

第4章

类的继承与派生

本章学习目标

- 理解继承的概念
- 掌握派生类成员的访问权限
- 理解赋值兼容规则
- 掌握继承关系中构造函数与析构函数的调用顺序
- 理解同名冲突问题
- 掌握虚基类

在自然界中,继承这个概念非常普遍,例如,熊猫宝宝继承了熊猫爸爸和熊猫妈妈的特性,所以长着大大的黑眼圈和熊猫的鼻子,人们不会把它错认为是狒狒。在程序设计中,继承是面向对象的另一大特征,它用于描述类的所属关系,多个类通过继承形成一个关系体系。继承是在原有类的基础上扩展新的功能,实现了代码的复用。

4.1　继承的基本概念

在现实生活中,继承是指下一代人继承上一代人遗留的财产,即实现财产重用。在面向对象程序设计中,继承实现代码重用,即在已有类的基础上定义新的类,新的类能继承已有类的属性与行为,并扩展新的功能,而不需要把已有类的内容再写一遍。已有的类被称为父类或基类,新的类被称为子类或派生类。例如,交通工具与火车就属于继承关系,火车拥有交通工具的一切特性,但同时又拥有自己独有的特性,如图 4.1 所示。

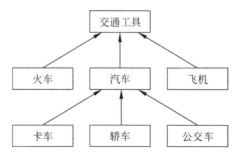

图 4.1　交通工具继承关系

在图 4.1 中，箭头的方向表示继承的方向，从派生类指向基类。基类与派生类的关系是抽象与具体化的关系。基类是派生类的抽象，而派生类是对基类的具体化。在类的多层次结构中，最上层最抽象，最下层最具体。例如，图 4.1 中的汽车类是交通工具类的一个派生类，轿车类又是汽车类的一个派生类。

继承可分为单一继承和多重继承两种。单一继承是指生成的派生类只有一个基类，而多重继承是指生成的派生类有两个或两个以上的基类，如图 4.2 所示。

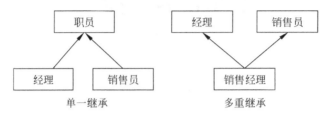

图 4.2 单一继承与多重继承

在图 4.2 中，经理与销售员都继承自职员，因此这种继承关系属于单一继承，销售经理继承自经理与销售员，因此这种继承关系属于多重继承。

单一继承由于只有一个基类，继承关系比较简单，操作比较容易，因此使用相对较多；多重继承由于基类较多，继承关系比较复杂，操作比较烦琐，因此使用相对较少。

继承是类与类之间的一种关系，它描述了派生类与基类之间的"is a"关系，即派生类是基类的一种，是基类的具体化。例如，通常人们常说的"白马是马"就表达了这种继承关系的含义。

类与类之间还有一种关系是组合关系，它指一个类中有另一个类的对象。组合关系描述两者之间的"has a"关系，如汽车类包含轮胎对象，但不能说轮胎类是汽车类的一种。

综上所述，可以得出继承关系的特点：

- 一个派生类可以有一个或多个基类，只有一个基类时，称为单继承；有多个基类时，称为多继承。
- 继承关系可以是多级的，即可以有类 A 继承类 B 和类 C 继承类 A 同时存在。
- 不允许继承循环，不能有类 A 继承类 B、类 C 继承类 A 和类 B 继承类 C 同时存在。

4.2 单一继承

4.2.1 派生类的定义格式

在 C++ 中，单一继承中派生类定义的语法格式如下：

```
class   派生类名:继承方式   基类名
{
    派生类中添加成员
};
```

　　派生类的定义方法与普通类基本相同,只需要在派生类名后添加冒号":"和访问控制权限符及基类名。这里的"继承方式"用于规定基类的成员在派生类中的访问权限,常用的是 public,默认的是 private。继承是允许重用现有类来构造新类的特性,如图 4.3 所示。

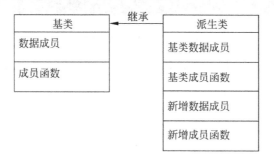

图 4.3　基类与派生类

接下来演示派生类的定义与使用,如例 4-1 所示。

例 4-1

```
1   # include < iostream >
2   # include < string >
3   using namespace std;
4   class Person              //基类
5   {
6   public:
7       void think()
8       {
9           cout << "think" << endl;
10      }
11  };
12  class Student : public Person  //派生类
13  {
14  public:
15      Student(string s):name(s){}
16      void study()
17      {
18          cout << name << " is studying" << endl;
19      }
20  private:
21      string name;
22  };
23  int main()
24  {
25      Student s("xiaoqian");
26      s.think();
27      s.study();
28      return 0;
29  }
```

运行结果如图 4.4 所示。

```
　"D:\com\1000phone\Debug\4-1.exe"
think
xiaoqian is studying
Press any key to continue
```

图 4.4　例 4-1 运行结果

在例 4-1 中,Student 类继承自 Person 类,继承方式是 public 公有继承。从运行结果可以看出,虽然派生类中没有定义 think()函数,但却能够调用该函数,这说明派生类继承了基类的成员,因此利用继承机制,可以实现代码重用。

虽然派生类可以继承基类的成员,但是基类中的构造函数与析构函数是不能继承的,因为它们是每个类所特有的。此外,友元函数也不能被继承,因为它不是这个类的成员函数。但前面提到的静态成员是允许被继承的,当静态成员被继承时,基类与派生类共享这个静态成员,如例 4-2 所示。

例 4-2

```cpp
1   # include < iostream >
2   using namespace std;
3   class Base                      //基类
4   {
5   public:
6       void print()
7       {
8           cout << x << endl;
9       }
10  private:
11      static int x;               //静态数据成员
12  };
13  class Derived : public Base{};  //派生类
14  int Base::x = 8;                //静态数据成员初始化
15  int main()
16  {
17      Base b;
18      Derived d;
19      b.print();
20      d.print();
21      return 0;
22  }
```

运行结果如图 4.5 所示。

```
　"D:\com\1000phone\Debug\4-2.exe"
8
8
Press any key to continue
```

图 4.5　例 4-2 运行结果

在例 4-2 中，Base 类中声明了一个静态数据成员 x，Derived 类继承自 Base 类，此时，Base 类与 Derived 类共用静态数据成员 x。

4.2.2　派生类成员的访问权限

继承方式分为公有继承（public）方式、私有继承（private）方式和保护继承（protected）方式 3 种。派生类的成员由从基类中继承的成员和派生类中新增的成员两部分构成。其中，后一部分成员的访问权限比较简单，与派生类中定义的访问权限相同，而前一部分并不是简单地把在原基类成员的访问权限照搬过来，基类成员在派生类中的访问属性取决于继承方式及这些成员本身在基类中的访问属性，可以用以下 4 句话来总结。

- 基类的私有成员无论以何种继承方式在派生类中均不可直接访问（inaccessible）。
- 在公有继承方式下，基类的保护和公有成员在派生类中均保持原来的访问属性。
- 在保护继承方式下，基类的保护和公有成员在派生类中的访问属性均为保护属性。
- 在私有继承方式下，基类的保护和公有成员在派生类中的访问属性均为私有属性。

基类成员在派生类中的访问权限如表 4.1 所示。

表 4.1　基类成员在派生类中的访问权限

基类中成员属性	public 继承	protected 继承	private 继承
private	inaccessible	inaccessible	inaccessible
protected	protected	protected	private
public	public	protected	private

接下来分别对这 3 种继承方式进行详细讲解。

1. 公有继承方式

对于公有继承方式，派生类可以访问从基类中继承的公有成员和保护成员，还可以访问派生类中定义的所有成员。派生类的对象只能访问基类中的公有成员和派生类中定义的公有成员。

接下来演示公有继承方式下派生类成员的访问，如例 4-3 所示。

例 4-3

```
1    # include < iostream >
2    using namespace std;
3    class Base                    //基类
4    {
5    public:
6        int x1;
```

```
7       void print1()
8       {
9           cout << " x1 = " << x1
10              << " y1 = " << y1
11              << " z1 = " << z1
12              << endl;
13      }
14  protected:
15      int y1;
16  private:
17      int z1;
18  };
19  class Derived : public Base      //派生类  公有继承方式
20  {
21  public:
22      int x2;
23      void print2()
24      {
25          cout << " x1 = " << x1
26              << " y1 = " << y1
27          // << " z1 = " << z1
28              << " x2 = " << x2
29              << " y2 = " << y2
30              << " z2 = " << z2
31              << endl;
32      }
33  protected:
34      int y2;
35  private:
36      int z2;
37  };
38  int main()
39  {
40      Derived d;
41      d.print1();
42      d.print2();
43      cout << " d.x1 = " << d.x1
44      // << " d.y1 = " << d.y1
45      // << " d.z1 = " << d.z1
46          << " d.x2 = " << d.x2
47      // << " d.y2 = " << d.y2
48      // << " d.z2 = " << d.z2
49          << endl;
50      return 0;
51  }
```

运行结果如图 4.6 所示。

在例 4-3 中，Derived 类是基类 Base 的公有派生类，根据公有继承的特点，可以绘制

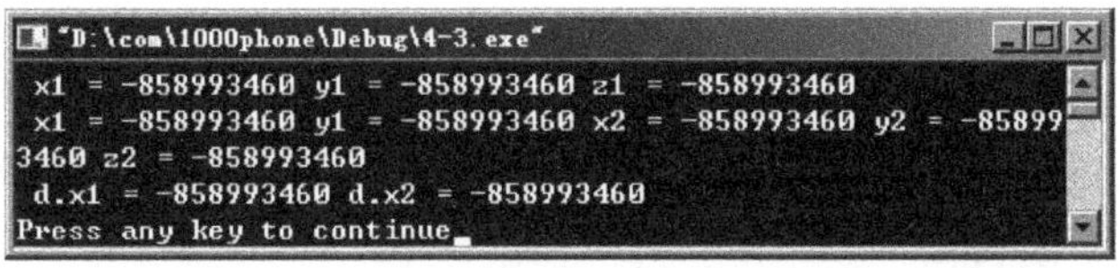

```
D:\com\1000phone\Debug\4-3.exe
x1 = -858993460 y1 = -858993460 z1 = -858993460
x1 = -858993460 y1 = -858993460 x2 = -858993460 y2 = -85899
3460 z2 = -858993460
d.x1 = -858993460 d.x2 = -858993460
Press any key to continue
```

图 4.6　例 4-3 运行结果

出派生类 Derived 与基类 Base 的关系以及 Derived 类中各成员的访问属性,如图 4.7 所示。

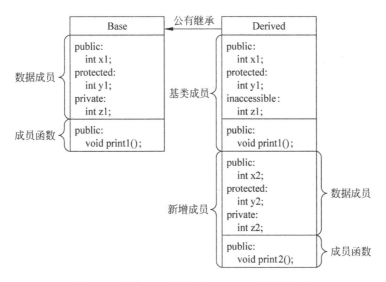

图 4.7　基类 Base 与派生类 Derived 的继承关系

在图 4.7 中,公有继承保持了基类中的 protected 和 public 属性不变,最大限度地保持了基类的原态,在实际开发中经常使用这种继承。

2. 私有继承方式

对于私有继承方式,派生类可以访问基类中继承的公有成员和保护成员,它们在派生类中是私有的,还可以访问派生类自身的所有成员。派生类的对象仅能访问派生类自己的公有成员。

接下来演示私有继承方式下派生类成员的访问,如例 4-4 所示。

例 4-4

```
1    # include < iostream >
2    using namespace std;
3    class Base                    //基类
4    {
5    public:
6        int x1;
7        void print1()
```

```
 8      {
 9          cout << " x1 = " << x1
10              << " y1 = " << y1
11              << " z1 = " << z1
12              << endl;
13      }
14  protected:
15      int y1;
16  private:
17      int z1;
18  };
19  class Derived : private Base        //派生类 私有继承方式
20  {
21  public:
22      int x2;
23      void print2()
24      {
25          cout << " x1 = " << x1
26              << " y1 = " << y1
27          //  << " z1 = " << z1
28              << " x2 = " << x2
29              << " y2 = " << y2
30              << " z2 = " << z2
31              << endl;
32      }
33  protected:
34      int y2;
35  private:
36      int z2;
37  };
38  int main()
39  {
40      Derived d;
41      //d.print1();
42      d.print2();
43      cout //<< " d.x1 = " << d.x1
44      //  << " d.y1 = " << d.y1
45      //  << " d.z1 = " << d.z1
46          << " d.x2 = " << d.x2
47      //  << " d.y2 = " << d.y2
48      //  << " d.z2 = " << d.z2
49          << endl;
50      return 0;
51  }
```

运行结果如图 4.8 所示。

在例 4-4 中,Derived 类是基类 Base 的私有派生类,根据私有继承的特点,可以绘制出派生类 Derived 与基类 Base 的关系以及 Derived 类中各成员的访问属性,如图 4.9 所示。

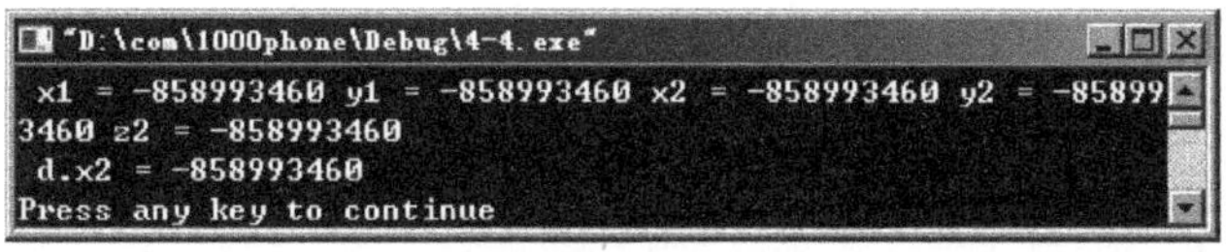

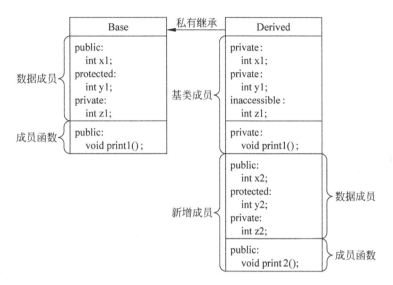

图 4.8　例 4-4 运行结果

图 4.9　基类 Base 与派生类 Derived 的继承关系

　　在图 4.9 中,私有继承使基类中的 protected 和 public 属性都变为 private,在实际开发中很少使用这种继承。

3. 保护继承方式

　　对于保护继承方式,派生类可以访问基类中继承的公有成员和保护成员,也可以访问派生类自身的所有成员。保护继承方式可以使基类的保护成员被派生类访问,也可以使基类中的公有成员不被派生类的对象访问。

　　接下来演示保护继承方式下派生类成员的访问,如例 4-5 所示。

例 4-5

```
1    # include < iostream >
2    using namespace std;
3    class Base                      //基类
4    {
5    public:
6        int x1;
7        void print1()
8        {
9            cout << " x1 = " << x1
10               << " y1 = " << y1
```

```
11                << " z1 = " << z1
12                << endl;
13        }
14 protected:
15        int y1;
16 private:
17        int z1;
18 };
19 class Derived : protected Base        //派生类 保护继承方式
20 {
21 public:
22        int x2;
23        void print2()
24        {
25            cout << " x1 = " << x1
26                << " y1 = " << y1
27      //      << " z1 = " << z1
28                << " x2 = " << x2
29                << " y2 = " << y2
30                << " z2 = " << z2
31                << endl;
32        }
33 protected:
34        int y2;
35 private:
36        int z2;
37 };
38 int main()
39 {
40        Derived d;
41        //d.print1();
42        d.print2();
43        cout //<< " d.x1 = " << d.x1
44        // << " d.y1 = " << d.y1
45        // << " d.z1 = " << d.z1
46            << " d.x2 = " << d.x2
47        // << " d.y2 = " << d.y2
48        // << " d.z2 = " << d.z2
49            << endl;
50        return 0;
51 }
```

运行结果如图 4.10 所示。

在例 4-5 中，Derived 类是基类 Base 的保护派生类，根据保护继承的特点，可以绘制出派生类 Derived 与基类 Base 的关系以及 Derived 类中各成员的访问属性，如图 4.11 所示。

在图 4.11 中，保护继承使基类中的 protected 和 public 属性都变为 protected。如果

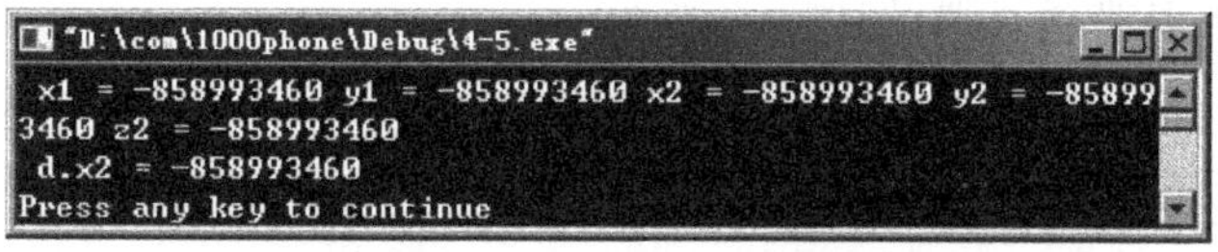

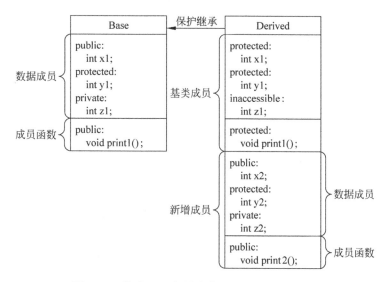

图 4.10　例 4-5 运行结果

图 4.11　基类 Base 与派生类 Derived 的继承关系

只是希望继承基类而不希望在派生类外访问,这时可以使用保护继承方式。

4.2.3　赋值兼容规则

在公有继承方式下,基类与派生类之间存在赋值兼容,即一个派生类的对象可以作为基类的对象来使用,具体赋值兼容规则如下:

- 派生类对象可以直接赋值给基类对象,具体示例如下:

```
Base b;
Derived d;
b = d;
```

- 派生类对象可以初始化基类的引用,具体示例如下:

```
Derived d;
Base &b = d;
```

- 派生类对象的地址可以赋值给基类的指针,具体示例如下:

```
Derived d;
Base * p = &d;
```

接下来演示赋值兼容规则,如例 4-6 所示。

例 **4-6**

```
1    #include <iostream>
2    using namespace std;
3    class Base                    //基类
4    {
5    public:
6        void set1(int a)
7        {
8            x1 = a;
9        }
10       void print1()
11       {
12           cout << "x1 = " << x1 << endl;
13       }
14   protected:
15       int x1;
16   };
17   class Derived : public Base  //派生类
18   {
19   public:
20       void set2(int a, int b)
21       {
22           x1 = a;
23           x2 = b;
24       }
25       void print2()
26       {
27           cout << "x1 = " << x1 << endl;
28           cout << "x2 = " << x2 << endl;
29       }
30   protected:
31       int x2;
32   };
33   int main()
34   {
35       //基类对象访问的一定是基类成员
36       Base b;
37       b.set1(1);
38       b.print1();
39       //基类对象用派生类对象赋值,只能访问基类成员
40       Derived d;
41       d.set2(3,4);
42       b = d;
43       b.print1();
44       //基类指针指向派生类对象,只能访问基类成员
45       Base *p = &d;
```

```
46      p->print1();
47      //基类引用作为派生类对象的别名,只能访问基类成员
48      Base &obj = d;
49      obj.print1();
50      return 0;
51  }
```

运行结果如图 4.12 所示。

图 4.12　例 4-6 运行结果

在例 4-6 中,Derived 类是基类 Base 的公有派生类,当派生类的对象作为基类使用时,只能访问基类的公有成员,而不能访问派生类的公有成员。

赋值兼容规则不能反过来用,这是因为它是从类属关系的角度来说的,比如,所有的汽车都是交通工具,但不能认为所有的交通工具都是汽车。此外还需注意,私有继承方式和保护继承方式没有赋值兼容性。

4.3　多重继承

在现实生活中,一个派生类同时继承多个基类,如在职研究生既是一名学生,又是一名职员,在职研究生同时具有学生和职员的特征,这种关系应用在面向对象程序设计上就是用多重继承来实现的。

如果定义一个类时,该类继承了多个基类的特征,那么这种继承关系就称为多重继承。在 C++中,声明一个多重继承的派生类的语法格式如下:

```
class 派生类名:继承方式  基类名1,继承方式  基类名2,…,继承方式  基类名 n
{
    派生类中添加成员
};
```

其中,冒号后面的多个类名是基类,每一个基类都必须定义自己的继承方式,用于约束基类的成员在派生类中的访问权限,其规则与单一继承相同。

接下来演示多重继承的用法,如例 4-7 所示。

例 4-7

```
1   # include < iostream >
2   using namespace std;
3   class Base1        //基类 Base1
```

```
 4  {
 5  public:
 6      void set1(int a)
 7      {
 8          x1 = a;
 9      }
10  protected:
11      int x1;
12  };
13  class Base2                                    //基类 Base2
14  {
15  public:
16      void set2(int a)
17      {
18          x2 = a;
19      }
20  protected:
21      int x2;
22  };
23  class Derived : public Base1, public Base2  //派生类
24  {
25  public:
26      void print()
27      {
28          cout << "x1 = " << x1 << endl;
29          cout << "x2 = " << x2 << endl;
30      }
31  };
32  int main()
33  {
34      Derived d;
35      d.set1(3);
36      d.set2(4);
37      d.print();
38      return 0;
39  }
```

运行结果如图 4.13 所示。

图 4.13 例 4-7 运行结果

在例 4-7 中,Derived 类是从基类 Base1 与基类 Base2 中派生出来的,如图 4.14 所示,因此它继承了这两个类的所有成员,也可以直接访问这两个类中的 protected 与 public 成员。

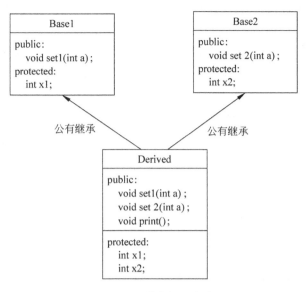

图 4.14　基类与派生类

　　在定义多重继承的派生类时,每个基类的继承方式可以互不相同,如果缺省,则默认为 private。在 C++ 中,多重继承的多个基类中不允许重复,即一个类不能从某个类中直接继承两次或两次以上。

4.4　派生类的构造函数与析构函数

　　派生类继承了基类的成员,实现了代码复用。同时,派生类还可以新增成员,从而增加新功能。以上两点使派生类具有比基类更具体和强大的功能,但基类的构造函数和析构函数是不能被派生类继承的。因此,在定义一个派生类对象时,在派生类中新增的数据成员可以用派生类的构造函数初始化,但从基类继承的数据成员的初始化必须由基类的构造函数完成,这时可以在派生类的构造函数中通过调用基类的构造函数完成对基类数据成员的初始化。

4.4.1　单一继承的派生类构造函数与析构函数

　　若基类只有默认构造函数或无参构造函数,则派生类的构造函数默认调用基类的构造函数。当基类的构造函数使用一个或多个参数时,派生类对基类的构造函数的调用是通过派生类的构造函数的初始化列表完成的,其语法格式如下:

```
派生类名::派生类构造函数名(形式参数列表):基类构造函数名(基类构造函数形式参数列表)
{
    派生类中添加数据成员的初始化
};
```

注意：在基类构造函数形式参数列表中，只能出现常量、全局变量、派生类构造函数名后的形式参数列表中的参数或由它们组成的表达式。

与构造函数类似，派生类的析构函数也需要调用基类的析构函数来完成对基类成员的资源释放，但由于析构函数没有形参，因此派生类的析构函数默认直接调用基类的析构函数。

接下来演示派生类构造函数与析构函数的使用以及调用过程，如例4-8所示。

例 4-8

```
1   # include < iostream >
2   using namespace std;
3   class Other                    //Other 类
4   {
5   public:
6       Other(int x = 0):a(x)
7       {
8           cout << "Other 类的构造函数" << endl;
9       }
10      printOther()
11      {
12          cout << " a = " << a << endl;
13      }
14      ~Other()
15      {
16          cout << "Other 类的析构函数" << endl;
17      }
18  private:
19      int a;
20  };
21  class Base                    //基类
22  {
23  public:
24      Base(int a = 0):x(a)
25      {
26          cout << "Base 类的构造函数" << endl;
27      }
28      void printBase()
29      {
30          cout << " x = " << x << endl;
31      }
32      ~Base()
33      {
34          cout << "Base 类的析构函数" << endl;
35      }
36  protected:
37      int x;
38  };
39  class Derived : public Base      //派生类
```

```
40 {
41 public:
42     Derived(int a = 0, int b = 0, int c = 0):Base(a), o(b), y(c)
43     {
44         cout << "Derived类的构造函数" << endl;
45     }
46     ~Derived()
47     {
48         cout << "Derived类的析构函数" << endl;
49     }
50     void printDerived()
51     {
52         printBase();
53         cout << " y = " << y << endl;
54         o.printOther();
55     }
56 private:
57     Other o;        //对象成员
58     int y;
59 };
60 int main()
61 {
62     Derived d(2, 3, 4);
63     d.printDerived();
64     return 0;
65 }
```

运行结果如图 4.15 所示。

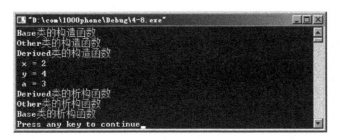

图 4.15　例 4-8 运行结果

在例 4-8 中，基类 Base、派生类 Derived 中定义了带参数的构造函数，Derived 类还包含一个对象成员。在派生类构造函数中，对象成员的构造函数调用格式与基类的构造函数不同，基类的构造函数要以类名作为构造函数调用标识，而对象成员的构造函数调用是用成员名作为调用标识的。

从程序运行结果可以看出，定义派生类对象时，构造函数的调用顺序如下：

- 调用基类的构造函数。
- 调用成员对象所属类的构造函数。
- 调用派生类的构造函数。

当派生类对象生命期结束时,析构函数的调用顺序如下:

- 调用派生类的析构函数。
- 调用成员对象所属类的析构函数。
- 调用基类的析构函数。

4.4.2 多重继承的派生类构造函数与析构函数

多重继承与单一继承最大的不同就是多重继承的派生类有多个基类,这些处于同一层次的基类构造函数的调用顺序取决于声明派生类时所指定的各个基类的顺序,而与在派生类构造函数的成员初始化列表中调用基类构造函数的顺序无关,这与派生类中有多个对象成员的情况类似,调用多个对象所属类的构造函数取决于派生类定义这些对象成员时声明的先后顺序,而与在初始化列表中的顺序无关。

定义多重继承的派生类对象时,构造函数的执行顺序依然是先调用基类构造函数,再调用派生类对象成员所属类的构造函数,最后调用派生类的构造函数。当派生类的生命期结束时,析构函数的调用顺序与构造函数的调用顺序恰好相反。

接下来演示多重继承的派生类的构造函数与析构函数的调用过程,如例 4-9 所示。

例 4-9

```
1   # include < iostream >
2   using namespace std;
3   class Other        //Other 类
4   {
5   public:
6       Other(int x = 0):a(x)
7       {
8           cout << "Other 类的构造函数" << endl;
9       }
10      ~Other()
11      {
12          cout << "Other 类的析构函数" << endl;
13      }
14  private:
15      int a;
16  };
17  class Base1        //Base1 类
18  {
19  public:
20      Base1(int a = 0):x1(a)
21      {
22          cout << "Base1 类的构造函数" << endl;
23      }
24      ~Base1()
25      {
26          cout << "Base1 类的析构函数" << endl;
```

```
27       }
28 protected:
29       int x1;
30 };
31 class Base2                                    //Base2 类
32 {
33 public:
34       Base2(int a = 0):x2(a)
35       {
36           cout << "Base2 类的构造函数" << endl;
37       }
38       ~Base2()
39       {
40           cout << "Base2 类的析构函数" << endl;
41       }
42 protected:
43       int x2;
44 };
45 class Derived : public Base1, public Base2        //派生类
46 {
47 public:
48       Derived( int a = 0, int b = 0, int c = 0, int d = 0):
49       Base2(a), Base1(b), o(c), y(d)
50       {
51           cout << "Derived 类的构造函数" << endl;
52       }
53       ~Derived()
54       {
55           cout << "Derived 类的析构函数" << endl;
56       }
57 private:
58       Other o;                                  //对象成员
59       int y;
60 };
61 int main()
62 {
63       Derived d(2, 3, 4, 5);
64       return 0;
65 }
```

运行结果如图 4.16 所示。

在例 4-9 中,派生类 Derived 继承自基类 Base1 和基类 Base2,其中还包含一个成员对象。从程序运行结果可以看出,多个基类构造函数的执行顺序取决于定义派生类时规定的先后顺序,与派生类成员初始化列表中的顺序无关。

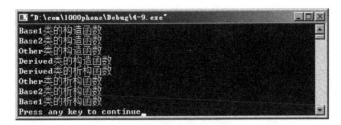

图 4.16　例 4-9 运行结果

4.5　同名冲突

派生类继承基类成员的同时可以增加新成员,这时就有可能出现新成员与基类成员同名的情形,此时派生类的成员函数或派生类的对象访问这些同名成员就会出现意想不到的结果。

4.5.1　单一继承的同名

单一继承时,派生类中只有一个基类,若基类成员与派生类成员同名时,此时无论是派生类内的成员函数还是派生类的对象访问的同名成员默认是派生类中重新定义的成员。如果派生类内部成员函数或派生类的对象需要访问基类中的同名成员,则必须在同名成员前加上基类名和作用域运算符进行类名限定。

接下来演示单一继承的同名冲突,如例 4-10 所示。

例 4-10

```
1   # include < iostream >
2   using namespace std;
3   class Base                    //基类
4   {
5   public:
6       Base( int a = 0 ):x(a){}
7       void print()
8       {
9           cout << "Base::x = " << x << endl;
10      }
11  protected:
12      int x;
13  };
14  class Derived : public Base  //派生类
15  {
16  public:
17      Derived( int a = 0, int b = 0 ):Base(a), x(b){}
18      void print()
19      {
```

```
20          cout << x << endl;
21      }
22 private:
23      int x;      //与基类中 x 同名
24 };
25 int main()
26 {
27      Derived d(2, 3);
28      d.print();
29      d.Base::print();
30      Base * p = &d;
31      p->print();
32      Base &b = d;
33      b.print();
34      return 0;
35 }
```

运行结果如图 4.17 所示。

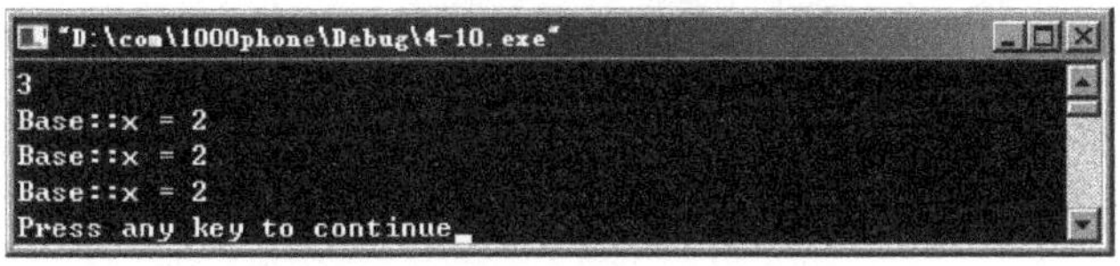

图 4.17　例 4-10 运行结果

在例 4-10 中，基类 Base 与派生类 Derived 中有同名数据成员 x 和同名成员函数 print()。第 20 行输出的 x 是派生类中的同名数据成员，第 28 行调用 print() 函数也是派生类中的成员函数。第 29 行通过类名限定使用派生类对象访问基类的同名成员函数。第 30 行基类指针指向派生类对象，通过基类指针只能访问到基类中的同名成员。第 32 行基类引用派生类对象，通过基类的引用只能访问到基类中的同名成员。

注意此处同名，对于成员函数来说，不仅需要函数名相同，还要求参数个数和类型均相同，否则属于函数重载。

4.5.2　多重继承的同名

多重继承比单一继承更符合现实世界中的继承关系，因此多重继承也比单一继承更复杂，出现同名成员的概率也更大，需要编程者多留心。在多重继承中存在两种成员同名问题，下面分别进行介绍。

1. 访问不同基类中的同名成员

在多重继承中，如果不同基类中有同名的成员，而派生类没有定义该同名成员，则在派生类中就有多个同名的成员，这种成员会造成访问上的二义性。接下来演示这种情形，如例 4-11 所示。

例 4-11

```
1   # include < iostream >
2   using namespace std;
3   class Base1           //基类 Base1
4   {
5   public:
6       void print()
7       {
8           cout << "Base1 类的成员函数 print()" << endl;
9       }
10  protected:
11      int x;
12  };
13  class Base2           //基类 Base2
14  {
15  public:
16      void print()
17      {
18          cout << "Base2 类的成员函数 print()" << endl;
19      }
20  protected:
21      int x;
22  };
23  class Derived : public Base1, public Base2{};       //派生类
24  int main()
25  {
26      Derived d;
27      //d.print();
28      d.Base1::print();
29      return 0;
30  }
```

运行结果如图 4.18 所示。

图 4.18　例 4-11 运行结果

在例 4-11 中,派生类 Derived 继承自基类 Base1 和基类 Base2,其数据成员如图 4.19 所示。

在图 4.19 中,Derived 类中存在同名数据成员 x 和同名成员函数 print()。第 27 行通过派生类对象调用 print() 函数,此时会产生编译错误,提示对 print() 访问存在歧义。解决方法是在同名成员前加上基类名和作用域运算符进行类名限定,如第 28 行。此外,在派生类中定义与基类中同名的成员,此时基类中同名成员将隐藏,这种方法也可以消除歧义。

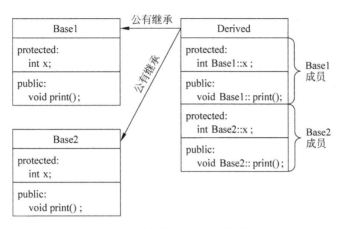

图 4.19　派生类 Derived 中的成员

2. 访问共同基类的成员

当派生类从多个基类派生，而这些基类又从同一个基类派生，则在访问此共同基类中的成员时，将产生二义性。接下来演示这种情形，如例 4-12 所示。

例 4-12

```cpp
1   # include < iostream >
2   using namespace std;
3   class Base                 //基类 Base
4   {
5   public:
6       Base(int x):a(x)
7       {
8           cout << "Base 类的构造函数" << endl;
9       }
10      ~Base()
11      {
12          cout << "Base 类的析构函数" << endl;
13      }
14  protected:
15      int a;
16  };
17  class Base1 : public Base  //Base1 类公有继承自 Base 类
18  {
19  public:
20      Base1(int x, int y):Base(x), a1(y)
21      {
22          cout << "Base1 类的构造函数 a = " << a << " a1 = " << a1 << endl;
23      }
24      ~Base1()
25      {
26          cout << "Base1 类的析构函数" << endl;
```

```
27         }
28  protected:
29       int a1;
30  };
31  class Base2 : public Base                      //Base2 类公有继承自 Base 类
32  {
33  public:
34       Base2(int x, int y):Base(x), a2(y)
35       {
36            cout << "Base2 类的构造函数 a = " << a << " a2 = " << a2 << endl;
37       }
38       ~Base2()
39       {
40            cout << "Base2 类的析构函数" << endl;
41       }
42  protected:
43       int a2;
44  };
45  class Derived : public Base1, public Base2     //Derived 类继承自 Base1 与 Base2
46  {
47  public:
48       Derived(int x, int y, int z, int k):Base1(x, y), Base2(z, k)
49       {
50            cout << "Derived 类的构造函数" << endl;
51            cout << "Base1::a = " << Base1::a
52                 << " Base2::a = " << Base2::a << endl;
53            //cout << " a = " << a << endl;
54            //cout << " Base::a = " << Base::a << endl;
55       }
56       ~Derived()
57       {
58            cout << "Derived 类的析构函数" << endl;
59       }
60  };
61  int main()
62  {
63       Derived d(1, 2, 3, 4);
64       return 0;
65  }
```

运行结果如图 4.20 所示。

在例 4-12 中,Base 类、Base1 类、Base2 类、Derived 类的继承关系如图 4.21 所示。

在图 4.21 中,Base 类中存在保护数据成员 a,派生类 Base1 和 Base2 中分别存在数据成员 a,当派生类 Derived 多重继承了基类 Base1 和 Base2 后,这两个基类中的数据成员 a 在 Derived 类中也会存在,因此会发生同名冲突,如例中的第 53、54 行代码。从运行结果也可以看到 Base 类的构造函数被调用了两次,共同基类 Base 的数据成员 a 在派生类 Derived 中存有两份,造成了内存空间浪费。假如想让共同基类 Base 的数据成员 a 在派生类 Derived 中只出现一次,就需要使用到虚基类。

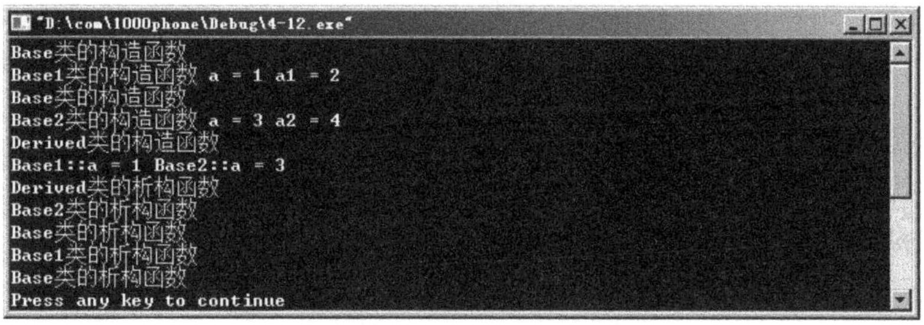

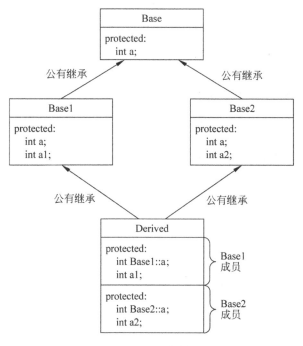

图 4.20   例 4-12 运行结果

图 4.21   例 4-12 中类的继承关系

4.6 虚 基 类

在 4.5.2 节多重继承中访问共同基类成员时会出现二义性,解决方法是通过域名限定,但在共同基类中可访问数据成员会在派生类对象中出现多份副本,C++语言为进一步解决这个问题,引入了虚基类的概念。

虚基类是指当基类被继承时在基类的继承方式前加关键字 virtual 的基类,其语法格式如下:

```
class  派生类名: virtual  继承方式  基类名
{
```

```
         派生类成员
    };
```

若一个类声明为虚基类,当一个派生类间接地多次继承该类时,则在派生类中只继承该类的一份成员,从而避免了在派生类中访问共同基类的数据成员引起的二义性。

接下来修改例 4-12 的部分代码,观察程序输出结果,如例 4-13 所示。

例 4-13

```
1   # include < iostream >
2   using namespace std;
3   class Base
4   {
5   public:
6       Base(int x):a(x)
7       {
8           cout << "Base 类的构造函数" << endl;
9       }
10      ~Base()
11      {
12          cout << "Base 类的析构函数" << endl;
13      }
14  protected:
15      int a;
16  };
17  class Base1 : virtual public Base      //将 Base 声明为虚基类
18  {
19  public:
20      Base1(int x, int y):Base(x), a1(y)
21      {
22          cout << "Base1 类的构造函数 a = " << a << " a1 = " << a1 << endl;
23      }
24      ~Base1()
25      {
26          cout << "Base1 类的析构函数" << endl;
27      }
28  protected:
29      int a1;
30  };
31  class Base2 : virtual public Base      //将 Base 声明为虚基类
32  {
33  public:
34      Base2(int x, int y):Base(x), a2(y)
35      {
36          cout << "Base2 类的构造函数 a = " << a << " a2 = " << a2 << endl;
37      }
38      ~Base2()
39      {
```

```
40          cout << "Base2 类的析构函数" << endl;
41      }
42 protected:
43      int a2;
44 };
45 class Derived : public Base1, public Base2
46 {
47 public:
48      Derived(int x, int y, int z, int k, int j):Base1(x, y), Base2(z, k), Base(j)
49      {
50          cout << "Derived 类的构造函数" << endl
51              << "Base1::a = " << Base1::a
52              << " Base2::a = " << Base2::a << endl
53              << "a = " << a << endl
54              << "Base::a = " << Base::a << endl;
55      }
56      ~Derived()
57      {
58          cout << "Derived 类的析构函数" << endl;
59      }
60 };
61 int main()
62 {
63      Derived d(1, 2, 3, 4, 5);
64      return 0;
65 }
```

运行结果如图 4.22 所示。

图 4.22　例 4-13 运行结果

在例 4-13 中，Base 类、Base1 类、Base2 类、Derived 类的继承关系如图 4.23 所示。

在图 4.23 中，定义派生类 Base1 和 Base2 时将基类 Base 声明为虚基类，Base 类中的数据成员 a 被各层派生类继承后，只有一份副本。因此，在 Derived 类访问 a 时，其值都等于 5，无论是否在 a 前加类名限定符，如例中的第 51、52、53、54 行。同时从运行结果可以观察到 Base 类的构造函数只被调用了一次。

如果虚基类只存在有参构造函数且参数未提供默认值，则需要注意以下几点：

- 对于虚基类的任何一个直接或间接派生类的构造函数，它的初始化列表中都必须

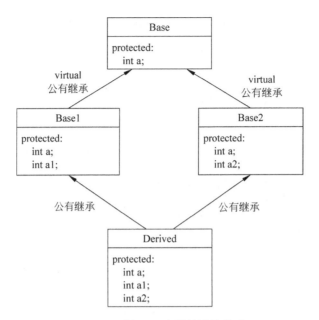

图 4.23 例 4-13 中类的继承关系

包含对该虚基类构造函数的直接调用,以初始化虚基类中的数据成员。如例 4-13 中的第 48 行,Derived 类构造函数的初始化列表除了调用类 Base1 和 Base2 的构造函数外,还调用了虚基类的构造函数。

- 只在最后一层派生类的构造函数中调用虚基类的构造函数,该派生类的其他基类对虚基类构造函数的调用均被忽略。如例 4-13 中,对虚基类 Base 构造函数的调用是由 Derived 类的构造函数引起 Base 类构造函数的调用,而 Derived 类的两个基类 Base1 和 Base2 的构造函数中对类 Base 构造函数的调用均被忽略。
- 最后一层派生类的构造函数的调用顺序为:先调用虚基类的构造函数,再按照一般的多重继承中对基类构造函数的调用顺序依次调用各非虚基类的构造函数,最后调用本类的构造函数。如例 4-13 中,在定义 Derived 类的对象时,构造函数的调用顺序为 Base 类的构造函数、Base1 类的构造函数、Base2 类的构造函数、Derived 类的构造函数。

4.7 恢复访问权限

在程序中,有时需要在派生类中调整从基类继承的成员的访问权限,这时就需要使用访问声明。使用访问声明可以将一些屏蔽的公有成员恢复到原来的访问状态,其语法格式如下:

基类名::成员名;

访问声明采用作用域运算符“::”,接下来演示访问声明的使用,如例 4-14 所示。

例 4-14

```
1    # include < iostream >
2    using namespace std;
3    class Base                         //基类
4    {
5    public:
6       void setX( int a)
7       {
8          x = a;
9       }
10   protected:
11      int x;
12   };
13   class Derived : private Base        //派生类
14   {
15   public:
16      Base::setX;                      //访问声明
17      void setY( int b)
18      {
19         y = b;
20      }
21      void print()
22      {
23         cout << "x = " << x << " y = " << y << endl;
24      }
25   protected:
26      int y;
27   };
28   int main()
29   {
30      Derived d;
31      d.setX(3);                       //从私有转为公有
32      d.setY(4);
33      d.print();
34      return 0;
35   }
```

运行结果如图 4.24 所示。

图 4.24　例 4-14 运行结果

在例 4-14 中，派生类 Derived 私有继承自基类 Base，如果没有第 16 行的访问声明，则成员函数 setX()在派生类中的访问权限是 private，通过访问声明可以使其成员函数 setX()在派生类中的访问权限恢复为 public，在第 31 行处可以在类外访问。

4.8　本　章　小　结

本章主要介绍了类的继承的相关知识,从单一继承和多重继承展开,首先介绍了派生类的定义、派生类成员的访问权限及赋值兼容规则,接着介绍了派生类的构造函数与析构函数,最后介绍由继承带来的同名冲突问题以及解决方法。通过本章的学习,要熟练掌握类的继承,为后面学习多态打下良好基础。

4.9　习　　题

1. 填空题

(1) 派生类对基类的继承有 3 种方式: public、_____ 和 private。

(2) 如果类 A 继承了类 B,则类 A 称为_____。

(3) 继承可分为单一继承和_____两种。

(4) 在公有继承关系下,派生类的对象可以访问基类中的_____成员。

(5) 虚基类是通过关键字_____来标识的。

2. 选择题

(1) 派生类的对象对(　　)是可以访问的。

　　A. 公有继承的基类的公有成员　　　　B. 公有继承的基类的保护成员

　　C. 公有继承的基类的私有成员　　　　D. 保护继承的基类的公有成员

(2) 下列对派生类的描述中,错误的是(　　)。

　　A. 一个派生类可以作为另一个派生类的基类

　　B. 派生类至少有一个基类

　　C. 派生类的默认继承方式是 private

　　D. 派生类只含有基类的公有成员和保护成员

(3) 下面叙述错误的是(　　)。

　　A. 基类的 protected 成员在派生类中仍然是 protected

　　B. 基类的 protected 成员在 public 派生类中仍然是 protected 的

　　C. 基类的 protected 成员在 private 派生类中是 private 的

　　D. 基类的 protected 成员不能被派生类的对象访问

(4) 在公有派生情况下,有关派生类对象和基类对象的关系,错误的是(　　)。

　　A. 派生类的对象可以赋给基类的对象

　　B. 派生类的对象可以初始化基类的引用

　　C. 派生类的对象可以直接访问基类中的成员

　　D. 派生类的对象的地址可以赋给指向基类的指针

（5）多继承派生类构造函数构造对象时，（   ）被最先调用。

　　A．派生类的构造函数　　　　　　　B．虚基类的构造函数

　　C．非虚基类的构造函数　　　　　　D．派生类中子对象类的构造函数

3．思考题

（1）3 种继承方式之间有何差别？

（2）在多重继承中，当存在虚基类时，派生类的构造函数的执行顺序是什么？

4．编程题

编写程序，定义一个圆类 circle 和一个桌子类 table，实现一个圆桌类 roundtable，它是从前两个类派生的，要求输出一个圆桌的高度、面积和颜色等数据。

第 5 章

chapter 5

多态性与虚函数

本章学习目标
- 理解多态的概念
- 掌握函数重载
- 掌握运算符重载
- 掌握虚函数
- 理解纯虚函数与抽象类

多态是面向对象程序设计的另一大特征,它是指相同的函数名有不同实现,即用同一个接口访问不同的函数,使这个接口呈现出多种形态。C++语言的多态分为编译期多态和运行期多态,本章将详细介绍这两种多态。

5.1 多态的概念

5.1.1 编译期多态与运行期多态

多态简单理解就是多种形态,程序中的多态是指一种行为对应着多种不同的实现,即同名函数有不同实现,因此多态是实现"一种接口,多种方法"的技术。这里的"一种接口"是指相同函数名,而"多种方法"是指多种函数实现,具体示例如下:

```
5 / 3        //两个操作数都是整型,则运算符进行的是整除运算
5.0 / 3      //两个操作数都是实型,则运算符进行的是通常数学意义下的除法运算
```

上述示例中,同一运算符"/"根据提供的操作数执行不同的运算,像这种在程序中同一符号或名字在不同情况下具有不同解释的现象就可以称为多态。

在面向对象程序设计中,根据程序实现多态的不同阶段,多态的实现分为编译期多态和运行期多态。

1. 编译期多态

编译期多态也称静态多态,它是指程序在编译阶段就可确定的多态性,主要通过重

载机制实现,重载机制包括函数重载和运算符重载两大类。函数重载允许程序员用相同的标识符来定义多个功能相近的函数。运算符重载允许程序员对已有的运算符赋予多重含义,这样一个运算符作用于不同类型的数据就会导致不同的行为。

2. 运行期多态

运行期多态也称动态多态,它是指程序必须在运行阶段才可确定的多态性,主要通过继承与虚函数实现。在基类与派生类中存在同名函数并且函数原型相同,这时就可以声明为虚函数,在编译时无法确定调用哪一个函数,只有程序在运行时,才能确定调用基类还是派生类中的同名函数。

多态是面向对象程序设计的重要特征。它不仅增加了面向对象程序设计的灵活性,减少了冗余信息,而且显著提高了软件的可重用性和扩展性。

5.1.2　函数捆绑

在多态性的实现过程中,确定调用哪个同名函数的过程就是函数捆绑,也称联编。它指把一个标识符名和一个存储地址联系在一起的过程。捆绑就是计算被调用函数的入口地址,并将该地址存放到函数调用指令的地址码部分,因此多态是通过函数捆绑实现的。函数捆绑分为静态捆绑和动态捆绑,具体如下所示。

1. 静态捆绑

如果编译器根据源代码调用固定的函数标识符,然后由链接器连接这些标识符,并用物理地址代替它们,这就称为静态捆绑。静态捆绑是在程序编译时进行的,运行时仅仅是传递参数、执行函数调用及清除栈等,因此执行速度快。但对编程者而言,需要在程序执行前预测所有可能出现的情况,灵活性较差。

2. 动态捆绑

动态捆绑是指只有向具有运行期的函数传递一个实际对象时,该函数才能与多种可能的函数中的一种联系起来。具体来说,源代码本身并不总是能够说明某部分的代码是怎样执行的,源代码只指明函数调用,而不说明具体调用哪个函数,只有到程序运行时才能确定调用哪个函数。动态捆绑的缺点是执行速度慢,因为它必须由程序运行时才决定调用哪个函数,但它提供了更好的编程灵活性、问题抽象性和程序易维护性。

5.2　函 数 重 载

在第 2 章中已介绍过普通函数的重载,函数重载还体现在同一个类的多个成员函数之间。例如前面学习的无参构造函数、有参构造函数就可以构成成员函数重载。

接下来演示成员函数的重载,如例 5-1 所示。

例 5-1

```
1   # include < iostream >
2   using namespace std;
3   class A
4   {
5   public:
6       A():x(0), y(0) {}
7       void func()
8       {
9           cout << "int func()" << endl;
10      }
11      void func() const              //常成员函数
12      {
13          cout << "void func() const" << endl;
14      }
15      void func(int a, int b)
16      {
17          cout << "void func(int a, int b)" << endl;
18      }
19      void func(const int * a)    //不能通过指针 a 修改所指向的变量
20      {
21          cout << "void func(const int * a)" << endl;
22      }
23      void func(int * a)
24      {
25          cout << "void func(int * a)" << endl;
26      }
27      void func(const int &a)       //不能通过引用变量 a 修改所引用的变量
28      {
29          cout << "void func(const int &a)" << endl;
30      }
31      void func(int &a)
32      {
33          cout << "void func(int &a)" << endl;
34      }
35  private:
36      int x;
37      const int y;
38  };
39  int main()
40  {
41      A obj1;
42      const A obj2;
43      obj1.func();
44      obj2.func();
45      obj1.func(1,2);
46      int i = 100;
```

```
47      const int * p1 = &i;
48      int * p2 = &i;
49      obj1.func(p1);
50      obj1.func(p2);
51      const int &ref1 = i;
52      int &ref2 = i;
53      obj1.func(ref1);
54      obj1.func(ref2);
55      return 0;
56   }
```

运行结果如图 5.1 所示。

图 5.1　例 5-1 运行结果

在例 5-1 中,A 类中的 7 个 func()成员函数构成函数重载。第 41 行定义一个非常对象 obj1,第 42 行定义一个常对象 obj2。第 43 行通过非常对象调用非常成员函数 func(),第 44 行通过常对象调用常成员函数 func()。第 45 行函数的实参有两个,因此调用第 15 行处的函数。第 49、50 行根据实参中指针是否为常量指针来决定调用相应的函数。第 53、54 行根据实参中引用是否为常引用来决定调用相应的函数。

读者需要注意下面的两个函数不能形成重载,具体示例如下:

```
void func(int * const a);
void func(int * a);
```

因为此处 const 修饰的是指针本身,只要求该指针不指向别的变量而不能要求它指向的变量是常量,所以这两个函数不能形成重载。

5.3　运算符重载

运算符重载是将系统已有的运算符赋予不同的意义。运算符通常是对类中的私有成员进行操作,因此重载运算符可以采用成员函数或友元函数两种形式。

5.3.1　运算符重载的概念

在 C++语言中,运算符的默认操作对象只能是基本数据类型,具体示例如下:

```
int a = 1, b = 2;
float c = 1.1, d = 2.2;
int e = a + b;
float f = c + d;
float g = e + f;
```

在上述示例中,运算符"+"可以用来完成不同数据类型的数据加法运算,但有时对于用户自定义的数据类型也需要有类似的运算操作,如复数的加法、矩阵的加法等,这时就需要对运算符进行重新定义以赋予已有运算符新的功能,这就是运算符重载。

运算符的重载通常作用在一个类上,运算符重载的实质还是函数重载,此时的函数名为"operator 运算符"。在实际调用时,首先把含有该运算符的表达式转化为运算符函数的调用,此时运算符函数的实际参数为运算的对象,然后根据实际参数的类型确定调用哪一个同名运算符函数,如图 5.2 所示。

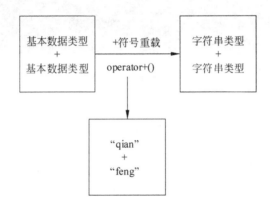

图 5.2　"+"运算符重载

在图 5.2 中,运算符"+"按其默认定义,可用于基本数据类型和基本数据类型的相加运算,如果在字符串类上进行了 operator +重载后,则两个字符串对象就可以像两个整数一样直接使用运算符"+"实现两个字符串相加。

由此可见,运算符重载扩充了运算符本身的功能,编程者可以根据自身需求对运算符进行重载。此外,使用运算符重载可以使 C++代码更直观、易懂、灵活,使得用户自定义的数据类型以一种更方便、更简洁的方式工作。

由于运算符重载通常是对类中的私有成员进行操作,因此运算符重载函数可以采用两种形式:

- 通过成员函数进行运算符重载。
- 通过友元函数进行运算符重载。

无论是哪一种形式的运算符重载都不允许重载条件运算符"?:"、作用域运算符"::"、成员运算符"."、成员指针运算符". ＊"、sizeof 运算符,允许重载的运算符如表 5.1 所示。

表 5.1　C++中可重载的运算符

+	-	*	/	%	^
&.	|	~	!	=	<
>	+=	-=	*=	/=	%=
^=	&=	|=	<<	>>	>>=
<<=	==	!=	<=	>=	&&
||	++	--	->*	,	->
[]	()	new	delete	new[]	delete[]

重载运算符时需要遵循以下 4 个原则：
- 只能对系统已有的运算符进行重载，而不能组合出新的运算符。
- 运算符重载后，运算符的优先级、结合性、操作个数及语法结构不能改变。
- 运算符重载是对原有运算符进行适当的改造以适应自定义数据类型变量，因此，重载的功能应当与原有功能类似，避免滥用运算符重载。
- 运算符重载不能改变原有运算符的操作对象，同时至少要有一个操作对象是自定义类型。

5.3.2　用成员函数重载运算符

在 C++语言中，用成员函数重载运算符就是将运算符重载定义成一个类的成员函数的形式，其语法格式如下：

```
返回类型 operator 运算符(形式参数列表)
{
    函数体
}
```

其中，operator 是运算符重载声明时的关键字，operator 和后面的运算符连在一起表示函数名。在进行单目运算符重载时，形式参数列表为空，调用单目运算符的当前对象就是唯一的操作数；在进行双目运算符重载时，由形式参数列表指定右操作数，左操作数就是调用该运算符函数的当前对象。

接下来演示用成员函数重载运算符，如例 5-2 所示。

例 5-2

```
1   # include < iostream >
2   using namespace std;
3   class Point
4   {
5   public:
6       Point( int a = 0, int b = 0) : x(a), y(b) {}
7       void print()
8       {
9           cout << "(" << x << "," << y << ")" << endl;
10      }
```

```
11        Point operator + (const Point &p)const      //利用成员函数重载 + 运算符
12        {
13            return Point(x + p.x, y + p.y);
14        }
15        Point operator - (const Point &p)const      //利用成员函数重载 - 运算符
16        {
17            return Point(x - p.x, y - p.y);
18        }
19 private:
20        int x;
21        int y;
22 };
23 int main()
24 {
25        Point p1(1, 1), p2(2, 3), p3, p4, p5, p6;
26        p3 = p2.operator + (p1);
27        p3.print();
28        p4 = p2 + p1;
29        p4.print();
30        p5 = p2.operator - (p1);
31        p5.print();
32        p6 = p2 - p1;
33        p6.print();
34        return 0;
35 }
```

运行结果如图 5.3 所示。

图 5.3　例 5-2 运行结果

在例 5-2 中，主函数通过对象调用重载的运算符时，可以有显式方式与隐式方式，两者的本质是相同的。显式方式通过"对象. operator 运算符（形式参数）"形式调用，如第 26、30 行，与一般成员函数调用方法相同。隐式方式与运算符作用于基本数据类型的方式相同，如第 28、32 行。对运算符"＋"和"－"进行重载后，Point 类的对象 p1 与 p2 就可以像基本数据类型一样进行加减法运算，程序在编译时将根据具体的实际参数类型调用相应的重载运算符，这在实际应用中为编程者提供了极大的便利。

5.3.3　用友元函数重载运算符

重载运算符除了可以是类的成员函数外，还可以是类的友元函数，其语法格式如下：

```
friend 返回类型 operator 运算符(形式参数列表)
{
    函数体
}
```

与用成员函数重载运算符相比,用友元函数重载运算符除了在函数前加关键字 friend 外,还需注意函数参数的变化,因为友元函数没有隐含的 this 指针。在进行单目运算符重载时,形式参数列表中有一个参数;在进行双目运算符重载时,形式参数列表中有两个参数,分别是左操作数与右操作数。

接下来演示用友元函数重载运算符,如例 5-3 所示。

例 5-3

```
1   # include < iostream >
2   using namespace std;
3   class Point
4   {
5   public:
6       Point( int a = 0, int b = 0) : x(a), y(b) {}
7       void print()
8       {
9           cout << "(" << x << "," << y << ")" << endl;
10      }
11      friend Point operator + (const Point &p1, const Point &p2); //友元函数
12      friend Point operator - (const Point &p1, const Point &p2); //友元函数
13  private:
14      int x;
15      int y;
16  };
17  Point operator + (const Point &p1, const Point &p2)
18  {
19      return Point(p1.x + p2.x, p1.y + p2.y);
20  }
21  Point operator - (const Point &p1, const Point &p2)
22  {
23      return Point(p1.x - p2.x, p1.y - p2.y);
24  }
25  int main()
26  {
27      Point p1(1, 1), p2(2, 3), p3, p4, p5, p6;
28      p3 = operator + (p2, p1);
29      p3.print();
30      p4 = p2 + p1;
31      p4.print();
32      p5 = operator - (p2, p1);
33      p5.print();
34      p6 = p2 - p1;
```

```
35        p6.print();
36        return 0;
37  }
```

运行结果如图 5.4 所示。

图 5.4　例 5-3 运行结果

在例 5-3 中,主函数调用重载的运算符时,显式方式通过"operator 运算符(左操作数,右操作数)"形式调用,如第 28、32 行,与一般友元函数调用方法相同。隐式方式与运算符作用于基本数据类型的方式相同,如第 30、34 行。运算符"＋"和"－"重载为 Point 类的友元函数,运行结果与例 5-2 相同,则用友元函数也可以重载运算符。

上面介绍了运算符重载的两种方法,两者的区别如表 5.2 所示。

表 5.2　运算符重载的两种方法的区别

重 载 形 式		显式方式调用形式	左操作数	右操作数
成员函数	重载双目运算符	对象.operator 运算符(实参 1);	当前对象	实参 1
	重载单目运算符	对象.operator 运算符();	当前对象	无
友元函数	重载双目运算符	operator 运算符(实参 1,实参 2);	实参 1	实参 2
	重载单目运算符	operator 运算符(实参 1);	参数 1	无

对于同一运算符,读者可能会疑惑到底使用成员函数重载运算符还是友元函数重载运算符,一般情况下遵循以下几条规则:

- 通常单目运算符重载时选择用成员函数重载运算符,双目运算符重载时选择用友元函数重载运算符。
- 当一个运算符的操作需要修改对象的状态时,选择用成员函数重载运算符。
- 当运算符的操作数可能有隐式类型转换时,只能选择用友元函数重载运算符。
- 具有对称性的运算符可能转换任意一端的运算对象,通常选择用友元函数重载运算符。
- "＝""[ ]""( )""－＞"这 4 个运算符重载必须选择用成员函数重载运算符。

5.3.4　运算符重载举例

上述两小节介绍了用成员函数和友元函数实现运算符重载,接下来通过案例演示一些常用的运算符重载,通过这些案例掌握运算符重载的两种方式。

1. 自增运算符"＋＋"与自减运算符"－－"的重载

"＋＋"与"－－"是 C++语言中用于整型变量自加与自减的单目运算符,同一个运算符写在变量的前面与写在变量的后面含义是不相同的,这时就需要在重载的时候加以区分。为了能让编译器区别前置与后置,C++规定当"＋＋"或"－－"放在变量后面时,相当于添加了一个参数 0,这个参数是没有实际意义的,只是为了区别"＋＋"或"－－"放在变量前面时的情形。

接下来演示"＋＋"运算符的重载,如例 5-4 所示。

例 5-4

```
1    # include < iostream >
2    using namespace std;
3    class Point
4    {
5    public:
6        Point(int a = 0, int b = 0) : x(a), y(b) {}
7        void print()
8        {
9            cout << "(" << x << "," << y << ")" << endl;
10       }
11       Point& operator++()          //利用成员函数重载前置++运算符
12       {
13           ++x;
14           ++y;
15           return * this;
16       }
17       Point operator++(int)        //利用成员函数重载后置++运算符
18       {
19           Point p( * this);
20           ++( * this);
21           return p;
22       }
23   private:
24       int x;
25       int y;
26   };
27   int main()
28   {
29       Point p1(2, 3), p2;
30       p2 = ++p1;
31       p1.print();
32       p2.print();
33       p2 = p1++;
34       p1.print();
35       p2.print();
36       return 0;
37   }
```

运行结果如图 5.5 所示。

在例 5-4 中,主函数中创建了两个对象 p1 和 p2,当执行 p2 ＝ ＋＋p1 时,先将 p1 自

图 5.5　例 5-4 运行结果

增,再将 p1 赋值给 p2,此时 p1 与 p2 打印结果为(3,4);当执行 p2 = p1++时,先将 p1 赋值给 p2,再将 p1 自增,此时 p1 打印结果为(4,5),p2 打印结果为(3,4)。

　　注意在实现前置"++"时,数据成员进行自增运算,然后返回当前对象的引用。而在实现后置"++"时,创建了一个临时对象来保存当前对象的值,然后再将当前对象自增,最后返回的是临时对象,由于它是局部变量,因此函数原型的返回值类型不能写成引用。读者可以仿照前置"++"和后置"++"运算符重载方法,在上面例题基础上实现前置"--"与后置"--"运算符重载。

2. 赋值运算符"="的重载

　　当赋值运算符的右操作数不是基本数据类型时,应当对赋值运算符进行重载,以实现对该类型的赋值运算。但如果对赋值运算符不进行重载,系统会自动为类提供一个默认的赋值运算符,该赋值运算符要求左右操作对象属于同一类型并将右操作对象的各个数据成员值依次赋值给左操作对象的各个数据成员。

　　如果类的数据成员中有指针类型成员并在构造函数中用该指针成员申请了动态内存空间,此时系统默认的赋值运算符就不能满足要求,在析构函数中释放内存时必然会出现内存泄漏问题,此时必须对赋值运算符进行重载。

　　接下来演示赋值运算符的重载,如例 5-5 所示。

　　例 5-5

```
1   # include < iostream >
2   # include < string. h >
3   using namespace std;
4   class String
5   {
6   public:
7       String(const char * p = 0)
8       {
9           if(p)
10          {
11              str = new char[strlen(p) + 1];
12              strcpy(str, p);
13          }
14          else
15              str = NULL;
16      }
```

```
17      String(const String &s)              //拷贝构造函数
18      {
19          if(s.str)
20          {
21              str = new char[strlen(s.str) + 1];
22              strcpy(str, s.str);
23          }
24          else
25              str = NULL;
26          cout << "拷贝构造函数" << endl;
27      }
28      String& operator = (const String &s)  //重载 = 运算符
29      {
30          if(str)
31              delete []str;
32          if(s.str)
33          {
34              str = new char[strlen(s.str) + 1];
35              strcpy(str, s.str);
36          }
37          else
38              str = NULL;
39          cout << "重载赋值运算符函数" << endl;
40          return * this;
41      }
42      void print()
43      {
44          if(str)
45              cout << str << endl;
46      }
47      ~String()
48      {
49          if(str)
50              delete []str;
51      }
52 private:
53      char * str;
54 };
55 int main()
56 {
57      String str1("做真实的自己"), str2("用良心做教育");
58      String str3 = str1;                  //等价于 String str3(str1);
59      str3.print();
60      str3 = str2;
61      str3.print();
62      return 0;
63 }
```

运行结果如图 5.6 所示。

图 5.6　例 5-5 运行结果

在例 5-5 中，String 类中有指针类型数据成员并利用它申请了动态内存空间，因此必须要对赋值运算符进行重载。此处需理解赋值运算符重载与拷贝构造函数的区别，虽然两者都是出于防止内存泄漏而存在的，但两者实现代码是不同的。拷贝构造函数是在创建一个新对象时自动调用，因此判断的条件是根据已有对象的指针数据成员是否为空；而赋值运算符重载时对象已经存在，重新为它赋一个新值，因此赋值运算符重载函数首先需要释放原来指针数据成员申请的动态内存空间，然后再重新申请大小等于被赋值的字符串大小的空间。此外，还需注意赋值运算符重载只能使用成员函数进行重载，并且不能被派生类继承。

3. 下标运算符"[ ]"的重载

下标运算符通常用于访问数组元素，对下标运算符重载时，需注意只能用成员函数进行重载，并且函数只能且必须带一个形式参数，该参数给出下标的值。

接下来演示下标运算符的重载，如例 5-6 所示。

例 5-6

```
1    # include < iostream >
2    # include < string.h >
3    # include < cstdlib >
4    using namespace std;
5    class Array
6    {
7    public:
8        Array(int n)
9        {
10           len = n;
11           str = new char[len + 1];
12           *(str + len) = '\0';
13       }
14       Array(const char * p)
15       {
16           len = strlen(p);
17           str = new char[len + 1];
18           strcpy(str, p);
19       }
20       char& operator[](int n)        //重载[]运算符
21       {
```

```
22        if(n < 0 || n > len - 1)
23        {
24            cout << "数组下标越界" << endl;
25            exit(1);
26        }
27        else
28            return *(str + n);
29    }
30    void print()
31    {
32        cout << str << endl;
33    }
34    ~Array()
35    {
36        delete []str;
37    }
38 private:
39    char *str;     //字符串的首地址
40    int len;       //字符串的长度
41 };
42 int main()
43 {
44    Array a("qianfeng");
45    a[0] = 'Q';
46    a[4] = 'F';
47    a.print();
48    return 0;
49 }
```

运行结果如图 5.7 所示。

图 5.7 例 5-6 运行结果

在例 5-6 中,定义了一个字符数组类 Array,并重载了下标运算符,重载后的下标运算符是可以对下标进行越界检查。由于下标运算符重载函数的返回值类型是引用类型,因此函数的返回值可以作为左值使用,例如第 45、46 行代码通过重载的下标运算符对字符元素进行修改。

4. 函数调用运算符"()"的重载

函数调用运算符是可以带一个或多个右操作数的运算符,它的重载只能通过成员函数进行。函数调用运算符重载后,就可以像使用函数一样使用该类的对象,由于这样的类同时也能存储状态,因此它与普通函数相比更加灵活。

接下来演示函数调用运算符的重载,如例 5-7 所示。

例 5-7

```
1    # include < iostream >
2    using namespace std;
3    class Point
4    {
5    public:
6        Point(int a = 0, int b = 0):x(a), y(b){}
7        Point &operator()(int a, int b)    //重载()运算符
8        {
9            x += a;
10           y += b;
11           return * this;
12       }
13       void print()
14       {
15           cout << "(" << x << "," << y << ")" << endl;
16       }
17   private:
18       int x;
19       int y;
20   };
21   int main()
22   {
23       Point p(1, 2);
24       p(3, 4);
25       p.print();
26       return 0;
27   }
```

运行结果如图 5.8 所示。

图 5.8   例 5-7 运行结果

在例 5-7 中,函数调用运算符可以被重载用于类的对象,此处并不是创建了一种新的调用函数的方式,而是创建一个可以传递两个右操作数的运算符函数。函数调用运算符重载函数返回值的类型是引用类型,这样函数的返回值就可以作为左值使用。

5. 运算符"＋＝"与"－＝"的重载

对于基本数据类型,"＋＝"和"－＝"的功能是将左操作数与右操作数进行加法或减法运算后再将计算结果赋值给左操作数。接下来演示"＋＝"与"－＝"运算符的重载,如例 5-8 所示。

例 5-8

```
1   # include < iostream >
2   using namespace std;
3   class Point
4   {
5   public:
6       Point(int a = 0.0, int b = 0.0) : x(a), y(b) { }
7       Point& operator += (const Point &c)          //重载 += 运算符
8       {
9           x += c.x;
10          y += c.y;
11          return * this;
12      }
13      Point& operator -= (const Point &c)          //重载 -= 运算符
14      {
15          x -= c.x;
16          y -= c.y;
17          return * this;
18      }
19      void print()
20      {
21          cout << "(" << x << "," << y << ")" << endl;
22      }
23  private:
24      int x;
25      int y;
26  };
27  int main()
28  {
29      Point p1(2, 5), p2(1, 2);
30      p1 += p2;
31      p1.print();
32      p1 -= p2;
33      p1.print();
34      return 0;
35  }
```

运行结果如图 5.9 所示。

图 5.9 例 5-8 运行结果

在例 5-8 中,对于 Point 类用成员函数重载了"＋＝"与"－＝"运算符,此处也可以使用友元函数进行重载,但建议最好使用成员函数重载。

6. 类型转换运算符重载

对于基本数据类型的数据可以通过强制类型转换符将数据转换成需要的类型,但对于自定义的类来说,有时也需要与基本数据类型进行转换,对此 C++ 提供了类型转换运算符重载,其语法格式如下:

```
operator 类型名()
{
    函数体
}
```

类型转换运算符重载是以关键字 operator 开头的,它与其他运算符重载的不同之处在于函数没有返回类型并且也没有参数,因为上面格式中的类型名就代表了它的返回类型,当它被调用时当前类的对象作为实际参数,这样它就只能作为类的成员函数。

接下来演示类型转换运算符的重载,如例 5-9 所示。

例 5-9

```
1    # include < iostream >
2    using namespace std;
3    class Num
4    {
5    public:
6        Num( int a = 0 ) : n(a) { }
7        operator int()    //重载类型转换运算符
8        {
9            return n;
10        }
11    private:
12        int n;
13    };
14    int main()
15    {
16        Num n(81);
17        cout << n << endl;
18        return 0;
19    }
```

运行结果如图 5.10 所示。

图 5.10　例 5-9 运行结果

在例 5-9 中,类型转换运算符重载用于将当前的对象转换成 int 类型,从运行结果可以看出,对象 n 转换成了整数 81。

7. 提取运算符"＞＞"与插入运算符"＜＜"重载

在 C++ 语言中,对于基本数据类型的变量,编程者可以通过"cin ＞＞变量名"与"cout ＜＜表达式"方式方便地进行输入输出操作。如果对于编程者自定义的数据类型也可以使用这种方式进行输入输出操作,那将会给其他使用此数据类型的编程者带来极大的便利,为此 C++ 语言允许重载提取与插入运算符,其语法格式如下:

```
//提取运算符的重载
friend istream& operator >>(istream& 变量名, 类类型 & 变量名)
{
    函数体
}
//插入运算符的重载
friend ostream& operator <<(ostream& 变量名, const 类类型 & 变量名)
{
    函数体
}
```

提取与插入运算符只能重载成类的友元函数,因为它们左侧的运算对象必须是流对象而非本类对象。函数的返回值类型为流的引用类型,这样便于连续输入或输出多个同类对象的值。对于提取运算符重载来说,第一个参数必须为输入流 istream 的引用,第二个参数必须为本类对象引用。对于插入运算符重载来说,第一个参数必须为输出流 ostream 的引用,第二个参数是本类对象的引用,为保护对应实参不被修改,一般为常引用参数。

接下来演示提取与插入运算符的重载,如例 5-10 所示。

例 5-10

```
1   # include < iostream >
2   using namespace std;
3   class Point
4   {
5   public:
6       Point(int a = 0, int b = 0) : x(a), y(b) { }
7       friend istream& operator >>(istream& in, Point& p)        //重载>>运算符
8       {
9           in >> p.x >> p.y;
10          return in;
11      }
12      friend ostream& operator <<(ostream& out, const Point& p) //重载<<运算符
13      {
14          out << "(" << p.x << "," << p.y << ")";
15          return out;
16      }
17  private:
18      int x;
```

```
19        int y;
20  };
21  int main()
22  {
23      Point p;
24      cin >> p;
25      cout << p << endl;
26      return 0;
27  }
```

运行结果如图 5.11 所示。

图 5.11　例 5-10 运行结果

在例 5-10 中,当程序运行时,从键盘输入 3 4,则输出对象 p 为(3,4)。从本例可以看出,重载提取与插入运算符后,就可以像基本数据类型一样直接对类的对象进行输入与输出操作,这样其他编程者使用该类对象时可以很方便地进行输入与输出操作。

8. 关系运算符的重载

关系运算符包括">""<"">=""<=""=="和"!="6 种,它们都是双目运算符。如果左操作数是当前类的对象,就使用成员函数或友元函数进行重载;如果左操作数不是当前类的对象,就只能使用友元函数进行重载。

接下来演示关系运算符的重载,如例 5-11 所示。

例 5-11

```
1   # include < iostream >
2   using namespace std;
3   class Point
4   {
5   public:
6       Point(int a = 0, int b = 0) : x(a), y(b) { }
7       bool operator == (const Point& p)      //重载 == 运算符
8       {
9           if(x == p.x && y == p.y)
10              return true;
11          else
12              return false;
13      }
14      bool operator!= (const Point& p)       //重载!= 运算符
15      {
16          return !( * this == p);
17      }
```

```
18  private:
19      int x;
20      int y;
21  };
22  int main()
23  {
24      Point p1(3, 4), p2(5, 6);
25      if(p1 != p2)
26          cout << "p1 与 p2 不相等." << endl;
27      else
28          cout << "p1 与 p2 相等." << endl;
29      return 0;
30  }
```

运行结果如图 5.12 所示。

图 5.12　例 5-11 运行结果

在例 5-11 中,程序中重载了"=="和"!="运算符,这样就可以直接比较两个对象是否相等。此处需注意在实现不等于运算符重载时,没必要像重载等于运算符那样用 if 语句做判断,只需调用已重载的等于运算符再取反即可。

上面对各种常用的运算符的重载做了详细的介绍,读者在重载运算符时,需要注意重载运算符时是以成员函数重载还是友元函数重载,另外重载时还需正确设置运算符重载函数的参数以及函数的返回值类型。

5.4　虚　函　数

前面讲解了函数重载和运算符重载实现的编译期多态,本节将讲述如何通过虚函数来实现运行期多态。

5.4.1　虚函数的概念

首先回顾下第 4 章中的赋值兼容规则,当基类指针指向派生类对象或基类引用派生类对象别名时,如果派生类中定义了与基类同名的函数,则系统通过基类指针或引用都只能访问基类中的同名函数,而不能访问派生类对象自己定义的同名函数。

接下来演示这种情形,如例 5-12 所示。

例 5-12

```
1  # include < iostream >
2  using namespace std;
```

```
 3   class Base                    //基类
 4   {
 5   public:
 6       void print()
 7       {
 8           cout << "Base 类中的 print 函数" << endl;
 9       }
10   };
11   class Derived : public Base    //派生类
12   {
13   public:
14       void print()
15       {
16           cout << "Derived 类中的 print 函数" << endl;
17       }
18   };
19   int main()
20   {
21       Derived d;
22       Base * p = &d;
23       p->print();
24       return 0;
25   }
```

运行结果如图 5.13 所示。

图 5.13 例 5-12 运行结果

在例 5-12 中,程序中定义了基类 Base 和派生类 Derived,并分别在这两个类中定义了 print()函数。在 main 函数中,首先定义了派生类对象 d,接着定义了基类指针 p 并用对象 d 的地址进行初始化,最后通过基类指针 p 调用 print()函数,从程序运行结果发现,此时调用的是基类中的 print()函数。

如果希望当使用基类指针或基类引用操作派生类对象时系统调用派生类中的同名函数,就需要将该同名函数声明为虚函数。虚函数存在的首要条件是派生类以公有继承方式继承了基类,虚函数必须是类的非静态成员函数,其语法格式如下:

virtual 返回类型 成员函数名(形式参数列表);

虚函数的声明只是在普通成员函数的声明前加了一个关键字 virtual,它的函数体可以在类体内,也可以在类体外,在类体外实现时前面不能加 virtual。另外,虚函数在基类中声明时一定要加 virtual,在公有派生类中,virtual 关键字可以省略,但建议不要省略,以增强程序的可读性。

接下来演示虚函数的用法,如例 5-13 所示。

例 5-13

```
1   # include < iostream >
2   using namespace std;
3   class Base              //基类
4   {
5   public:
6       virtual void print();   //虚函数
7   };
8   class Derived : public Base  //派生类
9   {
10  public:
11      virtual void print();   //虚函数
12  };
13  void Base::print()
14  {
15      cout << "Base 类中的 print 函数" << endl;
16  }
17  void Derived::print()
18  {
19      cout << "Derived 类中的 print 函数" << endl;
20  }
21  int main()
22  {
23      Derived d;
24      Base * p = &d;
25      p -> print();
26      return 0;
27  }
```

运行结果如图 5.14 所示。

图 5.14　例 5-13 运行结果

在例 5-13 中,将基类和公有派生类中的同名函数声明为虚函数后,在主函数中定义基类的指针并用派生类对象的地址初始化,从程序运行结果可发现,此时通过基类指针调用的是派生类中的 print()函数。需要注意的是,虚函数在基类和派生类中必须保持函数原型一致,即函数的返回值类型、函数名、形式参数列表完全相同。

上述示例中演示了虚函数的作用,接下来简单介绍虚函数的实现机制。虚函数通过动态捆绑实现了运行时多态,编译器在执行过程中发现 Base 类和 Derived 类中有虚函数,此时编译器会为每个包含虚函数的类创建一个虚函数表,该表是一个一维数组,数组中的元素为类中虚函数的地址。编译器会在每个含有虚函数的类中放置一个 vptr 指针,一般置于对象的起始位置，从而在对象的构造函数中将其初始化为本类虚函数表的地址，如图 5.15 所示。

Derived对象　　　虚函数表

vptr　　　函数指针　　　Derived::print()

其他成员

图 5.15　Derived 类对象中的 vptr 指针

在图 5.15 中，当创建 Derived 类的对象后，其中的 vptr 指针被初始化为指向 Derived 类的虚函数表，在执行"Base * p = &d;"后，p 实际上指向的是 Derived 类对象，当调用"p—>print();"时，该对象内部的 vptr 指针指向的是 Derived 类的虚函数表，该虚函数表中数组的第一个元素为 Derived 类中 print() 函数的地址，因此程序最终调用 Derived 类中 print() 函数。

虚函数与指向基类的指针（或引用）变量配合使用，就能方便地调用同一类族中不同类对象的同名函数，从而实现运行时多态。

接下来演示运行时多态，如例 5-14 所示。

例 5-14

```
1   # include < iostream >
2   using namespace std;
3   class Shape              //基类
4   {
5   public:
6       virtual void show()      //虚函数
7       {
8           cout << "形状" << endl;
9       }
10 };
11 class Square : public Shape     //派生类
12 {
13 public:
14     virtual void show()
15     {
16         cout << "正方形" << endl;
17     }
18 };
19 class Circle : public Shape
20 {
21 public:
22     virtual void show()
23     {
24         cout << "圆形" << endl;
```

```
25        }
26 };
27 void showShape(Shape &s)
28 {
29      s.show();         //根据引用的对象调用对应的 show()函数
30 }
31 int main()
32 {
33      Square s;
34      Circle c;
35      showShape(s);
36      showShape(c);
37      return 0;
38 }
```

运行结果如图 5.16 所示。

图 5.16 例 5-14 运行结果

在例 5-14 中,当 Square 类的对象 s 与 Circle 类的对象 c 分别调用 showShape()函数时,showShape()的形式参数为基类的引用变量,该函数可以根据调用时传递过来的具体实参对象调用同一类族中不同类对象的同名函数。

介绍了虚函数的优点后,读者可能疑惑是否任何成员函数都可以声明为虚函数,通常将同一类族中具有相同功能的成员函数声明为虚函数,如上例中每个类中的 show()函数都是输出形状,而某个特殊功能往往只有某一个类具有,就没必要声明为虚函数。但以下几种函数不能声明为虚函数:

- 静态成员函数。因为静态成员函数不属于某一个对象,所以将它声明为虚函数是没有意义的。
- 内联函数。因为内联函数的执行代码是确定的,与运行时多态相违背。
- 构造函数。因为构造函数是在对象创建时调用并完成对象的初始化,此时对象还没完全建立,因此语法上限制将构造函数声明为虚函数,但析构函数常常声明为虚函数。

5.4.2 虚析构函数

如果基类的析构函数是虚函数,则基类的各级派生类的析构函数均自动成为虚函数(即使函数名不相同)。若基类指针指向派生类对象,当删除该指针时,就会调用派生类的析构函数,而后派生类的析构函数又自动调用基类的析构函数,这样整个派生类中申请的资源都被完全释放。但如果基类的析构函数不是虚函数,当基类指针指向派生类对象时,删除该指针,则只会调用基类的析构函数,派生类的析构函数是不会调用的,这时派生类中申请的资源不被回收。

接下来演示虚析构函数的用法,如例 5-15 所示。

例 5-15

```cpp
1  # include <iostream>
2  using namespace std;
3  class Base                      //基类
4  {
5  public:
6      virtual ~Base()              //虚析构函数
7      {
8          cout << "Base::~Base()" << endl;
9      }
10 };
11 class Derived : public Base      //派生类
12 {
13 public:
14     Derived()
15     {
16         p = new char[100];
17     }
18     virtual ~Derived()           //虚析构函数
19     {
20         delete []p;
21         cout << "Derived::~Derived()" << endl;
22     }
23 private:
24     char * p;
25 };
26 int main()
27 {
28     Base * bp = new Derived;
29     delete bp;
30     return 0;
31 }
```

运行结果如图 5.17 所示。

图 5.17　例 5-15 运行结果

在例 5-15 中,基类指针 bp 指向派生类对象,当删除该指针时,由于析构函数是虚函数,因此派生类的析构函数首先被调用,接着调用基类的析构函数。如果将程序中的关键字 virtual 去掉,得到的输出结果是 Base::~Base(),派生类的析构函数没有被调用,这意味着有 100B 的内存空间没有被正常释放,这种错误在程序设计中是不允许发生的。

5.4.3 重载、隐藏和覆盖的区别

在同一个类中定义的同名函数,若形式参数列表不同,则形成函数重载,此时系统将采用静态绑定方式确定函数代码,即系统按函数的最佳匹配规则确定函数代码。

派生类的函数与基类的函数同名,其他不完全相同,此时不论有无 virtual 关键字,在派生类中基类函数都将被隐藏。注意有 virtual 仅返回值类型不同的情况将产生编译错误。派生类的函数与基类的函数同名,且其余参数完全一致但基类没有 virtual 关键字,此时在派生类中基类函数也将被隐藏。

覆盖是通过虚函数实现的,也称为重写。它发生在派生类与基类的成员函数之间,基类函数必须有 virtual 关键字并且基类和派生类同名函数的原型完全相同。

接下来演示三者的区别,如例 5-16 所示。

例 5-16

```
1    # include < iostream >
2    using namespace std;
3    class Base                    //基类
4    {
5    public:
6        virtual void f1()
7        {
8            cout << "Base:: void f1()" << endl;
9        }
10       virtual void f2()
11       {
12           cout << "Base:: void f2()" << endl;
13       }
14       void f3()
15       {
16           cout << "Base:: void f3()" << endl;
17       }
18       void f3(int a)            //与基类中 f3()函数构成重载
19       {
20           cout << "Base:: void f3(int a)" << endl;
21       }
22   };
23   class Derived : public Base    //派生类
24   {
25   public:
26       void f1()                 //与基类中 f1()构成覆盖
27       {
28           cout << "Derived:: void f1()" << endl;
29       }
30       void f2(int a)            //隐藏基类中的 f2()函数
31       {
32           cout << "Derived:: void f2(int a)" << endl;
```

```
33        }
34      void f3()        //隐藏基类中的 f3()函数
35      {
36          cout << "Derived:: void f3()" << endl;
37      }
38 };
39 int main()
40 {
41     Base b, * p;
42     Derived d;
43     p = &b;
44     p->f1();
45     p->f2();
46     p->f3();
47     p->f3(2);
48     p = &d;
49     p->f1();
50     p->f2();
51     p->f3();
52     p->f3(2);
53     d.f3();
54     return 0;
55 }
```

运行结果如图 5.18 所示。

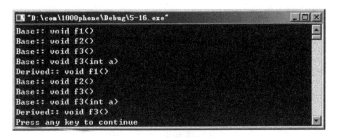

图 5.18   例 5-16 运行结果

在例 5-16 中,基类中函数 f1()被定义为虚函数,且在派生类中其函数原型保持不变,这种属于覆盖。函数 f2()在基类中虽然定义为虚函数,但在派生类中改变了形式参数,因此它属于隐藏。在基类中"void f3();"与"void f3(int a);"形成函数重载,但在派生类中又重新定义了一个 f3()函数,此时派生类中的 f3()函数会隐藏基类中的 f3()函数。

5.5   纯虚函数与抽象类

纯虚函数是一种特殊的虚函数,含有纯虚函数的类就是抽象类,因此纯虚函数与抽象类是两个密切相关的知识点。

5.5.1 纯虚函数

纯虚函数是指那些在基类中无法实现或不需要实现,而在派生类中再给出具体实现的函数。如例 5-14 中 Shape 类中的 show()函数其实是不需要实现的,它不表示任何形状。纯虚函数是在基类中只有函数的声明而没有任何定义实体,其语法格式如下:

virtual 返回类型 成员函数名(形式参数列表) = 0;

从上述形式可以看出,虽然纯虚函数与虚函数都是用 virtual 关键字声明,但纯虚函数只有函数名而不具备函数功能,不能被调用,声明格式后面的"= 0"并不代表函数的返回值为 0,而是以这样的形式说明该函数为纯虚函数。纯虚函数的作用在于基类给派生类提供一个标准的函数原型,即统一的接口,为实现动态多态打下基础。

注意纯虚函数与函数体为空的虚函数是有区别的,纯虚函数没有函数体,所在的类是不能直接实例化的;函数体为空的函数有函数体,所在的类是可以实例化的。此外,还需注意若在一个类中声明了纯虚函数,但是在其派生类中没有实现该函数,则该函数在派生类中仍为纯虚函数。

接下来演示纯虚函数的使用,如例 5-17 所示。

例 5-17

```cpp
1   # include < iostream >
2   using namespace std;
3   class Shape              //基类
4   {
5   public:
6       virtual void show() = 0;    //纯虚函数
7   };
8   class Square : public Shape     //派生类
9   {
10  public:
11      virtual void show()         //虚函数
12      {
13          cout << "正方形" << endl;
14      }
15  };
16  class Circle : public Shape
17  {
18  public:
19      virtual void show()
20      {
21          cout << "圆形" << endl;
22      }
23  };
24  int main()
25  {
```

```
26      Square s;
27      Circle c;
28      Shape * p = &s;
29      p->show();
30      p = &c;
31      p->show();
32      return 0;
33  }
```

运行结果如图 5.19 所示。

图 5.19   例 5-17 运行结果

在例 5-17 中,基类 Shape 中声明 show()函数为纯虚函数,该函数在派生类 Square
和 Circle 分别给出了不同的实现,这样通过声明纯虚函数,基类中只提供函数接口,派生
类根据需要给出具体实现。从程序运行结果可发现,当基类指针指向不同派生类的对象
时,调用不同的函数,从而实现多态。

5.5.2   抽象类

在很多情况下,基类本身生成对象是不合理的。例如,动物作为一个基类可以派生
出大象、狮子等子类,但动物本身生成对象明显不合常理。这时 C++语言引入抽象类,类
是现实生活中有相同属性和行为的事物的抽象,而抽象类是对类的抽象。包含纯虚函数
的类称为抽象类,如例 5-17 中的 Shape 类。它不同于普通的基类,是类的更高级抽象,为
所有的派生类提供了统一接口。其语法格式如下:

```
class 类名
{
public:
    virtual 返回类型 成员函数名(形式参数列表) = 0;
    ...
};
```

抽象类在使用时,由于纯虚函数没有实现代码,因此不能声明抽象类的对象,从而抽
象类不能用作参数类型、函数值类型,但可以声明指向抽象类的指针或引用,通过指针或
引用访问派生类的对象,进而访问派生类的成员,实现多态。

如果派生类中实现了所有纯虚函数,则该派生类就不再是抽象类,即可以实例化;如
果派生类中没有实现所有的纯虚函数,则它依然是抽象类,即不能实例化。

接下来演示纯虚函数的使用,如例 5-18 所示。

例 **5-18**

```
1   # include < iostream >
2   using namespace std;
3   const double PI = 3.14159;
4   class Shape                        //抽象类
5   {
6   public:
7       virtual double area()const = 0;  //纯虚函数
8   };
9   class Square : public Shape        //派生类
10  {
11  public:
12      Square(double a = 0) : x(a) {}
13      virtual double area()const
14      {
15          return x * x;
16      }
17  private:
18      double x;
19  };
20  class Circle : public Shape        //派生类
21  {
22  public:
23      Circle(double a = 0) : r(a) {}
24      virtual double area()const
25      {
26          return PI * r * r;
27      }
28  private:
29      double r;
30  };
31  double getArea(Shape * p)
32  {
33      return p -> area();
34  }
35  int main()
36  {
37      Square s(4);
38      Circle c(2);
39      cout << "s(4) area:" << getArea(&s) << endl;
40      cout << "c(2) area:" << getArea(&c) << endl;
41      return 0;
42  }
```

运行结果如图 5.20 所示。

在例 5-18 中,定义了抽象类 Shape,第 7 行声明抽象类的纯虚函数 area()。在派生类 Square 和 Circle 公有继承并重写了纯虚函数 area(),分别用于计算正方形面积和圆形

图 5.20　例 5-18 运行结果

面积。在全局作用域定义了一个 getArea()函数,该函数的参数为基类指针,当该指针指向不同的派生类对象时,通过 p->area()将调用不同派生类中的函数。从程序运行结果可发现,通过调用 getArea()函数得到了正方形和圆形的面积。

5.6　本 章 小 结

本章主要介绍面向对象程序设计的多态性,多态性使得一种行为对应着多种不同的实现成为可能。多态有两种形式,分别为编译期多态和运行期多态。函数重载与运算符重载属于编译期多态,虚函数属于运行期多态。重点掌握虚函数实现的多态。抽象类中的纯虚函数为所有派生类中功能相似的函数提供了一个统一的接口。

5.7　习　　题

1. 填空题

(1) 多态分别为编译期多态和_____。

(2) 关键字_____是用来声明虚函数的。

(3) 如果一个类至少有一个纯虚函数,则该类为_____。

(4) 当类中存在动态内存分配时,通常将类的析构函数声明为_____。

(5) 运算符重载的两种形式:用成员函数重载与用_____重载。

2. 选择题

(1) 下列函数中,不能声明为虚函数的是(　　　)。

　　　A. 私有成员函数　　　　　　　　　　B. 公有成员函数

　　　C. 构造函数　　　　　　　　　　　　D. 析构函数

(2) 下列运算符中,(　　　)运算符在 C++中不能被重载。

　　　A. +=　　　　　　　B.[ ]　　　　　　C. : :　　　　　　D. new

(3) 下面叙述正确的是(　　　)。

　　　A. 运算符重载不可以改变语法结构

　　　B. 运算符重载可以改变运算符的个数

　　　C. 运算符重载可以改变结合性

　　　D. 运算符重载改变优先级

(4) 在 C++中,要实现动态联编,必须使用(　　)调用虚函数。

　　A. 类名　　　　　　B. 派生类指针　　　C. 对象名　　　　　D. 基类指针

(5) 编译时的多态可以通过使用(　　)获得。

　　A. 虚函数和指针　　　　　　　　　B. 函数重载和运算符重载

　　C. 虚函数和继承　　　　　　　　　D. 虚函数和引用

3. 思考题

(1) 编译期多态与运行期多态有何区别?

(2) 抽象类有何作用? 抽象类的派生类是否一定要实现纯虚函数?

4. 编程题

编写程序,定义动物 Animal 类,由其派生出猫类(Cat)和狮子类(Lion),二者都包含虚函数 sound(),要求根据派生类对象的不同调用各自的成员函数 sound()。

第 6 章

模　板

本章学习目标
- 理解模板的概念
- 掌握函数模板的定义及初始化
- 掌握函数模板的重载
- 掌握类模板的定义与初始化
- 掌握模板与继承

模板分为函数模板与类模板,它们的共同点是将类型参数化,即把类型定义为参数,表现为参数的多态性。它实现了更高层次的代码可重用性和可维护性,显著减轻了编程及维护的工作量和难度。

6.1　模板的概念

在编写程序时,编程者经常会遇到这样的情况:对于很多数据类型,需要提供一种逻辑功能完全相同的操作,例如编写程序实现交换两个整型数和交换两个实型数。编写这样的程序时,程序的逻辑功能完全相同,其区别仅仅是处理的数据类型不同。对于这种问题,根据以前学习的知识可以用两种方法来解决,具体如下所示:

- 使用带参数的宏来实现,具体示例如下:

```
#define mySwap(a,b) {(a) += (b); (b) = (a) - (b); (a) -= (b);}
```

这种方法虽然简便,但带参数的宏有时会带来一些意想不到的错误,因此不推荐使用。

- 使用重载函数实现,具体示例如下:

```
void mySwap(int &a, int &b)
{
    int t = a;
    a = b;
```

```
        b = t;
}
void mySwap(double &a, double &b)
{
        double t = a;
        a = b;
        b = t;
}
```

如果想让 mySwap()函数能够交换任意一对同数据类型的变量,重载函数显然太麻烦了,这时就需要把 mySwap()函数中的数据类型参数化,即使用函数模板,具体示例如下:

```
template < typename T >
void mySwap(T &a, T &b)
{
        T t = a;
        a = b;
        b = t;
}
```

其中,template 是声明模板的关键字,typename 是定义类型形式参数的关键字。与之类似,如果将类定义中的类型也参数化就可以得到类模板。C++程序是由类和函数组成的,因此对应的模板也分为类模板和函数模板。

综上所述,若一个程序的功能是对任意类型的数据进行相同的操作,则将所操作的数据类型说明为参数,然后就可以把这个程序改写为模板,因此可以说模板是对具有相同特性的函数或类再抽象,它将程序所处理对象的类型参数化,这样就可以为各种逻辑功能相同而数据类型不同的程序提供一种代码共享机制。

模板分为函数模板与类模板,将模板中的类型参数实例化,就可以得到模板函数与模板类,模板类再实例化就可以得到对象,如图 6.1 所示。

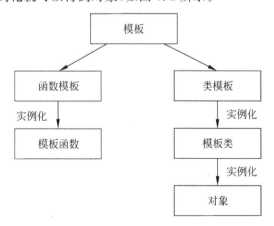

图 6.1 模板分类及实例化

6.2　函 数 模 板

函数模板就是实现数据类型参数化的函数定义,在需要调用函数时,用实际的数据类型对类型参数自动实例化得到对应的模板函数。

6.2.1　函数模板的定义

考虑交换两个数的函数 mySwap(a,b),a 与 b 可以是任意数据类型。如果利用函数重载进行实现,就必须为每一个类型提供一个重载函数的版本,这样会让程序变得冗余,显然与代码重用的原则相违背。此时使用函数模板,可以让数据类型作为函数模板的参数,定义相关的一组重载函数的统一模式。函数模板的语法格式如下:

```
template < typename 类型形式参数名, typename 类型形式参数名, …>
返回类型 函数名(形式参数列表)
{
    函数体
}
```

template 是一个声明模板的关键字,typename 是定义类型形式参数的关键字,它可以用 class 替代,此处的 class 并不表示类,而是表示其后是一个类型形式参数。类型形式参数名是用来抽象类型的标识,可以用来指明函数形参的类型、函数返回值的类型及函数体内局部变量的类型。

为了让读者进一步理解函数模板的定义与使用,接下来演示函数模板的用法,如例 6-1 所示。

　　例 6-1

```
1   # include < iostream >
2   using namespace std;
3   template < typename T >        //函数模板
4   void mySwap(T &a, T &b)        //交换两个数
5   {
6       T t = a;
7       a = b;
8       b = t;
9   }
10  int main()
11  {
12      int a1 = 8, b1 = 5;
13      double a2 = 8.4, b2 = 5.3;
14      mySwap(a1, b1);
15      cout << a1 << " " << b1 << endl;
16      mySwap(a2, b2);
```

```
17      cout << a2 << " " << b2 << endl;
18      return 0;
19  }
```

运行结果如图 6.2 所示。

图 6.2　例 6-1 运行结果

在例 6-1 中,第 3~9 行定义了一个函数模板,当调用 mySwap() 函数传入 int 型参数 a1 和 b1 时,类型形式参数被替换成 int;当调用 mySwap() 函数传入 double 型参数 a2 和 b2 时,类型形式参数被替换成 double。从上可以看出,函数模板提供一种用来自动生成各种类型函数实例的机制,编程者对于函数形式参数类型和返回类型中的全部或者部分类型进行参数化而函数体保持不变,因此函数模板能很好地实现代码重用。

6.2.2　函数模板的实例化

函数模板定义不同于通常意义上可直接使用的函数,它不是一个实实在在的函数,编译系统不会为其产生任何执行代码。该定义只是对一组函数的描述,因此使用函数模板不会减少最终可执行程序的大小,因为调用函数模板时,编译器会根据调用时的参数类型进行相应的实例化,即用实际的数据类型实例化类型形式参数,再根据实际参数类型,生成一个具体类型的真正函数,这个函数称为模板函数。实例化可分为隐式实例化与显式实例化,接下来分别讲解这两种实例化方式。

1. 隐式实例化

隐式实例化是指函数调用时根据传入的实际参数类型确定模板中类型形式参数的方式,如例 6-1 中,当调用 mySwap() 函数传入 int 型参数 a1 和 b1 时,此时编译器根据实际参数 a1 和 b1 的数据类型推演出模板类型形式参数是 int,就会将函数模板实例化出一个 int 类型的函数,具体示例如下:

```
void  mySwap(int &a, int &b)
{
    int t = a;
    a = b;
    b = t;
}
```

生成 int 类型的函数后,再将实际参数 a1 和 b1 传入进行操作。上面生成的函数就是模板函数,它与函数模板的区别是:函数模板是模板的定义,定义中用的是通用类型参数,它代表的是一组函数;而模板函数是实实在在的函数定义,它是在编译系统遇到具体的函数调用时生成的并具有具体类型的普通函数,如图 6.3 所示。

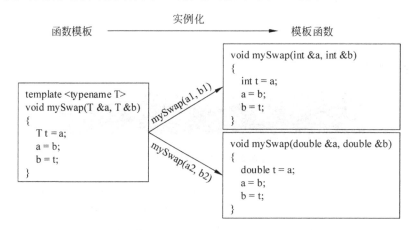

图 6.3 函数模板与模板函数

在图 6.3 中,函数模板可以根据调用时的实际参数类型实例化为模板函数,因此最终可执行程序的大小并不会减少,函数模板只是提高代码重用性。

使用隐式实例化时,调用函数的实际参数类型必须严格遵循模板定义的类型参数,因为编译器在隐式实例化时不会做任何类型转换。例如下面的函数调用是不合法的,具体示例如下:

```
#include <iostream>
using namespace std;
template <typename T>
T Max(T a, T b)
{
    return a > b ? a : b;
}
int main()
{
    int a = 4;
    double b = 5.4;
    cout << "最大值为" << Max(a, b) << endl;
    return 0;
}
```

编译器不会自动将 int 型转换为 double 型,因此无法确定类型参数 T 是 int 型还是 double 型,这时编译器会报错。解决方式是在函数模板中为每个形式参数指定不同的类型参数,具体示例如下:

```
template <typename T1, typename T2>
T2 Max(T1 a, T2 b)
{
    return a > b ? a : b;
}
```

此时对于调用函数 Max(a，b)，根据实际参数的类型由该函数模板得到的模板函数如下所示：

```
double Max( int a, double b)
{
    return a > b ? a : b;
}
```

2. 显式实例化

显式实例化是指显式地声明函数模板中的数据类型，其语法格式如下：

```
template 返回类型 函数名<实例化的类型>(形式参数列表);
```

其中<>中是显式实例的数据类型，有的 C++编译器也支持省略模板实例化的显式声明，这时只需在调用时用<>显式地声明实例化的类型。

接下来演示函数模板显式实例化，如例 6-2 所示。

例 6-2

```
1    # include < iostream >
2    using namespace std;
3    template < typename T >
4    T Max( T a, T b)
5    {
6        return a > b ? a : b;
7    }
8    template double Max < double >(double a, double b); //有时可省略不写
9    int main()
10   {
11       int a = 4;
12       double b = 5.4;
13       cout << "最大值为" << Max < double >(a, b) << endl;
14       return 0;
15   }
```

运行结果如图 6.4 所示。

图 6.4   例 6-2 运行结果

在例 6-2 中，将 Max()函数模板显式实例化，声明模板形参类型为 double。在调用 double 类型模板函数时，传入了一个 int 型变量 a，此时编译器会将 int 型转换为 double 型，然后再执行函数体。

6.2.3   函数模板的重载

函数模板代表的是一组功能相同的函数,当不同类型的参数调用时就产生多个模板函数,这些函数构成函数重载。除此之外,函数模板本身也可以被重载,即相同函数模板名可以有不同的函数模板定义。当函数被调用时,编译器根据实际参数的类型与个数来决定调用哪个函数模板来实例化生成模板函数。

接下来演示函数模板的重载,如例 6-3 所示。

例 6-3

```
1    # include < iostream >
2    using namespace std;
3    int Max( int a, int b)          //普通函数
4    {
5        cout <<"int Max( int a, int b)" << endl;
6        return a > b ? a : b;
7    }
8    template < typename T >         //函数模板
9    T Max( T a, T b)
10   {
11       cout <<"T Max( T a, T b)"<< endl;
12       return a > b ? a : b;
13   }
14   template < typename T >         //函数模板重载
15   T Max( T a, T b, T c)
16   {
17       cout <<"T Max( T a, T b, T c)"<< endl;
18       return Max(Max(a, b), c);
19   }
20   int main()
21   {
22       cout << Max(1, 2) << endl;
23       cout << Max<>(1, 2) << endl;
24       cout << Max(3.0, 4.0) << endl;
25       cout << Max(5.0, 6.0, 7.0) << endl;
26       return 0;
27   }
```

运行结果如图 6.5 所示。

在例 6-3 中,第 3～7 行定义了一个普通函数求两个 int 型数据的最大值;第 8～13 行定义了一个函数模板求两个任意类型数据的最大值;第 14～19 行对函数模板进行重载求 3 个任意类型数据的最大值。

(1) 函数调用时的匹配规则如下:

① 当函数模板和普通函数都符合调用时,优先选择普通函数,如本例中第 22 行函数调用时,传入两个整数很好地匹配了普通函数。注意有些版本编译器如果在调用时显式

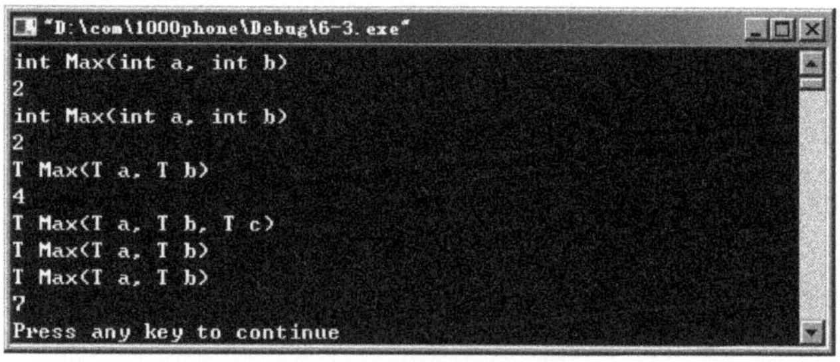

图 6.5   例 6-3 运行结果

实例化函数模板,则调用模板函数,VC++下的编译器不支持这种用法,如本例中的第 23 行调用普通函数。

② 当函数模板能更好地实例化出一个匹配的模板函数,则调用时将选择函数模板,如本例中第 24 行函数调用,利用函数模板实例化出的模板函数为"double Max(double a, double b);",因此不会调用普通函数。

③ 有些旧版本编译器不支持函数模板的强制类型转换,另外,函数模板不允许自动类型转换,因此当函数模板和普通函数都存在时,尽量不使用类型转换。

(2) 函数模板虽然可以最大限度地进行代码重用,但在使用时也需要注意一些问题,具体事项如下:

① template 所在行与函数模板定义所在行之间不能有其他语句,否则会出现编译错误,具体示例如下:

```
template < typename T>
int a = 1;   //错误
T Max(T a, T b)
{
    return a > b ? a : b;
}
```

② 函数模板中的类型形式参数在函数形式参数列表中至少出现一次,否则会出现编译错误,具体示例如下:

```
template < typename T1, typename T2 >   //错误
T1 Max(T1 a, T1 b)
{
    return a > b ? a : b;
}
```

③ 一个函数模板有多个类型形式参数,则每个类型形式参数前都必须使用关键字 typename 或 class 修饰,否则会出现编译错误,具体示例如下:

```
template < typename T1, T2 >   //错误
T1 Max(T1 a, T2 b)
```

```
{
    return a > b ? a : b;
}
```

④ 函数模板可以声明为内联函数,具体示例如下:

```
template < typename T1 >
inline T1 Max(T1 a, T1 b)   //正确
{
    return a > b ? a : b;
}
```

注意关键字 inline 放在类型参数列表之后,返回类型之前,不能放在关键字 template 之前,否则会出现编译错误,具体示例如下:

```
inline template < typename T1 >   //错误
T1 Max(T1 a, T1 b)
{
    return a > b ? a : b;
}
```

6.3　类　模　板

类模板可以实现将数据类型作为类的参数,从而定义一个具有更广泛的类的通用形式。作为参数的类型既可以是基本数据类型,也可以是复合数据类型与构造数据类型。

6.3.1　类模板的定义

当类中数据成员的类型、成员函数的形式参数类型或返回类型需要抽象时,就需要定义一个类模板。它与函数模板的功能类似,就是实现数据类型参数化并得到一个类族。定义类模板的语法格式与函数模板类似,都是以关键字 template 开始的,其语法格式如下:

```
template < typename 类型形式参数名, typename 类型形式参数名, …>
class 类名
{
    类体
}
```

其中每个类型参数名前必须使用关键字 typename 或 class,类型形式参数名可以用来声明数据成员类型、成员函数的形式参数类型及返回类型。注意<>中可以包含非类型形式参数。

例如,定义一个类模板来实现比较两个数的大小,具体示例如下:

```
template < typename T >
class Compare
{
public:
    Compare(T x = 0, T y = 0) : a(x), b(y){}
    T Max()
    {
        return a > b ? a : b;
    }
    T Min()
    {
        return a < b ? a : b;
    }
private:
    T a, b;
};
```

在上述代码中,类 Compare 中声明了两个 T 类型的成员变量 a 和 b、两个返回类型为 T 的成员函数 Max() 和 Min()。注意类模板的成员函数和类的成员函数类似,既可以在类模板内定义,也可以在类模板外定义,其语法格式如下:

```
template < typename 类型形式参数名, typename 类型形式参数名, …>
返回类型 类名<类型形式参数名列表>::成员函数名(形式参数列表)
{
    成员函数体
}
```

注意此处第一行与类模板定义的第一行保持一致,第二行在成员函数名前必须要有"类名<类型形式参数名列表>::",与一般的成员函数相比,在类名后多了"<类型形式参数名列表>",因为这里的类名不是一个真正的类,而是一个带参数的类,即类模板,所以要将所带的类型形式参数名列表跟在类名后并用尖括号括起来。这样定义出来的不是一个实实在在的类,只是对类的描述。

接下来演示在类模板外定义成员函数,如例 6-4 所示。

例 6-4

```
1   # include < iostream >
2   using namespace std;
3   template < typename T >   //类模板
4   class Compare
5   {
6   public:
7       Compare(T x = 0, T y = 0);
8       T Max();
9       T Min();
```

```
10  private:
11      T a, b;
12  };
13  template < typename T >
14  Compare< T >::Compare(T x, T y) : a(x), b(y){}
15  template < typename T >
16  T Compare< T >::Max()
17  {
18      return a > b ? a : b;
19  }
20  template < typename T >
21  T Compare< T >::Min()
22  {
23      return a < b ? a : b;
24  }
25  int main()
26  {
27      Compare< int > c1(3, 6);
28      cout << c1.Max() << endl;
29      Compare< double > c2(3.4, 6.5);
30      cout << c2.Min() << endl;
31      return 0;
32  }
```

运行结果如图 6.6 所示。

图 6.6　例 6-4 运行结果

在例 6-4 中，模板类中声明了 3 个成员函数，它们定义在模板类外，注意此时每个成员函数必须加上"template < typename 类型形式参数名, typcname 类型形式参数名, …>"及"<类型形式参数名列表>"。另外，类模板成员函数本身也是一个模板，类模板实例化时它并不自动被实例化，只有当它被调用时，才被实例化。

6.3.2　类模板的实例化

由于类模板中包含类型形式参数，因此也称为参数化类。通过前面的章节学习，读者了解到类是对象的抽象，对象是类的实例，当了解类模板的概念后，可以进一步推导出类模板是类的抽象，类是类模板的实例。

定义类模板后，就需要将类模板实例化，实例化出的具体类称为模板类，建立了模板类后，就可以用下列方式创建对象，其语法格式如下：

类模板名<实际类型名列表> 对象名；

其中实际类型名列表与类模板中的类型形式参数列表相对应。该语句实现的功能是用实际类型对类型参数进行实例化并得到模板类,再根据模板类创建相应的对象。如例 6-4 中第 27 行就是利用这种方式创建对象 c1,具体示例如下:

```
Compare < int > c1(3, 6);
```

这样类 Compare 中凡是用到类型形式参数的地方都会被 int 类型所替代,此处需注意必须在尖括号内指定实际类型,不存在实际类型推演过程,例如不存在将整数 2 推演为 int 类型传递给模板类型形式参数。此外还需注意类模板与模板类的区别:类模板是模板的定义,代表一族类,定义中使用的是通用类型参数;而模板类是类模板的实例化,代表一个具体的类,对象是某一个模板类的实例化,因此类模板不能定义对象,如图 6.7 所示。

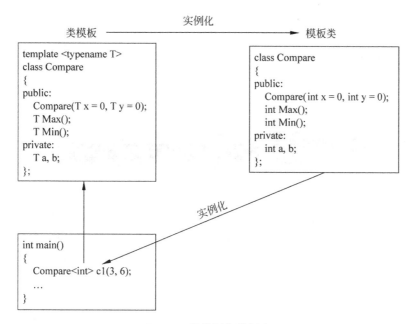

图 6.7 类模板与模板类

在图 6.7 中,创建对象时,在类名后的尖括号中指定实际类型,编译器先根据实际类型通过类模板实例化出一个模板类,然后再根据模板类实例化出对象。

在学习函数模板时,如果对函数模板 T Max(T a, T b)进行隐式 Max(1, 2.3)调用,编译器会报错,因为调用时传入了两种数据类型的参数,编译器无法确定到底依据哪个数据类型进行运算。但如果相同情形作用于类模板上,编译器不会报错,如例 6-5 所示。

例 6-5

```
1   # include < iostream >
2   using namespace std;
3   template < typename T >        //类模板
4   class Compare
```

```
5  {
6  public:
7      T Max(T a, T b)
8      {
9          return a > b ? a : b;
10     }
11 };
12 template < typename T >
13 T Max(T a, T b)
14 {
15     return a > b ? a : b;
16 }
17 int main()
18 {
19     //Max(3, 'A');
20     Compare < int > c1;          //类模板的实例化
21     cout << c1. Max(3, 'A') << endl;
22     return 0;
23 }
```

运行结果如图 6.8 所示。

图 6.8　例 6-5 运行结果

在例 6-5 中，第 19 行隐式调用函数模板，编译器报错，因此此行被注释掉。但 c1. Max(3, 'A') 调用不会报错，这是因为在定义 c1 对象时已经指定为 int 类型，当 Max() 函数模板实例化时也会实例化出一个 int 类型的函数，它会自动将 char 类型的 'A' 转换为 int 类型的 65。

接下来演示用类模板来自定义一个数组，如例 6-6 所示。

例 6-6

```
1  # include < iostream >
2  using namespace std;
3  template < typename T >                //类模板
4  class MyArray
5  {
6  public:
7      MyArray < T >(int num)
8      {
9          this -> num = num;
10         this -> size = 0;
11         this -> p = new T[this -> num];
12     }
13     MyArray < T >(const MyArray < T > & arr)
```

```
14      {
15          this->size = arr.size;
16          this->num = arr.num;
17          this->p = new T[this->num];
18          for (int i = 0; i < this->size; i++)
19          {
20              this->p[i] = arr.p[i];
21          }
22      }
23      T& operator[](int index)
24      {
25          return this->p[index];
26      }
27      MyArray<T>& operator = (const MyArray<T>& arr)
28      {
29
30          if (this->p != NULL)
31          {
32              delete[] this->p;
33          }
34          this->size = arr.size;
35          this->num = arr.num;
36          this->p = new T[this->num];
37          for (int i = 0; i < this->size; i++)
38          {
39              this->p[i] = arr.p[i];
40          }
41          return *this;
42      }
43      void PushBack(const T& data)
44      {
45          if (this->size >= this->num)
46          {
47              return;
48          }
49          this->p[this->size] = data;
50          this->size++;
51      }
52      ~MyArray()
53      {
54          if (this->p != NULL)
55          {
56              delete[] this->p;
57          }
58      }
59 public:
60      int num;      //总元素个数
61      int size;     //当前元素个数
```

```
62      T * p;           //保存数据的首地址
63  };
64  int main()
65  {
66      MyArray < int > marray(20);
67      int a = 10, b = 20;
68      marray.PushBack(a);
69      marray.PushBack(b);
70      marray.PushBack(100);
71      marray.PushBack(200);
72      for (int i = 0; i < marray.size; i++)
73      {
74          cout << marray[i] << " ";
75      }
76      cout << endl;
77      return 0;
78  }
```

运行结果如图 6.9 所示。

图 6.9　例 6-6 运行结果

在例 6-6 中，MyArray 类模板中定义了构造函数、拷贝构造函数、析构函数、PushBack()函数，重载了下标运算符、赋值运算符。这样数组中的元素可以是整型、实型或自定义类型，但数组的基本操作是相同的，如通过下标运算符获得对应的元素等，这时该数组就具有通用性，实现了代码重用。

6.3.3　类模板的静态成员

与普通类一样，类模板也可以有静态成员。不同的是，每种类型的类模板的实例有自己的一组静态成员。类模板的每个实例会根据需求实例化类的静态成员函数，定义类模板的静态成员函数的方法与定义类的静态成员函数的方法类似。类模板的静态数据成员同普通类的静态数据成员类似，需要在类内声明，在类外定义。

接下来演示类模板中存在静态成员的情形，如例 6-7 所示。

例 6-7

```
1   # include < iostream >
2   using namespace std;
3   template < typename T >      //类模板
4   class A
5   {
6   public:
```

```
7        A();
8        static T get();      //静态成员函数
9   private:
10       static T a;          //静态数据成员
11  };
12  template<typename T>
13  A<T>::A()
14  {
15       a++;
16  }
17  template<typename T>
18  T A<T>::get()
19  {
20       return a;
21  }
22  template<typename T>
23  T A<T>::a = 0;           //静态数据成员初始化
24  int main()
25  {
26       A<int> a1, a2;
27       cout << A<int>::get() << endl;
28       A<double> b1, b2, b3;
29       cout << A<double>::get() << endl;
30       return 0;
31  }
```

运行结果如图 6.10 所示。

图 6.10 例 6-7 运行结果

在例 6-7 中,类模板中存在静态数据成员与静态成员函数,定义静态数据成员时需要依赖模板类型参数。在主函数中,对象 a1 与 a2 共享同一份静态数据成员 A<int>::a,因此第 27 行输出 2。对象 b1、b2、b3 共享同一份静态数据成员 A<double>::a,因此第 29 行输出 3。

6.3.4 类模板的友元

类模板的友元和普通类的友元一样,使其友元类或友元函数拥有存取的特权,即可以访问到类中的私有或保护的数据成员和成员函数。严格来讲,函数模板或类模板是不能作为一个类或类模板的友元的,只有当函数模板或类模板被实例化之后生成的模板函数或模板类才能作为其他类或类模板的友元。但有时为了方便叙述,书中通常称一个函数模板或类模板是一个类或类模板的友元,但读者应明白这里指的是函数模板或类模板被实例化后生成的模板函数或模板类作为类或类模板的友元。

1. 将函数模板声明为类模板的友元

将函数模板声明为类模板的友元有三种方式,分别为在类模板内部直接声明并定义友元函数模板、在类模板内部声明友元的函数模板、在类模板内部对显示模板参数的模板函数进行友元声明。

接下来演示在类模板内部直接声明并定义友元函数模板,如例 6-8 所示。

例 6-8

```
1   # include < iostream >
2   using namespace std;
3   template < typename T >            //类模板
4   class A
5   {
6   public:
7       A(T x) : a(x) {}
8       friend void print(const A<T>& x) //友元函数
9       {
10          cout << "void print(); " << x.a << endl;
11      }
12  private:
13      T a;
14  };
15  int main()
16  {
17      A< int > d(2);
18      print(d);
19      return 0;
20  }
```

运行结果如图 6.11 所示。

图 6.11 例 6-8 运行结果

在例 6-8 中,在类模板内部将友元函数声明同定义写在一起,此时这个友元函数相当于一个函数模板。

接下来演示在类模板内部声明友元的函数模板,如例 6-9 所示。

例 6-9

```
1   # include < iostream >
2   using namespace std;
3   template < typename T >            //类模板
```

```
4  class A
5  {
6  public:
7      A(T x) : a(x) {}
8      template < typename T1 >
9      friend void print(const A < T1 > & x);    //友元函数的声明
10 private:
11     T a;
12 };
13 template < typename T1 >
14 void print(const A < T1 > & x)                 //友元函数的实现
15 {
16     cout << "void print(); " << x. a << endl;
17 }
18 int main()
19 {
20     A < int > d(2);
21     print < int >(d);
22     return 0;
23 }
```

运行结果如图 6.12 所示。

图 6.12 例 6-9 运行结果

在例 6-9 中,在类模板内部将友元函数声明同定义分开书写,此时需要注意在调用友元函数时需要指定类型。

有些高版本编译器支持在类模板内部对显示模板参数的模板函数进行友元声明,这种方式需前置声明函数模板,在调用友元函数时不需要显式指定类型,如例 6-10 所示。

例 6-10

```
1   # include < iostream >
2   using namespace std;
3   template < typename T >  //声明类模板 A
4   class A;
5   template < typename T >  //声明函数 print()
6   void print(A < T > & x);
7   template < typename T >  //类模板
8   class A
9   {
10  public:
11      A(T x) : a(x) {}
12      friend void print < int >(A < T > & x);
13  private:
```

```
14      T a;
15 };
16 template < typename T >
17 void print(A < T > & x)
18 {
19     cout << "void print(); " << x. a << endl;
20 }
21 int main()
22 {
23     A < int > d(2);
24     print(d);
25     return 0;
26 }
```

注意此段代码在 VC++编译器下不能通过,但可以在一些高版本编译器中通过,此外第 12 行代码还可以写成如下形式:

```
friend void print <>(A < T > & x);
```

2. 将类模板声明为类模板的友元

将类模板声明为类模板的友元有两种方式,分别为在类模板内部对模板类进行友元声明、在类模板内部对类模板进行友元声明。由于有些旧编译器不支持第二种方式,因此在此处只简单介绍第一种形式。

接下来演示在类模板内部对模板类进行友元声明,如例 6-11 所示。

例 6-11

```
1   # include < iostream >
2   using namespace std;
3   template < typename T >   //声明类模板 B
4   class B;
5   template < typename T >   //声明类模板 A
6   class A
7   {
8   public:
9       A(T x) : a(x) {}
10  private:
11      T a;
12      friend class B < T >;
13  };
14  template < typename T >
15  class B
16  {
17  public:
18      void print(A < T > & x)
```

```
19      {
20          cout << "class A: a = " << x.a << endl;
21      }
22  };
23  int main()
24  {
25      A < int > d(2);
26      B < int > b;
27      b.print(d);
28      return 0;
29  }
```

运行结果如图 6.13 所示。

图 6.13　例 6-11 运行结果

在例 6-11 中，注意是对实例化后的模板类声明为类模板的友元，而不是类模板，因此实例化类模板时，类模板需要前置声明。

6.4　模板与继承

类模板和普通类的派生一样，其继承方式可分为公有继承、保护继承和私有继承，其继承成员的访问控制权限也与普通类相同。类模板的继承一般有 4 种情形：类模板继承普通类、普通类继承类模板、类模板继承类模板、类模板继承模板参数给出的基类。

1. 类模板继承普通类

类模板继承普通类，这种情况十分常见。接下来演示这种情况，如例 6-12 所示。

例 6-12

```
1   # include < iostream >
2   using namespace std;
3   class Base                          //普通类
4   {
5   public:
6       Base( int n = 0 ) : b(n) {}
7       int get1() const
8       {
9           return b;
10      }
11  private:
12      int b;
```

```
13  };
14  template<typename T>
15  class Derived : public Base        //类模板继承普通类
16  {
17  public:
18      Derived(int a, T b) : Base(a), d(b) {}
19      T get2() const
20      {
21          return d;
22      }
23  private:
24      T d;
25  };
26  int main()
27  {
28      Derived<double> d(2, 3.4);
29      cout << d.get1() << " " << d.get2() << endl;
30      return 0;
31  }
```

运行结果如图 6.14 所示。

图 6.14　例 6-12 运行结果

在例 6-12 中,类 Base 是普通类,由它派生出类模板 B,利用这种方式可以把现存类库中的类转换为通用的类模板。

2. 普通类继承类模板

普通类可以继承类模板,但此时基类必须是类模板实例化后的模板类。接下来演示这种情况,如例 6-13 所示。

例 6-13

```
1   #include<iostream>
2   using namespace std;
3   template<typename T>                //模板类
4   class Base
5   {
6   public:
7       Base(T n = 0) : b(n) {}
8       T get1() const
9       {
10          return b;
11      }
```

```
12 private:
13      T b;
14 };
15 class Derived : public Base < int >    //普通类继承类模板
16 {
17 public:
18      Derived(int a, double b) : Base < int >(a), d(b) {}
19      double get2() const
20      {
21          return d;
22      }
23 private:
24      double d;
25 };
26 int main()
27 {
28      Derived d(2, 3.4);
29      cout << d.get1() << " " << d.get2() << endl;
30      return 0;
31 }
```

运行结果如图 6.15 所示。

图 6.15 例 6-13 运行结果

在例 6-13 中，类 Derived 是普通类，它继承自类模板 Base，在这个过程中，类模板
Base 先实例化出一个 int 类型的模板类，然后由这个具体模板类派生出 Derived 类，因此
在派生过程中需要指定模板形参类型。

3. 类模板继承类模板

一个类模板继承另一个类模板，它与普通类之间的继承基本相同。接下来演示这种
情况，如例 6-14 所示。

例 6-14

```
1   # include < iostream >
2   using namespace std;
3   template < typename T >                //类模板 Base
4   class Base
5   {
6   public:
7       Base(T n = 0) : b(n) {}
8       T get1() const
9       {
```

```
10          return b;
11      }
12 private:
13      T b;
14 };
15 template< typename T, typename U> //类模板 Derived 继承自类模板 Base
16 class Derived : public Base<T>
17 {
18 public:
19      Derived(T a, U b) : Base<T>(a), d(b) {}
20      U get2() const
21      {
22          return d;
23      }
24 private:
25      U d;
26 };
27 int main()
28 {
29      Derived< int, double> d(2, 3.4);
30      cout << d.get1() << " " << d.get2() << endl;
31      return 0;
32 }
```

运行结果如图 6.16 所示。

图 6.16　例 6-14 运行结果

在例 6-14 中,类模板 Derived 继承自类模板 Base,Derived 类的数据成员和成员函数类型仍由类模板参数 T 和 U 决定,因此 Derived 类仍然是一个模板。

4. 类模板继承模板参数给出的基类

类模板继承模板参数给出的基类是指类模板继承哪个基类由模板参数决定。接下来演示这种情况,如例 6-15 所示。

例 6-15

```
1   # include< iostream>
2   using namespace std;
3   class Base1                    //普通类
4   {
5   public:
6       Base1()
7       {
```

```
8            cout << "Base1" << endl;
9        }
10 };
11 template < typename T, int a>   //类模板
12 class Base2
13 {
14 public:
15     Base2(T n = a) : b(n)
16     {
17         cout <<"Base2 "<< b << endl;
18     }
19 private:
20     T b;
21 };
22 template < typename T >
23 class Derived : public T        //继承的基类由参数 T 来决定
24 {
25 public:
26     Derived() : T()
27     {
28         cout << "Derived" << endl;
29     }
30 };
31 int main()
32 {
33     Derived< Base1 > d1;
34     Derived< Base2 < int, 3 > > d2;
35     return 0;
36 }
```

运行结果如图 6.17 所示。

图 6.17 例 6-15 运行结果

在例 6-15 中,普通类 Base1 和模板类 Base2 都可以作为基类,但模板的派生类 Derived 在创建对象时才能决定它的基类是哪一个,而这个决定就是由模板参数来完成的。

学习到此处,可以知道模板和类的继承都可以构造出一个类族,但两者之间有着本质的区别。从处理的数据方式来看,模板反映的是不同类型数据的相同操作,而继承反映的是提供更多的数据类型进行不同的操作。从类族的成员来看,类模板对于每一种新生的类型都可能产生不同的实例,而继承类体系不会因为其他类型体系的改变而增加新的成员。因此在处理实际问题时,希望读者能选择合适的方法来设计类。

6.5 本章小结

本章主要介绍了模板的有关的概念,模板分为函数模板与类模板。函数模板中主要讲解了函数模板的定义、实例化及重载。类模板中主要讲解了类模板的定义、实例化、类模板中的静态成员及类模板的友元。关于模板,读者需要多加实践才能真正掌握其用法,同时也为后面学习标准模板库打下良好的基础。

6.6 习 题

1. 填空题

(1) 在 C++中,通过_____可以实现代码的重用。

(2) 在 C++中,模板包括类模板和_____。

(3) 关键字_____是用来定义模板参数类型的。

(4) 函数模板的实例化是由函数名后加上_____并将实际参数括起来。

(5) 声明模板的关键字是_____。

2. 选择题

(1) 下列对模板的声明,正确的是(   )。

    A. template < T >

    B. template < typename T1,T2 >

    C. template < class T1,class T2 >

    D. template < class T1,T2 >

(2) 类模板的使用实际上是将类模板实例化成一个(   )。

    A. 函数   B. 对象

    C. 类   D. 抽象类

(3) 类模板的模板参数(   )。

    A. 只能作为数据成员的类型

    B. 只能作为成员函数的参数类型

    C. 只能作为成员函数的返回类型

    D. 以上三种均可

(4) 下列说法中,正确的是(   )。

    A. 函数模板定义时可以没有参数

    B. 函数模板可以被直接调用

    C. 函数模板可以被重载

    D. 函数模板的参数可以有默认值

（5）模板的使用是为了（   ）。

    A. 提高代码的可重用性   B. 提高代码的运行效率

    C. 加强类的封装性   D. 节省内存空间

3. 思考题

（1）函数模板与模板函数有何区别？

（2）类模板与模板类有何区别？

4. 编程题

编写程序，实现堆栈类模板，并用一个 Point 类测试。

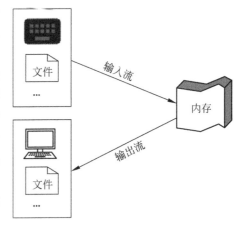

第 7 章

输入/输出流

chapter 7

本章学习目标

- 理解流的概念
- 熟悉输入/输出流类库
- 掌握标准输入/输出流
- 掌握格式化输入/输出
- 掌握文件流
- 理解字符串流

输入/输出(I/O)对每个程序而言,都是非常重要的操作。C++语言并没有提供 I/O 语句,它是通过一组标准 I/O 函数和 I/O 流类库来实现 I/O 操作。C++的标准 I/O 函数继承自 C 语言,C++的 I/O 流类库不仅拥有标准 I/O 函数的功能,而且比标准 I/O 函数更安全、更具有可扩展性。本章主要针对 I/O 流类库进行详细讲解。

7.1 流 的 概 念

在 C++中,数据之间的传输操作称为流。它既可以表示数据从内存传输到某个载体或设备中,即输出流;也可以表示数据从某个载体或设备传输到内存中,即输入流,如图 7.1 所示。

在图 7.1 中,向显示器输出字符与向磁盘文件写入字符,虽然通过流接受输出的设备不同,但具体操作流的过程是相同的。C++中所有流都是相同的,因此程序用流统一对各种输入与输出设备进行操作,使程序与各种设备无关,从而提高了程序设计的通用性和灵活性。

在 C++语言中,按照输入与输出对象的不同,可以将输入与输出流分为 3 类,如表 7.1 所示。

图 7.1 输入与输出流

表 7.1 输入/输出流分类

类 型	含 义
标准输入/输出流(标准 I/O)	以标准输入设备(键盘)或标准输出设备(显示器)为对象进行输入或输出
文件输入/输出流(文件 I/O)	以外存磁盘上文件为对象进行输入或输出
字符串输入/输出流(串 I/O)	以内存中指定的字符串存储空间(该空间可以存储任何信息)为对象进行输入或输出

从表 7.1 中可以得出,输入与输出数据的传递过程会形成不同的 I/O 流,C++语言将这些流定义成不同的类,再通过类来实例化出流对象,从而实现数据的输入与输出操作。C++按面向对象方法组织的多个流类及其类层次集合构成了输入/输出流类库,简称流库。

7.2 输入/输出流类库

C++语言的输入/输出流类库有两个平行的基类,即 streambuf 类和 ios 类,所有的流类都是由它们派生出来,流类形成的层次结构就构成了流类库。

7.2.1 streambuf 类

在对数据进行输入与输出操作时,为了节省计算机资源,常常需要使用缓冲区。所谓缓冲区,就是内存中数据的一个中转存放地。例如,某出版社要从北京往西安运送教材,如果有一千本教材,每次只运送一本教材,就需要运输一千次,为了减少运输次数,可以把一批教材装在车厢中,这样就可以成批地运送教材,这时的车厢就相当于一个临时缓冲区。缓冲区通常比较大,这样在数据发出端和数据接收端之间附加的缓冲区就可以解决数据交换设备速度相差过大而造成的资源浪费问题。

在 C++中,系统提供了一个缓冲区流类库,它是以 streambuf 为父类的类层次,主要负责缓冲区的处理。streambuf 类的派生层次结构如图 7.2 所示。

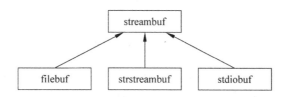

图 7.2 **streambuf 类的派生层次结构**

从图 7.2 中可以得出,streambuf 类可以派生出 filebuf 类、strstreambuf 类及 stdiobuf 类,它们都是属于流类库中的类。

streambuf 类为所有的 streambuf 类层次对象设置了一个固定的内存缓冲区,该内存缓冲区由一个字符序列和两个指针(输入缓冲区指针和输出缓冲区指针)组成,这两个指针指向字符要被插入或被取出的位置。

由于 streambuf 类是一个抽象类，一般很少直接使用 streambuf 类。另外，由于 streambuf 类及它的派生类是专门用于管理缓冲区的类，考虑到数据隐藏和封装的需要，普通用户一般不涉及 streambuf 类及它的派生类，因此这里简单介绍 streambuf 类的 3 个派生类。

- filebuf 类在 streambuf 类的基础上增加了文件处理功能，它可以使用文件来保存缓冲区中的字符序列。当写文件时，把缓冲区中的字符序列输出到某个指定文件中；当读文件时，把某个指定文件中的字符序列输入到缓冲区。
- strstreambuf 类在 streambuf 类的基础上增加了动态内存管理功能，这使得它可以在内存和缓冲区之间进行数据操作。
- stdiobuf 类主要用于 C++语言的流类层次方法和 C 语言的标准输入/输出函数混合使用时系统的缓冲区管理。

7.2.2　ios 类

ios 类中包含了一个指向 streambuf 对象的指针成员，它在 streambuf 类实现功能的基础上，增加了各种格式化的输入/输出控制方法。ios 类作为流类库中的一个基类，可以派生出流类库中的许多类，如图 7.3 所示。

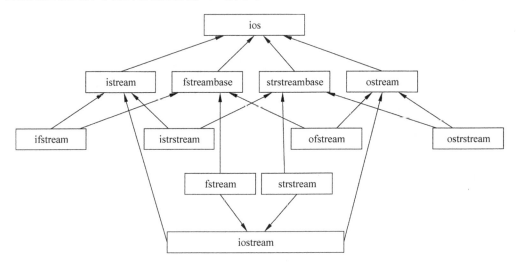

图 7.3　ios 类及其派生类的层次结构

在图 7.3 中，ios 类直接派生了 4 个类：输入流类 istream、输出流类 ostream、文件流基类 fstreambase、字符串流基类 strstreambase，这 4 种基本流类又派生出其他类，它们的派生关系如表 7.2 所示。

在表 7.2 中，i 代表输入(input)，o 代表输出(output)，f 代表文件(file)，str 代表字符串(string)，stream 代表流。上面的每一个类都称为相应的流或流类，用于完成某一方面的功能，根据一个流或流类定义出的对象称为流对象。

C++流类库中定义的各种流可以供用户直接使用，它们分别包含在 iostream、fstream、strstream 这 3 个头文件中，如表 7.3 所示。

表 7.2 四种基本流类的派生类

派 生 类	含 义	基 类
ifstream	输入文件流类	istream、fstreambase
ofstream	输出文件流类	ostream、fstreambase
istrstream	输入字符串流类	istream、strstreambase
ostrstream	输出字符串流类	ostream、strstreambase
iostream	输入输出流类	istream、ostream
fstream	输入输出文件流类	iostream、fstreambase
strstream	输入输出字符串流类	iostream、strstreambase

表 7.3 流操作涉及的头文件

头 文 件	用 途	包 含 的 类
iostream	进行标准 I/O 操作	ios、iostream、istream 和 ostream 等类
fstream	进行文件 I/O 操作	fstream、ifstream、ofstream 和 fstreambase 等类
strstream	进行串 I/O 操作	strstream、istrstream、ostrstream 等类

7.3 标准输入/输出流

为了方便用户对标准设备进行输入与输出操作,C++ 提供了 4 个预定义的标准流对象,本节主要介绍这 4 个标准流对象及使用方法。

7.3.1 预定义流对象

如果编程者在程序中包含了 iostream 头文件,当程序开始运行时,编译器会自动调用构造函数生成 4 个标准流对象,如表 7.4 所示。

表 7.4 预定义流对象

对 象 名	含 义	所 属 类	默 认 设 备
cin	有缓冲的标准输入	istream	键盘
cout	有缓冲的标准输出	ostream	显示器
cerr	无缓冲的标准错误输出	ostream	显示器
clog	有缓冲的标准错误输出	ostream	显示器

从表 7.4 中可以看出,cin 是 istream 类的对象,用于从键盘接收输入信息;cout、cerr、clog 是 ostream 类的对象,用于向显示器输出信息。另外,cin、cout、clog 都带有缓冲区,cerr 不支持缓冲。接下来简单介绍缓冲区的概念。

由于 ios 类包含了一个指向 streambuf 对象的指针成员,因此通过 ios 类的派生类定义的流对象中都会自带有缓冲区。缓冲区有 3 种类型,具体如下所示:

- 全缓冲——当缓冲区被填满时,数据才会被输入或输出到目的地。
- 行缓冲——当遇到换行符或缓冲区被填满时,数据才会被输入或输出到目的地。

- 无缓冲——数据立即被输入或输出到目的地。

当数据在缓冲区未满时,有时需要提前获取缓冲区中的数据,这时就需要刷新缓冲区,通常以下 4 种操作会刷新缓冲区:

- 缓冲区被填满。
- 调用 flush()函数。
- 执行 endl 语句。
- 关闭文件。

了解了缓冲区概念后,接下来详细介绍预定义流对象。

1. cin

cin 是流类 istream 的对象,在流类 istream 中有定义对右移运算符"＞＞"重载的一组公用成员函数,函数的声明格式如下所示:

```
istream& operator >>(char&);
istream& operator >>(unsigned char&);
istream& operator >>(signed char&);
istream& operator >>(short&);
istream& operator >>(unsigned short&);
istream& operator >>(int&);
istream& operator >>(unsigned int&);
istream& operator >>(long&);
istream& operator >>(unsigned long&);
istream& operator >>(float&);
istream& operator >>(double&);
istream& operator >>(long double&);
istream& operator >>(char * );
istream& operator >>(unsigned char * );
istream& operator >>(signed char * );
istream& operator >>(streambuf * );
```

上述声明中,对于每一种类型都对应着一个右移运算符重载,由于右移运算符重载用于输入操作,因此也称为提取运算符。这样 istream 类的对象 cin 通过提取运算符"＞＞"从流中获取数据送到变量中。在使用 cin 流对象时,需注意以下几点:

(1) cin 是带缓冲区的输入流对象,只有在输入完数据并回车时才形成输入流,具体示例如下:

```
char c;
cin >> c;
```

若从键盘上输入字符 A,则 A 只是存入缓冲区,并没有形成输入流,当回车后,相当于执行 endl 语句,此时缓冲区被刷新形成输入流,再通过提取运算符"＞＞"从流中获取字符 A,然后将字符 A 送到变量 c 中。

(2) 由于类 istream 中重载右移运算符函数返回类型为 istream 的引用,因此 cin 流

对象支持链式输入,具体示例如下:

```
char c1, c2;
cin >> c1 >> c2;
```

若从键盘输入 QF,则变量 c1 为 Q,变量 c2 为 F,这种情况比较好理解。若对以下情况,是否也可以连在一起输入:

```
int c1, c2;
cin >> c1 >> c2;
```

若想使变量 c1 的值为 12,c2 的值为 34,此时应该输入 12(空格或 tab 键或回车)34,才能达到预期效果。

(3) 提取运算符从流中提取数据时通常会跳过输入的流中的空格、tab 键、换行符等空白字符,具体示例如下:

```
double c1;
int c2;
cin >> c1 >> c2;
```

若从键盘输入 3.4(空白字符)12,则变量 c1 的值为 3.4,c2 的值为 12。

(4) cin 流对象可以读取字符串,该字符串用字符数组存储,具体示例如下:

```
char c[10];
cin >> c;
```

若从键盘输入"abcd ef",则只有"abcd"被读取到字符数组 c 中,而"ef"将留在输入缓冲区中,直到下次提取。另外需注意,如果输入的字符超过 10 个,会发生溢出,破坏内存中其他的数据,因此需要将字符数组的长度准确告诉流,这就需要用到格式化控制。

2. cout

cout 是流类 ostream 的对象,在流类 ostream 中有定义对左移运算符"<<"重载的一组公用成员函数,函数的声明格式如下所示:

```
ostream& operator <<(char);
ostream& operator <<(unsigned char);
ostream& operator <<(signed char);
ostream& operator <<(short);
ostream& operator <<(unsigned short);
ostream& operator <<(int);
ostream& operator <<(unsigned int);
ostream& operator <<(long);
ostream& operator <<(unsigned long);
```

```
ostream& operator <<(float);
ostream& operator <<(double);
ostream& operator <<(long double);
ostream& operator <<(const char * );
ostream& operator <<(const unsigned char * );
ostream& operator <<(const signed char * );
ostream& operator <<(const void * );
ostream& operator >>(streambuf * );
```

重载左移运算符比重载右移运算符多了一个参数类型为 const void * 的函数,用于输出任何指针(除了字符指针),因为字符指针可以指向一个字符串。由于左移运算符重载用于向流中输出表达式的值,因此又称为插入运算符。这样 ostream 类的对象 cout 通过插入运算符"<<"将表达式的值输出到显示器。在使用 cout 流对象时,需注意以下几点:

(1) cout 流对象可以直接输出常量值,具体示例如下:

```
cout << 1000;
cout << "phone" << endl;
```

插入运算符右侧可以是任意常量,上面两条语句也可以放到一条语句中,具体示例如下:

```
cout << 1000 << "phone" << endl;
```

这是因为类 ostream 中重载左移运算符函数返回类型为 ostream 的引用,因此 cout 流对象支持链式输出。

(2) cout 流对象可以输出变量值,具体示例如下:

```
int a = 1000;
int *p = &a;
int &b = a;
const char * c = "QianFeng";
cout << "a = " << a << " "
     << "p = " << p << " "
     << "*p = " << *p << " "
     << "b = " << b << " "
     << "c = " << c << endl;
```

在用 cout 流对象输出变量时,不必像 C 语言中的 printf() 函数那样设置数据的输出格式,插入运算符会根据变量的数据类型自动调用匹配的重载函数。

3. cerr

cerr 是流类 ostream 的对象,用于向标准错误设备(默认设备为显示器)输出有关错误信息。cerr 与标准输出流 cout 的区别在于:cout 中的信息通常是输出到显示器,但也可以被重定向输出到磁盘文件,而 cerr 中的信息只能输出到显示器;cout 中有缓冲,而 cerr 没有缓冲,它的输出总是直接发送到显示器。因此,当调试程序时,通常不希望程序运行时的出错信息被送到其他文件,而要求在显示器上及时输出,这时应该用 cerr 流对象,具体示例如下:

```
cerr << "Error!" << endl;
```

cerr 流中的错误信息是用户根据需要指定的,这样错误信息总能保证在显示器上显示。

4. clog

clog 是流类 ostream 的对象,也用于向标准错误设备(默认设备为显示器)输出有关错误信息,因此它不可以被重定向。但它可以被缓冲,当缓冲区被填满或遇 endl 时向显示器输出信息,具体如下所示:

```
clog << "Error!" << endl;
```

7.3.2 输出流类的成员函数

在 C++中,输出流类除了使用重载的插入运算符完成输出功能外,还可以使用其成员函数 put()和 write()实现数据的输出,本节主要介绍这两个成员函数的使用方法。

1. put()函数

在 ostream 类中定义了专用于输出单个字符的成员函数 put(),其语法格式如下:

```
ostream& put(char ch);
```

put()函数可以将 char 型变量或常量的值输出到显示器,该函数的返回类型为 ostream 的引用,因此可以链式调用。

接下来演示 put()函数的用法,如例 7-1 所示。

例 7-1

```
1   # include < iostream >
2   using namespace std;
3   int main()
4   {
5       char c = 'Q';
6       cout.put(c);
7       cout.put(' ').put(70) << endl;   //put()函数支持链式输出
8       return 0;
9   }
```

运行结果如图 7.4 所示。

图 7.4　例 7-1 运行结果

在例 7-1 中，第 7 行 put() 函数中的参数可以为 int 型参数，函数调用时自动将 int 型转换为 char 型并显示对应的字符。

2. write() 函数

write() 函数用于输出字符串中部分字符或全部字符，其语法格式如下：

```
ostream& write(const char * s, int n);
```

write() 函数中的第一个形参表示输出字符串的地址，第二个形参表示输出字符串中字符的个数，该函数的返回类型为 ostream 的引用，因此也可以链式调用。

接下来演示 write() 函数的用法，如例 7-2 所示。

例 7-2

```
1   # include < iostream >
2   # include < cstring >
3   using namespace std;
4   int main()
5   {
6       const char * str = "QianFeng Education";
7       cout.write(str, 8) << endl;          //输出 str 中前 8 个字符
8       cout.write(str, 10) << endl;         //输出 str 中前 10 个字符
9       cout.write(str, strlen(str)) << endl;    //输出整个 str 字符串
10      return 0;
11  }
```

运行结果如图 7.5 所示。

图 7.5　例 7-2 运行结果

在例 7-2 中，第 7 行调用 write() 函数时，输出了字符串 str 中前 8 个字符。第 8 行调用 write() 函数时，输出了字符串 str 中前 10 个字符，此处注意 write() 函数并不会在遇到空字符时自动停止输出字符，而是输出指定数目的字符。第 9 行通过 strlen() 函数求出字符串 str 的长度，这样调用 write() 函数时就会输出字符串 str 中的全部字符。

7.3.3 输入流类的成员函数

在 C++ 中,输入流类除了使用重载的提取运算符完成输入功能外,还可以使用其成员函数 get()、getline()、read() 等实现数据的输入,本节主要介绍常用的输入流类的成员函数的使用方法。

1. get() 函数

在 istream 类中定义了专用于提取字符的成员函数 get(),其语法格式如下:

```
int get();
istream& get(char& ch);
istream& get(char * dst, int size, char delimi = '\n');
```

这 3 个函数构成了函数重载,下面分别介绍每种函数的用法。

(1) 第一种 get() 函数可以读取空白字符并使用返回值来将读取的字符传递给程序,具体示例如下:

```
char ch = cin.get();
```

当调用 get() 函数时,从输入流中获取一个字符并返回其 ASCII 码,然后再赋值给字符变量 ch。此处一定要注意 get() 函数的返回值为 int,例如下面的代码就忽略了这一点,具体示例如下:

```
char ch1, ch2;
cin.get().get();
```

由于 cin.get() 将返回一个 int 型值,不是类对象,因此不能再使用成员运算符。

接下来演示 get() 函数的用法,如例 7-3 所示。

例 7-3

```
1   # include < iostream >
2   # define EOF ( - 1)
3   using namespace std;
4   int main()
5   {
6       int ch, num = 0;
7       char c;
8       while((ch = cin.get()) != EOF)      //当输入值为 EOF 时,结束循环
9       {
10          num++;
11          c = ch;
12          cout << c;
13      }
```

```
14        cout << "输入的字符数为" << num << endl;
15        return 0;
16   }
```

运行结果如图 7.6 所示。

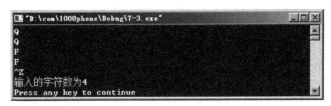

图 7.6   例 7-3 运行结果

在例 7-3 中,第 2 行进行宏定义,有的编译器在 iostream 头文件有 EOF 的宏定义,有的编译器没有。第 8 行 while 循环语句的判断条件为 cin. get()函数返回值是否为 EOF。EOF 代表文件结束标志,它可以是真正的文件结尾,也可以通过键盘仿真文件结尾(对于 Windows 而言,对应键为 Ctrl+Z;对于 UNIX 而言,对应键为 Ctrl+D)。当程序运行时,首先输入字符 Q 并按回车,刷新缓冲区,显示器输出 Q 并换行;接着输入字符 F 并按回车,刷新缓冲区,显示器输出 F 并换行;最后按下 Ctrl+Z 键,cin. get()函数返回 EOF(即-1),跳出 while 循环,输出 num 的值为 4。此处最好将 ch 的类型声明为 int,因为 EOF 可能无法用 char 类型来表示。

(2) 第二种 get()函数可以读取空白字符并将读取的字符存储到函数形参对应的实参中,具体示例如下:

```
char ch1, ch2;
cin. get(ch1) >> ch2;
```

cin. get(ch1)将输入的第一个字符赋给 ch1,并返回调用对象 cin,再把下一个非空白字符赋给 ch2。

接下来演示 get(char&)函数的用法,如例 7-4 所示。

例 7-4

```
1    # include < iostream >
2    using namespace std;
3    int main()
4    {
5        char ch;
6        int num = 0;
7        while(cin.get(ch))    //当遇到文件结尾,结束循环
8        {
9            num++;
10           cout << ch;
11       }
```

```
12      cout << "输入的字符数为" << num << endl;
13      return 0;
14  }
```

运行结果如图 7.7 所示。

图 7.7　例 7-4 运行结果

在例 7-4 中,第 7 行 while 循环语句的判断条件为 cin. get()函数返回值是否为真。当存在有效输入时,cin. get(ch)的返回值 cin 在条件判断中判定为 true;当达到文件结尾时,cin. get(ch)的返回值 cin 在条件判断中判定为 false。当程序运行时,首先输入字符 Q 并按回车,刷新缓冲区,显示器输出 Q 并换行;接着输入空格并按回车,刷新缓冲区,显示器输出空格并换行;最后按下 Ctrl＋Z 键,cin. get(ch)函数根据返回值判定为 false,跳出 while 循环,输出 num 的值为 4。

（3）第三种 get()函数可以读取字符串,第一个参数用于放置输入字符串的内存单元的地址;第二个参数比要读取的最大字符数大 1（额外的一个字符用于存储结尾的空字符,以便将输入存储为一个字符串）;第三个参数指定用作分界的字符,默认的分界符为换行符。具体如下所示:

```
char ch1[10];
cin.get(ch1, 10);
```

当输入流中的字符个数大于 9 时,get 函数从输入流中只提取前 9 个字符存储到 ch1 中,剩余的字符继续留在输入流中。当输入流中的字符个数小于 10 时,get()函数将遇到换行符之前的字符从输入流中提取到 ch1 中,换行符仍留在输入流中。

接下来演示 get(char＊, int, char)函数的用法,如例 7-5 所示。

例 7-5

```
1   # include < iostream >
2   using namespace std;
3   int main()
4   {
5       char ch1[9];
6       char ch2;
7       cin.get(ch1, 9);            //提取输入流中的 8 个字符
8       cout << ch1;
9       cin.get(ch2);
```

```
10      cout << ch2;
11      cin.get(ch1, 9, '*'); //指定分界符为 *
12      cout << ch1;
13      cin.get(ch2);
14      cout << ch2;
15      return 0;
16  }
```

运行结果如图 7.8 所示。

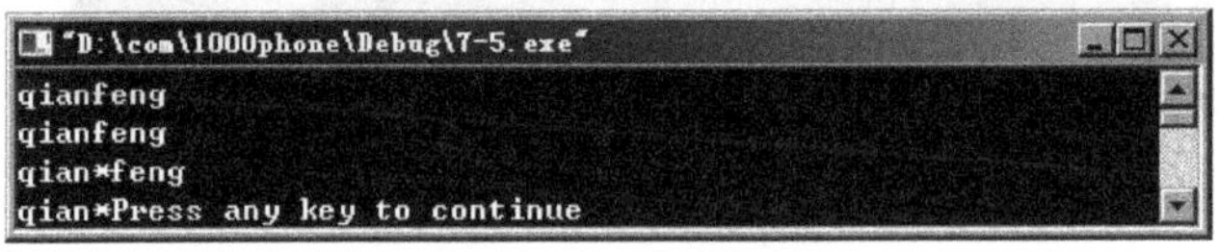

图 7.8 例 7-5 运行结果

在例 7-5 中，程序运行时，首先输入 qianfeng，回车后，通过 cin.get(ch1，9)函数获取 qianfeng，接着通过 cin.get(ch2)获取刚才输入的回车，再输入 qian * feng，通过 cin.get(ch1，9，'*')函数获取 qian，接着通过 cin.get(ch2)获取 *。

2. getline()函数

getline()函数用于从输入流中读取字符串，其语法格式如下：

```
istream& getline(char * dst, int size, char delim = '\n');
```

getline()函数的声明与 get(char * ，int，char)函数的声明类似，其中第一个参数用于放置输入字符串的内存单元的地址；第二个参数比要读取的最大字符数大 1（额外的一个字符用于存储结尾的空字符，以便将输入存储为一个字符串）；第三个参数指定用作分界的字符，默认的分界符为换行符。具体示例如下：

```
char ch1[10];
cin.getline(ch1, 10);
```

当输入流中的字符个数大于 9 时，getline()函数从输入流中只提取前 9 个字符存储到 ch1 中，剩余的字符不保留在输入流中。当输入流中的字符个数小于 10 时，getline()函数将遇到换行符之前的字符从输入流中提取到 ch1 中，换行符不保留在输入流中。

接下来演示 getline()函数的用法，如例 7-6 所示。

例 7-6

```
1   # include < iostream >
2   using namespace std;
3   int main()
4   {
```

```
5       char ch1[9];
6       char ch2;
7       cin.getline(ch1, 9);              //提取输入流中的 8 个字符
8       cout << ch1;
9       cin.get(ch2);
10      cout << ch2;
11      cin.getline(ch1, 9, '*');         //指定分界符为 *
12      cout << ch1;
13      cin.get(ch2);
14      cout << ch2;
15      return 0;
16  }
```

运行结果如图 7.9 所示。

图 7.9   例 7-6 运行结果

在例 7-6 中,程序运行时,首先输入 qianfeng,回车后,通过 cin.getline(ch1,9)函数获取 qianfeng,并把输入流中的回车丢弃掉,接着从键盘输入 a 并回车,通过 cin.get(ch2)获取 a,此时回车留在输入流中,再输入 qian*feng,通过 cin.get(ch1, 9, '*')函数获取 * 之前的字符,并把输入流中的 * 丢弃掉,接着通过 cin.get(ch2)获取 f。

3. read()函数

read()函数用于读取指定数目的字节并将它们存储到指定的内存空间中,其语法格式如下:

```
istream& read(char* dst, int size);
```

read()函数的第一参数表示读取到的字节存放在首地址为 dst 的内存空间,第二个参数表示读取的字节数,此处注意 read()函数不会在输入后加上空值字符,因此不能将输入转换为字符串,这是它与 get(char*, int, char)函数、getline()函数的区别。

4. ignore()函数

ignore()函数表示跳过输入流中的 n 个字符,或在遇到指定的分界符时提前结束(此时跳过包括分界符在内的若干字符),其语法格式如下:

```
istream& ignore(int n = 1, int delim = EOF);
```

ignore()函数的第一个参数指定要跳过的字符数,第二个参数指定分界符。当不指

定函数参数时,函数使用默认参数,表示跳过 1 个字符或跳到文件末尾。

接下来演示 ignore() 函数的用法,如例 7-7 所示。

例 7-7

```
1    # include < iostream >
2    using namespace std;
3    int main()
4    {
5        char ch;
6        cin. ignore(4,' * ');     //跳过 4 个字符或遇到 * 结束
7        cin. get(ch);
8        cout << ch;
9        cin. ignore(4);            //跳过 4 个字符或遇到文件末尾结束
10       cin. get(ch);
11       cout << ch;
12       return 0;
13   }
```

运行结果如图 7.10 所示。

图 7.10 例 7-7 运行结果

在例 7-7 中,程序运行时,首先输入 ab * cdefgh,回车后,通过 cin. ignore(4,' * ') 函数跳过 ab * ,接着通过 cin. get(ch) 获取 c,再通过 cin. ignore(4) 函数跳过 defg,接着通过 cin. get(ch) 获取 h。

5. peek() 函数

peek() 函数用于返回输入流中的下一个字符,但不提取输入流中的字符,其语法格式如下:

```
int peek();
```

peek() 函数可以查看流中的下一个字符,因此通常用 peek() 函数作为条件语句。

6. putback() 函数

putback() 函数用于将指定字符插入到输入流中,其语法格式如下:

```
istream& putback(char ch);
```

putback() 函数中的参数 ch 表示要插入的字符,其返回类型为 istream 的引用,因此该函数可以与其他返回 istream 引用的函数连接起来使用。

接下来演示 putback()函数的用法,如例 7-8 所示。

例 7-8

```
1    # include < iostream >
2    using namespace std;
3    int main()
4    {
5        char ch1[20];
6        int ch2;
7        cin.getline(ch1, 20, '*');
8        cout << ch1 << endl;
9        ch2 = cin.peek();              //返回输入流中的下一个字符
10       cout << ch2 << endl;
11       cin.putback(ch1[0]);           //向当前输入流中插入 ch1[0]
12       cin.getline(ch1, 20);
13       cout << ch1;
14       return 0;
15   }
```

运行结果如图 7.11 所示。

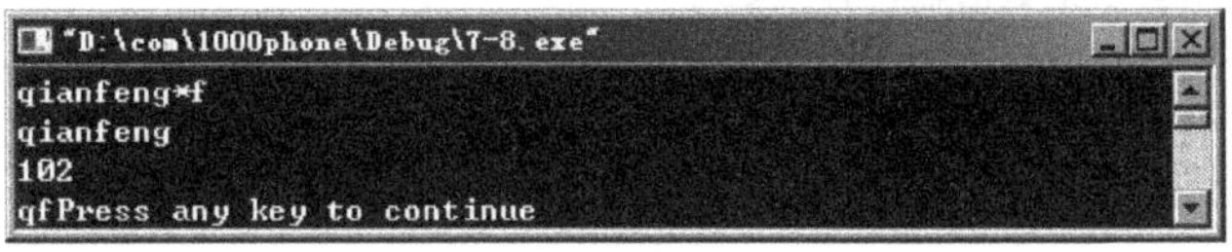

图 7.11　例 7-8 运行结果

在例 7-8 中,程序运行时,首先输入 qianfeng * f,回车后,通过 cin.getline(ch1, 20, '*')函数获取 qianfeng,并把输入流中的 * 丢弃掉,接着通过 cin.peek()查看当前流中的字符为 f,再通过 cin.putback(ch1[0])函数在当前流中插入字符 q,接着通过 cin.getline(ch1, 20)获取 qf。

7.4　格式化输入/输出

前面介绍的标准输入/输出操作没有指定格式,系统是根据数据类型采取默认格式进行输入/输出的,但有时需要按指定格式进行输入/输出操作,例如,指定浮点数的精度、指定整数的最大位数等。输入/输出流类库提供了两种方式来满足用户格式化输入/输出。

7.4.1　使用流对象的成员函数进行格式化

使用流对象的成员函数进行格式输出需要使用 ios 类中用来控制格式的标志位和用来设置格式的成员函数。

1. 控制格式的标志位

输入/输出的格式由各种状态标志来确定,这些状态标志在状态量中占一位,因此也称为控制格式的标志位,这些标志位如表 7.5 所示。

表 7.5 标志位

标 志 位	含 义	输入/输出
skipws	输入时跳过空白符	用于输入
left	输出时按输出域左对齐	用于输出
right	输出时按输出域右对齐	用于输出
internal	符号左对齐,数据右对齐,符号和数据之间为填充符	用于输出
dex	转换基数为十进制形式	用于输入/输出
oct	转换基数为八进制形式	用于输入/输出
hex	转换基数为十六进制形式	用于输入/输出
showbase	输出的数据前面带有基数符号	用于输出
showpoint	输出的浮点数带有小数点	用于输出
uppercase	数值中的字母用大写字母输出	用于输出
showpos	正数前面带有"+"符号	用于输出
scientific	用科学记数法输出浮点数	用于输出
fixed	用定点数形式输出浮点数	用于输出
unitbuf	每次输出操作后刷新缓冲区	用于输出

2. 用成员函数对标志位进行操作

在 ios 类中可以通过 setf() 函数、unsetf() 函数、flags() 函数对标志位进行操作。ios 类中定义一个 long 型数据成员来记录各标志位的值,这个数据成员称为标志字。例如,标志字中设定了 left(0x0002) 和 dex(0x0010) 这两个标志位,则标志字的值为 0000 0000 0001 0010(十六进制为 0x0012),即标志字的值等于 left|dex。这样通过设置标志字就可以处理所有的格式,接下来分别讲解这 3 个函数的用法。

1) setf() 函数

setf() 函数可以设置标志位,其语法格式如下:

```
long setf(long flag);
long setf(long flag, long mask);
```

第一种形式表示在原来标志位的基础上将参数 flag 指定的标志位设置为 1。

第二种形式表示清除 mask 标志位中不属于 flag 标志位。

接下来演示 setf() 函数的用法,如例 7-9 所示。

例 7-9

```
1   # include < iostream >
2   using namespace std;
```

```
3    int main()
4    {
5        int a = 11;
6        double pi = 3.1415;
7        cout << "a = " << a << endl;
8        cout << "pi = " << pi << endl;
9        cout.setf(ios::hex, ios::dec | ios::hex);   //将输出格式设置为十六进制
10       cout << "a = " << a << endl;
11       cout.setf(ios::scientific);                  //将输出格式设置为科学记数法
12       cout << "pi = " << pi << endl;
13       cout.setf(ios::uppercase);                   //将输出格式设置为大写
14       cout << "pi = " << pi << endl;
15       return 0;
16   }
```

运行结果如图 7.12 所示。

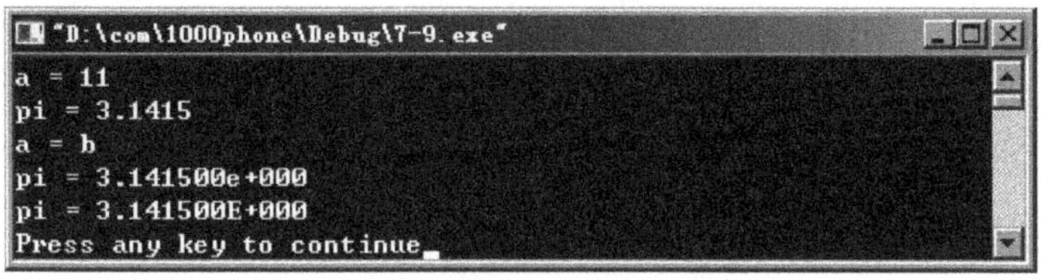

图 7.12 例 7-9 运行结果

在例 7-9 中，第 7 行默认以十进制形式输出 a，第 8 行默认以浮点数输出 pi，第 9 行通过 setf() 函数清除默认的 dex 标志位并设置 hex 标志位，第 10 行输出 a 的值格式为十六进制，第 11 行设置浮点数用科学记数法显示，第 13 行设置所有的字母均用大写。

2）unsetf() 函数

unsetf() 函数可以清除标志位，其语法格式如下：

```
void unsetf(long flag);
```

该函数表示将参数 flag 指定的标志位设置为 0。

3）flags() 函数

flags() 函数可以获取标志字，其语法格式如下：

```
long flags() const;
long flags(long flag);
```

第一种形式表示函数返回当前标志字。

第二种形式表示函数返回设置标志位之前的标志字，然后将标志位都清除，再将参数 flag 指定的标志位设置为 1。

接下来演示 unsetf() 函数和 flags() 函数的用法，如例 7-10 所示。

例 7-10

```
1    # include < iostream >
2    using namespace std;
3    int main()
4    {
5        double pi = 3.1415;
6        long f1, f2;
7        cout.setf(ios::scientific | ios::showpos | ios::uppercase);
8        cout << "pi = " << pi << endl;
9        cout.unsetf(ios::showpos); //清除 showpos 标志位
10       cout << "pi = " << pi << endl;
11       f1 = cout.flags();
12       f2 = cout.flags(ios::showpos);
13       cout << "pi = " << pi << endl;
14       if(f1 == f2)
15           cout << "f1 与 f2 的值相同." << endl;
16       else
17           cout << "f1 与 f2 的值不相同." << endl;
18       return 0;
19   }
```

运行结果如图 7.13 所示。

图 7.13 例 7-10 运行结果

在例 7-10 中，第 7 行通过设置标志位将输出格式设置为用科学记数法输出浮点数、正数前加"＋"、输出中的字母用大写。第 9 行清除 showpos 标志位，因此第 10 行输出的结果中没有"＋"符号。第 11 行调用 flags()函数的第一种形式获取当前标志字。第 12 行调用 flags()函数的第二种形式，实参为 showpos 标志位，函数首先将以前设置的标志位清除，再设置 showpos 标志位为 1，注意函数返回值为设置前的标志字，因此第 14 行通过 if 条件语句判断 cout.flags()与 cout.flags(ios::showpos)的返回值是否相同，从输出结果可以看到，两者是相同的。

3. 用成员函数设置域宽、设置填充字符、设置精度

除了可以通过操作标志位设置输入/输出格式外，还可以通过成员函数设置域宽、设置填充字符、设置精度等形式来改变输入/输出格式。

1）设置域宽

域宽是指输出数据时所占用的字段宽度，其语法格式如下：

```
int width() const;
int width(int len);
```

第一种形式用于返回当前的域宽,默认时域宽为 0。

第二种形式用于设置域宽值为 len,并返回设置前的域宽值,设置的域宽在下一次格式化输出时有效,而且只对设置后的第一个输出有效,输出结束后,域宽又恢复为默认值 0。

注意:如果显示数据所需要的宽度比设置的域宽小,那么多余的空位用填充字符来填充;如果显示的数据所需要的宽度比设置的域宽大,那么数据不会出现显示不全的情况,而是显示所有。

2)设置填充字符

当输出数据的宽度小于域宽时用填充字符来填充,系统默认用空格进行填充,也可以设置填充字符。设置填充字符一般与设置域宽配合使用。其语法格式如下:

```
char fill() const;
char fill(char ch);
```

第一种形式用于返回当前填充的字符。

第二种形式用于重新设置填充字符并返回设置前的填充字符。

3)设置精度

浮点数的精度用有效数字个数来表示,因此设置精度是设置显示浮点数的有效数字个数,其语法格式如下:

```
int precision() const;
int precision(int n);
```

第一种形式用于返回当前的显示精度。

第二种形式用于设置显示精度并返回设置前的显示精度。

设置精度后,该精度对以后所有的输出操作都有效,如果精度设置为 0,则系统会按照默认精度显示数据。

接下来演示用成员函数设置域宽、设置填充字符、设置精度,如例 7-11 所示。

例 7-11

```
1    # include < iostream >
2    using namespace std;
3    int main()
4    {
5        double pi = 3.1415;
6        int a, b;
7        char c, d;
8        a = cout.width();          //返回当前域宽
9        cout << pi << endl;
```

```
10      b = cout.width(10);          //设置域宽为10,返回设置前域宽
11      cout << pi << endl;
12      cout << pi << endl;
13      cout << "a = " << b << " b = " << b << endl;
14      c = cout.fill();             //返回当前填充字符
15      cout << pi << endl;
16      d = cout.fill('*');          //设置填充字符为*,返回设置前填充字符
17      cout.width(10);
18      cout << pi << endl;
19      cout << "c = " << c << " d = " << d << endl;
20      a = cout.precision();        //返回当前显示精度
21      b = cout.precision(3);       //设置显示精度为3,返回设置前显示精度
22      cout << pi << endl;
23      cout << "a = " << b << " b = " << b << endl;
24      return 0;
25  }
```

运行结果如图 7.14 所示。

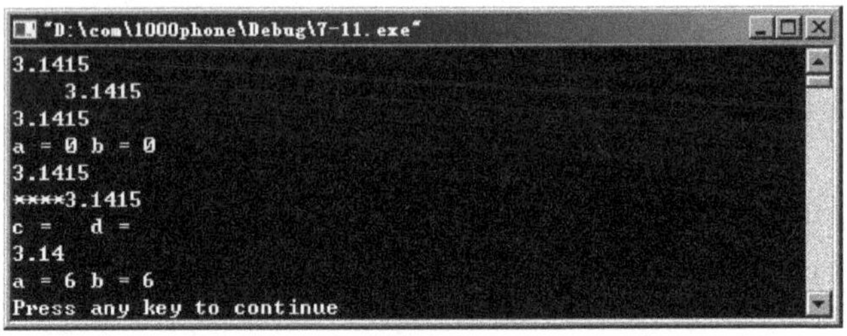

图 7.14　例 7-11 运行结果

在例 7-11 中,第 8 行通过 width()函数返回值获取默认域宽并赋值给 a,第 10 行通过 width()函数设置域宽为 10 并将函数返回值赋值给 b,第 11 行输出结果中域宽变为 10,第 12 行再次输出域宽变为 0,第 13 行输出 a、b 的值为 0。第 14 行通过 fill()函数获取默认填充字符并赋值给 c,第 16 行通过 fill(char)函数设置填充字符为 '*' 并将返回值赋值给 d,第 17 行设置域宽为 10,第 19 行输出 c、d 的值为 ' '。第 20 行通过 precision()函数获取精度并赋值给 a,第 21 行通过 precision()函数设置精度为 3 并将返回值赋值给 b,第 23 行输出 a、b 的值为 6。

7.4.2　使用控制符进行格式化

使用控制符进行格式化比使用流对象的成员函数进行格式化更简单,这些控制符可以直接插入到流中,直接被操作符操作,但有些控制符没有的功能还需要使用流对象的成员函数进行格式化。C++语言提供了两种控制符:无参控制符与有参控制符,接下来分别讲解这两种控制符。

1. 无参控制符

无参控制符实现了常用的输入输出格式控制,使用时需包含 iostream 头文件,具体如表 7.6 所示。

表 7.6　无参控制符

控　制　位	含　　义	输入/输出
dec	数值数据采用十进制表示	用于输入/输出
hex	数值数据采用十六进制表示	用于输入/输出
oct	数值数据采用八进制表示	用于输入/输出
endl	插入换行符并刷新缓冲区	用于输出
ends	插入空字符	用于输出
flush	刷新与流相关联的缓冲区	用于输出
ws	从输入流中提取空字符	用于输入

2. 有参控制符

有参控制符实现了复杂的输入输出格式控制,使用时需包含 iomanip 头文件,具体如表 7.7 所示。

表 7.7　有参控制符

控　制　位	含　　义	输入/输出
setbase(int n)	设置数制转换基数为 n(n 为 0、8、10、16,0 表示使用默认基数)	用于输入/输出
resetiosflags(long n)	清除参数所指定的标志位	用于输入/输出
setiosflags(long n)	设置参数所指定的标志位	用于输入/输出
setfill(char n)	设置填充字符	用于输出
setprecision(int n)	设置浮点数的精度	用于输出
setw(int n)	设置域宽	用于输出

接下来演示控制符的用法,如例 7-12 所示。

例 7-12

```
1   # include < iostream >
2   # include < iomanip >
3   using namespace std;
4   int main()
5   {
6       int a = 65;
7       double pi = 3.1415;
8       cout << hex << a << endl;
9       cout << setfill('*')              //设置填充字符*
10          << setw(10)                   //设置域宽为10
11          << a << endl;
```

```
12      cout << resetiosflags(ios::right)      //清除 right 标志位
13          << setiosflags(ios::left)          //设置 left 标志位
14          << setfill('#')                    //设置填充字符 #
15          << setw(8)                         //设置域宽为 8
16          << setprecision(3)                 //设置浮点数的精度为 3
17          << pi << endl;
18      return 0;
19  }
```

运行结果如图 7.15 所示。

图 7.15 例 7-12 运行结果

在例 7-12 中,第 8 行通过控制符 hex 将整数 a 的值以十六进制形式输出。第 9 行通过 setfill()设置填充字符' * ',第 10 行通过 setw()设置域宽为 10。第 12 行通过 resetiosflags()清除 right 标志位,第 13 行通过 setiosflags()设置 left 标志位,第 16 行通过 setprecision()设置精度为 3。

7.5 文 件 流

文件是存储在磁盘等外部设备上的数据集合,在 C++中,文件操作是通过流来完成的,这使得编程者在建立和使用文件时,就像使用 cout 与 cin 一样简便。

7.5.1 文件流类与文件流对象

操作系统以文件为单位对数据进行管理,因此想要向外部设备上存储数据也必须先建立文件,才能向它输出数据。

对用户来说,常用的文件分为两种:一种是程序文件,另一种是数据文件。程序中输入和输出的对象就是数据文件,但根据文件中数据的组织形式,文件又可分为二进制文件(字节文件)和 ASCII 文件(文本文件)。数据在内存中都是以二进制形式存储的,如果内存中的数据不加转换直接输出到外部设备文件中,该文件就称为二进制文件;如果内存中的数据是以 ASCII 码形式存储在外部设备文件中,该文件就称为 ASCII 文件,例如,整数 1234 在不同文件中的存储如图 7.16 所示。

文件流是以外部设备上文件为输入输出对象的数据流,输出文件流是从内存流向外部设备文件的数据,输入文件流是从外部设备文件流向内存的数据。每一个文件流都有一个内存缓冲区与之对应。此处需注意,文件流本身并不是文件,而是以文件为输入输出对象的流,因此要对外部设备文件进行输入输出操作,就必须通过文件流来实现。

在 C++的输入输出类库中定义了 3 种文件类专门用于对外部设备文件进行输入输

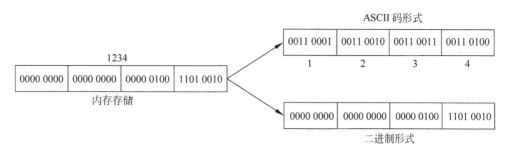

图 7.16　ASCII 文件与二进制文件区别

出操作,如表 7.8 所示。

表 7.8　文件类

类　名	作　用
ifstream	实现从外部设备文件的输入操作
ofstream	实现向外部设备文件的输出操作
fstream	实现对外部设备文件的输入输出操作

表 7.8 中的 3 个类都包含在 fstream 头文件中,因此使用文件流类必须用♯include 编译预处理指令将 fstream 头文件包含进来。

在使用标准设备作为对象的输入输出中,cin、cout 是预定义流对象,不需要用户自定义。但在操作外部设备文件时,由于情况特殊,无法统一定义流对象,因此必须由用户通过文件流类自定义文件流对象,例如,下面就是根据文件流类创建文件流对象的代码:

```
ifstream ifile;        //定义一个文件输入流对象
ofstream ofile;        //定义一个文件输出流对象
fstream iofile;        //定义一个文件输入输出流对象
```

以上代码定义了文件流对象,但需注意,在使用 cout 或 cin 时,它们已经和标准输入输出设备建立了关联,而现在虽然建立了流对象,但它还未与文件建立关联,因此还不能对它进行输入输出操作。

7.5.2　文件的打开与关闭

对文件所有的操作都是在打开文件之后进行的,而文件使用完毕后必须将其关闭。下面将针对文件的打开与关闭进行讲解。

1. 打开文件

打开文件是在文件读写之前做必要的准备工作,主要包括以下两个方面:

- 将文件流对象和指定的文件建立关联,以便使用文件流对文件进行输入输出操作。
- 指定文件的打开方式。

上述两项工作可以通过两种不同的方法实现：一种是通过调用文件流的成员函数 open()，另一种是在定义文件流对象时调用有参构造函数。接下来分别讲解这两种方法。

1）调用文件流的成员函数 open()

ifstream 类、ofstream 类和 fstream 类都提供了打开文件的成员函数 open()，当定义了流对象之后，就可以使用 open() 函数打开文件，其语法格式如下：

```
void open(const char * filename, int mode, int prot = filebuf::openprot);
```

其中，filename 表示要打开文件的名称，它可以包含路径说明，若未说明路径，则表示当前路径；mode 表示打开文件的方式；prot 表示文件打开时的保护方式，它与操作系统相关，默认值为 openprot，一般不需要指定。

文件打开方式对文件操作非常重要，例如，不能对以输入方式打开的文件进行输出操作，文件的打开方式有多种，如表 7.9 所示。

表 7.9　文件打开方式

文件打开方式	含　　义
ios::in	以输入（读）方式打开文件
ios::out	以输出（写）方式打开文件，若文件不存在，则创建；若存在，则清空文件
ios::app	以输出追加方式打开文件
ios::ate	文件打开时，文件指针位于文件尾
ios::trunc	如果文件存在，则删除其中全部数据；如果文件不存在，则创建新文件
ios::binary	以二进制方式打开文件，不指定默认为文本方式
ios::nocreate	打开一个已有文件，若文件不存在，则打开失败
ios::noreplace	创建一个文件，若文件已存在，则创建失败

以上这些文件打开方式可以通过位或运算符进行组合搭配使用，具体示例如下：

```
ofstream ofile;
ofile.open("test.txt", ios::in | ios::out);
```

上述语句表示以读写方式打开当前目录下的 test.txt 文件。对于 ifstream 类对象，默认的文件打开方式是 ios::in；对于 ofstream 类对象，默认的文件打开方式是 ios::out | ios::trunc。

2）定义文件流对象时调用有参构造函数

在定义文件流类时定义了有参构造函数，其中包含了打开文件的功能，因此可以在定义文件流对象时调用有参构造函数来实现打开文件的功能，具体示例如下：

```
ofstream ofile("test.txt", ios::in | ios::out);
```

上述语句在定义文件流对象的同时，将这个流与文件 test.txt 关联起来，即使用 ofile 对象可以对 test.txt 文件进行读写操作。大多使用第二种方式打开文件，它的作用与

open()函数相同,但它使用起来更加方便。

打开文件操作并不能保证总是正确的,例如,文件不存在、文件损坏等原因可能造成文件打开失败。如果打开文件失败后,程序还继续执行文件的读写操作,将会产生严重错误,因此程序中必须检测打开文件是否成功,如果使用 open()函数或构造函数打开文件失败,则文件流对象通过重载的"!"运算符将返回 0(假),这样就可以检测文件打开是否成功。

2. 关闭文件

对已打开的文件进行读写操作完成后,应关闭该文件,这样不仅可以保护文件,还可以释放内存空间,提高运行效率。ifstream 类、ofstream 类和 fstream 类都提供了一个成员函数 close()用来关闭文件,其语法格式如下:

```
void close();
```

该函数没有参数,也没有返回值。其作用是将缓冲区的内容刷新并撤销流与文件之间的关联,原来设置的打开文件方式也会失效,这样就不能通过该文件流对该文件进行读写操作了。有些版本的编译器支持调用 close()函数后将文件流与其他文件建立关联,通过文件流对新的文件进行读写操作,具体示例如下:

```
ofstream ofile;
ofile.open("test1.txt");
ofile.close();
ofile.open("test2.txt");
ofile.close();
```

上述代码中,流对象 ofile 先与文件 test1.txt 建立关联,接着通过 close()函数关闭文件 test1.txt,再通过 open()函数与文件 test2.txt 建立关联,最后通过 close()函数关闭文件 test2.txt。注意当流对象的生存期结束时,相应的析构函数也会将文件关闭。

接下来演示文件的打开与关闭操作,如例 7-13 所示。

例 7-13

```
1    # include < iostream >
2    # include < fstream >
3    using namespace std;
4    int main()
5    {
6        fstream iofile("D:\\例题\\test.txt", ios::out);    //打开文件
7        if(!iofile)
8        {
9            cerr << "文件打开失败!" << endl;
10           return - 1;
11       }
12       else
```

```
13    {
14        cout << "文件打开成功!" << endl;
15    }
16    iofile.close();    //关闭文件
17    return 0;
18 }
```

运行结果如图 7.17 所示。

图 7.17 例 7-13 运行结果

在例 7-13 中,通过 fstream 类定义流对象 iofile 并指定文件打开方式为输出方式,第 7 行通过流对象判断文件是否打开成功。

7.5.3 文件的读写操作

外部设备上的文件被打开后就建立了文件流与文件的连接,编程者就可以根据需求对文件进行读写操作。文件分为文本文件与二进制文件,C++语言可以对这两种文件分别进行读写操作。下面分别讲解这两种文件的读写操作。

1. 文本文件的读写操作

程序可以从文本文件中读入若干个字符,也可以向它输出若干个字符,这就是对文本文件进行的读写操作,其操作方法主要有以下两种:

(1)用流插入运算符和流提取运算符输入输出标准类型的数据。

"<<"和">>"运算符在 iostream 中被重载为能用于 ostream 和 istream 类对象的标准类型的输入输出。由于类 ofstream 和 ifstream 分别继承自类 ostream 和 istream,因此它们也继承了"<<"和">>"运算符的重载函数,这样在对磁盘文件的操作中,可以通过文件流对象和流插入运算符"<<"和流提取运算符">>"实现对磁盘文件的读写,就像使用 cout、cin 和"<<"">>"对标准设备进行读写一样。

(2)用文件流的 put()、get()、getline()等成员函数进行字符的输入输出。

由于文件流类 fistream、ofstream 和 fstream 并未直接定义文件读写操作的成员函数,但可以通过调用对应基类 istream、ostream 中的 put()、get()、getline()等成员函数实现。

接下来演示对文本文件的读操作,如例 7-14 所示。

例 7-14

```
1   # include < iostream >
2   # include < fstream >
3   using namespace std;
```

```
4   int main()
5   {
6       char buf[1024] = {0};
7       ifstream ifile("./test.txt");    //打开文件
8       if(!ifile)                        //判断文件是否打开成功
9       {
10          cerr << "文件打开失败!" << endl;
11          return - 1;
12      }
13      else
14      {
15          cout << "文件打开成功!" << endl;
16      }
17      while(!ifile.eof())               //读取到文件结尾,结束循环
18      {
19          ifile.getline(buf, 1024);
20          cout << buf << endl;
21      }
22      ifile.close();                    //关闭文件
23      return 0;
24  }
```

运行结果如图 7.18 所示。

图 7.18　例 7-14 运行结果

在例 7-14 中,程序中使用到了 eof()函数,该函数的返回值为非零时,表示文件结束;该函数的返回值为零时,表示文件没有结束。第 19 行通过 getline()函数来读取文件的一行。

接下来演示对文本文件的写操作,如例 7-15 所示。

例 7-15

```
1   # include < iostream >
2   # include < fstream >
3   using namespace std;
4   int main()
5   {
6       char buf[1024] = {0};
7       ofstream ofile("./test.txt", ios::trunc); //打开文件
8       if(!ofile)                                 //判断文件是否打开成功
9       {
```

```
10          cerr << "文件打开失败!" << endl;
11          return - 1;
12      }
13      else
14      {
15          cerr << "文件打开成功!" << endl;
16      }
17      cin >> buf;
18      ofile << buf << 1000 << "phone.com";
19      ofile.close();          //关闭文件
20      return 0;
21  }
```

运行结果如图 7.19 所示。

图 7.19　例 7-15 运行结果

在例 7-15 中,程序中使用 ios::trunc 方式打开文件 test.txt,如果文件存在,则删除全部数据;如果文件不存在,则创建该文件。第 18 行使用流插入运算符"<<"将指定内容写入文件 test.txt 中。程序运行完成后,test.txt 文件中的内容如图 7.20 所示。

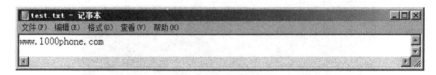

图 7.20　test.txt 文件内容

接下来将例 7-15 中生成的 test.txt 文件中的内容复制到 temp.txt 文件中,如例 7-16 所示。

例 7-16

```
1   # include < iostream >
2   # include < fstream >
3   using namespace std;
4   int main()
5   {
6       fstream file1("./test.txt", ios::in);
7       fstream file2("./temp.txt", ios::out);
8       char ch;
9       int n = 0;          //记录读取的字符数
10      if(!file1)
11      {
12          cerr << "文件 test.txt 打开失败!" << endl;
```

```
13          return - 1;
14      }
15      if(!file2)
16      {
17          cerr << "文件 temp.txt 打开失败!" << endl;
18          return - 1;
19      }
20      while(file1.peek()! = EOF)
21      {
22          file1.get(ch);
23          file2.put(ch);
24          n++;
25      }
26      file1.close();
27      file2.close();
28      cout << "从文件 test.txt 复制了" << n << "个字符." << endl;
29      return 0;
30 }
```

运行结果如图 7.21 所示。

图 7.21 例 7-16 运行结果

在例 7-16 中，第 22 行使用输入流成员函数 get()从文本文件 test.txt 中读取一个字符 ch，第 23 行使用输出流成员函数 put()将字符 ch 写入文本文件 temp.txt 中，重复这一过程直到遇到文件结束符退出 while 循环。

2. 二进制文件的读写操作

对二进制文件的操作也需要先打开文件，操作完成后也需要关闭文件。在打开时要用 ios::binary 指定为以二进制形式传送和存储。对二进制文件的读写操作主要使用 istream 类的成员函数 read()和 ostream 类的成员函数 write()来实现。

接下来演示二进制文件的读写，如例 7-17 所示。

例 7-17

```
1   # include < iostream >
2   # include < fstream >
3   using namespace std;
4   class Student                                    //Student 类
5   {
6   public:
7       char name[30];
8       int age;
9       double score;
```

```
10 };
11 int main()
12 {
13     Student s[3] = {0};
14     int i;
15     ofstream ofile("./test.dat", ios::binary); //打开文件
16     if(!ofile)
17     {
18         cerr << "文件 test.dat 打开失败!" << endl;
19         return -1;
20     }
21     for(i = 0; i < 3; i++)                       //通过 for 循环输入学生信息并写入文件
22     {
23         cout << "请输入第" << i + 1 << "位学生的姓名、年龄和分数: " << endl;
24         cin >> s[i].name >> s[i].age >> s[i].score;
25         ofile.write((char * )&s[i], sizeof(s[i]));
26         ofile.flush();
27     }
28     ofile.close();                              //关闭文件
29     cout << "写入成功!" << endl;
30     ifstream ifile("./test.dat", ios::binary); //打开文件
31     if(!ifile)
32     {
33         cerr << "文件 test.dat 打开失败!" << endl;
34         return -1;
35     }
36     if(ifile)
37     {
38         Student s1[3] = {0};
39         for(i = 0; i < 3; i++)         //通过 for 循环读取文件中的学生信息并输出
40         {
41             ifile.read((char * )&s1[i], sizeof(s1[i]));
42             cout << "第" << i + 1 << "位学生的姓名、年龄和分数: " << endl;
43             cout << s1[i].name << " " << s1[i].age << " " << s1[i].score << endl;
44         }
45     }
46     else
47     {
48         cerr << "发生错误" << endl;
49     }
50     ifile.close();                              //关闭文件
51     return 0;
52 }
```

运行结果如图 7.22 所示。

在例 7-17 中,第 25 行通过 write()函数向二进制文件中写入数据,第 41 行通过 read()

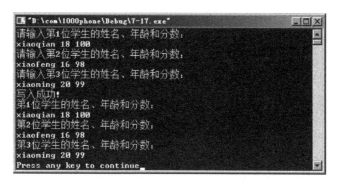

图 7.22 例 7-17 运行结果

函数从二进制文件中读取数据。

通过上述讲解的内容,可以总结出文件操作的 4 个步骤:

- 定义文件流对象。
- 通过构造函数或成员函数 open()打开文件(或创建文件)。
- 对文件进行读写操作。
- 关闭文件。

7.5.4　随机文件的读写操作

每个文件都有两个文件指针,分别为读指针和写指针。它们分别指明读操作和写操作在文件中的当前位置。每次执行读写操作时,相应的指针就会按顺序自动往后移动。在 C++中,文件流的操作不仅可以按这种顺序方式进行读写操作,还可以随机地移动指针来进行读写操作。

下面介绍 C++语言中所提供的定位读、写指针函数,其中定位读指针成员函数在 istream 类中定义,其语法格式如下:

```
istream& seekg(streampos pos);
istream& seekg(streamoff offset, make_dir origin);
long int& tellg();
```

定位写指针成员函数在 ostream 类中定义,其语法格式如下:

```
ostream& seekp(streampos pos);
ostream& seekp(streamoff offset, make_dir origin);
long int& tellp();
```

在上述成员函数中,seekg()和 seekp()函数分别是用来移动文件的读指针和写指针的位置。指定位置的方法有两种:一种是使用一个参数的成员函数,该函数直接给出相对于文件开头处的流中位置,streampos 代表 long int 类型;另一种是使用两个参数的成员函数,其中第一参数代表偏移量,streamoff 也代表 long int 类型,第二个参数代表偏移量相对应的参照位置,make_dir 是枚举类型,具体如下所示:

```
enum seek_dir
{
    beg = 0;      //相对于文件头的位置
    cur = 1;      //相对于当前读/写指针所指的位置
    end = 2;      //相对于文件尾的位置
};
```

例如,若 output 为类 ostream 的流对象,则将写指针移至文件尾前 20 个字节处,可以表示成如下形式:

```
output.seekp( - 20, ios::end);
```

如果想获得文件的当前读/写指针的位置,可以通过 tellg()与 tellp()函数得到,这两个函数返回当前读/写指针距文件头的字节数。

接下来演示随机文件的读写,如例 7-18 所示。

例 7-18

```
1    # include < iostream >
2    # include < fstream >
3    using namespace std;
4    int main()
5    {
6        ofstream ofile("data.dat", ios::out | ios::binary); //打开文件
7        int i, j = 0;
8        long size = 0;
9        for(i = 0; i < 10; i++)        //通过 for 循环每次写入一个 int 类型数据
10           ofile.write((char * )&i, sizeof(int));
11       ofile.close();               //关闭文件
12       ifstream ifile("data.dat", ios::in | ios::binary);  //打开文件
13       ifile.seekg(0, ios::end);    //将文件指针移动到文件结尾
14       size = ifile.tellg();        //获取文件大小
15       cout << "data.dat 文件的大小为" << size << "个字节." << endl;
16       ifile.seekg( - 20, ios::end); //将文件指针相对于文件结尾向前移动 20 个字节
17       for(i = 0; i < 5; i++)        //通过 for 循环每次读取 4 个字节,即一个 int 类型数据
18       {
19           ifile.read((char * )&j, sizeof(int));
20           cout << j << " ";
21       }
22       ifile.close();
23       return 0;
24   }
```

运行结果如图 7.23 所示。

在例 7-18 中,第 10 行通过文件输出流向文件中写入 40 个字节。第 13 行通过 seekg()函数将文件指针指向文件结尾处。第 14 行通过 tellg()函数就可以获取文件的字节数。

图 7.23 例 7-18 运行结果

第 16～21 行获取文件后 20 字节的数据,并通过 for 循环打印出每 4 个字节组成的整数。

7.6 字 符 串 流

　　文件流是以外部设备上文件为输入输出对象的数据流,字符串流不是以外部设备上的文件为输入输出对象,而是以用户自定义在内存中的字符数组为输入输出对象,即将数据输出到内存中的字符数组或从字符数组将数据输入内存,因此字符串流也称为内存流。

　　字符串流也有相应的缓冲区,字符数组中可以存放字符、整数、实数及其他类型的数据。在向字符数组中存入数据之前,要先将数据从二进制形式转换为 ASCII 码,然后存放在缓存区,等刷新缓存区时再将数据从缓冲区送到字符数组。从字符数组读取数据时,先将字符数组中的数据送到缓冲区,等刷新缓存区时再从缓冲区赋给变量,在赋给变量前要先将 ASCII 码转换为二进制形式。

　　字符串流类有 istrstream、ostrstream、strstream,这 3 个类都包含在 strstream 头文件中。文件流类和字符串流类都是 ostream、istream 和 iostream 类的派生类,因此它们的操作方法基本相同,在操作前必须要构建流对象,构建字符串流对象的方法如下所示。

1. 构建输出字符串流对象

ostrstream 类提供了构造函数用于构建输出字符串流对象,其语法格式如下:

```
ostrstream::ostrstream(char * buffer, int n, int mode = ios::out);
```

　　其中,第一个参数代表指向字符数组首元素的指针,第二个参数为指定流缓冲区的大小(通常与字符数组的大小相同),第三个参数默认为 ios::out 方式。

2. 构建输入字符串流对象

istrstream 类提供了两个构造函数用于构建输入字符串流对象,其语法格式如下:

```
istrstream::istrstream(char * buffer, int mode = ios::in);
istrstream::istrstream(char * buffer, int n);
```

其中,第一种构造函数中的第一个参数代表指向字符数组首元素的指针,第二参数默认为 ios::in 方式;第二种构造函数中的第一个参数代表指向字符数组首元素的指针,第二个参数为指定流缓冲区的大小。

3. 构建输入输出字符串流对象

strstream 类提供的构造函数用于构建输入输出字符串流对象,其语法格式如下:

```
strstream::strstream(char * buffer, int n, int mode = ios::in | ios::out);
```

其中,第一个参数代表指向字符数组首元素的指针,第二个参数为指定流缓冲区的大小,第三个参数默认为 ios::in | ios::out 方式。

接下来演示字符串流的使用,如例 7-19 所示。

例 7-19

```
1   # include < iostream >
2   # include < strstream >
3   # include < string >
4   using namespace std;
5   int main()
6   {
7       char buf[50] = "6 3.14 xiaoqian";
8       int a;
9       double d;
10      string s;
11      cout << "buf: " << buf << endl;
12      istrstream is(buf, sizeof(buf)); //输入字符串流对象
13      is >> a >> d >> s;
14      cout << a << " " << d << " " << s << endl;
15      ostrstream os(buf, sizeof(buf)); //输出字符串流对象
16      a = 5;
17      d = 8.88;
18      s = "xiaofeng";
19      os << a << " " << d << " " << s << '\0';
20      cout << "buf: " << buf << endl;
21      return 0;
22  }
```

运行结果如图 7.24 所示。

```
D:\com\1000phone\Debug\7-19.exe
buf: 6 3.14 xiaoqian
6 3.14 xiaoqian
buf: 5 8.88 xiaofeng
Press any key to continue
```

图 7.24　例 7-19 运行结果

在例 7-19 中,第 12 行以字符串 buf 作为输入流,建立 is 与 buf 的关联,缓冲区大小为字符串 buf 的大小。第 13 行将字符串流中的数据输入到对应变量中。第 15 行以字符串 buf 作为输出流。第 19 行将变量输出到字符串流中,注意在末尾加入 '\0'.

7.7　本章小结

本章主要介绍了 C++ 中流的概念及输入/输出流类库,重点需要掌握标准输入/输出流、文件流和字符串流。其中标准输入/输出流和文件流是大多数程序都需要使用的,因为输入/输出是每个程序必不可少的操作,而文件提供了一种存储数据的方式。

7.8　习　　题

1. 填空题

(1) 在 C++ 中,插入运算符是_____。

(2) 在流成员函数中,用来设置浮点数精度的函数是_____。

(3) 类 istream 主要用于负责建立_____流。

(4) 文件的输入/输出由 ifstream、ofstream 和_____ 3 个类提供。

(5) 根据文件中数据的组织形式,文件可分为文本文件和_____。

2. 选择题

(1) 下列不是输出流对象的是(　　　)。

    A. cerr　　　　　　B. clog　　　　　　C. cin　　　　　　D. cout

(2) 下列不能作为输出流对象设备的是(　　　)。

    A. 键盘　　　　　　B. 显示器　　　　　C. 磁盘文件　　　　D. 打印机

(3) 将输入文件中指针移动到指定位置的函数是(　　　)。

    A. tellg()　　　　　B. tellp()　　　　　C. seekp()　　　　　D. seekg()

(4) 对文件进行操作时应包含的头文件是(　　　)。

    A. fstream　　　　　B. cmath　　　　　C. iostream　　　　D. cstring

(5) 下列关于 istream 类的成员函数 get() 调用方法中,错误的是(　　　)。

    A. cin. get();　　　　　　　　　　　B. cin. get(ch1);

    C. cin. get(ch2,10,'＊');　　　　　D. cin. get(ch3,♯);

3. 思考题

(1) 输入/输出流类库由哪些类组成? 继承关系如何?

(2) 打开文件有哪两种方式?

4. 编程题

编写程序,将 test1. txt 文件与 test2. txt 文件合并成一个 test3. txt 文件。

异常处理

本章学习目标

- 理解异常的概念
- 理解异常处理机制
- 了解异常规范
- 掌握异常与析构函数
- 掌握异常类
- 理解重抛异常
- 了解标准异常类

异常是对程序中出现错误或未预料的错误发出信号的方式,检测并处理异常是保证系统安全性及健壮性的重要手段,也是程序设计中应重点关注的内容。C++提供了异常处理机制,它使得程序出现异常时,力求做到程序继续运行。

8.1 异常的概念

在程序中,常见的错误有语法错误和运行错误。对于语法错误,编程者可以通过编译系统报出的提示进行修改。对于运行错误,源代码可以通过编译,但在运行时却无法得到预期的结果,这可能是由系统条件、操作不当等原因引起的错误,如果程序中没有处理这些错误,程序就只能终止运行。

异常是指程序运行过程中出现的错误,如用户输入错误、设备故障、物理限制等。异常通常会使程序的正常流程被打断,因此为了确保程序的容错性,需要在代码中对这些异常进行处理,以防程序崩溃。

接下来演示程序出现异常的情况,如例 8-1 所示。

例 8-1

```
1   # include < iostream >
2   # include < cmath >
3   using namespace std;
4   double triangle(double& a, double& b, double& c)    //求三角形面积
```

```
5  {
6      double p = (a + b + c) / 2;
7      double area = sqrt(p * (p - a) * (p - b) * (p - c));
8      return area;
9  }
10 int main()
11 {
12     double a, b, c;
13     cout << "请输入三角形三边长度:" << endl;
14     cin >> a >> b >> c;
15     cout << "三角形面积为:" << triangle(a, b, c) << endl;
16     return 0;
17 }
```

运行结果如图 8.1 所示。

图 8.1 例 8-1 运行结果

在例 8-1 中,当程序运行时,从键盘输入 2 4 2,回车后,发现运行结果为 0。这是因为输入的 3 个数不能构成三角形,但程序没有检测并处理这个异常。因此为了提升程序的健壮性,程序应检测并处理异常。

8.2 异常处理方法

为了处理例 8-1 中的意外情况,常用的典型方法是让被调函数返回某一个状态码(或将错误码赋值给一个全局变量),然后外层的调用程序检测这个状态码,从而确定是否产生了某一类型的意外。另一种典型方法是当意外发生时通过调用 exit() 函数或 abort() 函数终止整个程序。

接下来演示两种典型的处理异常的方法,如例 8-2 所示。

例 8-2

```
1  # include <iostream>
2  # include <cstdlib>
3  # include <cmath>
4  using namespace std;
5  double triangle(double& a, double& b, double& c)         //求三角形面积
6  {
7      if(a < 0 || b < 0 || c < 0)                          //三边中有负数
8      {
9          cerr << "三角形边长不得小于 0!" << endl;
```

```
10          return -1;
11      }
12      if(a + b <= c || a + c <= b || b + c <= a) //三边构不成三角形
13      {
14          cerr << "构不成三角形!" << endl;
15          exit(-2);
16      }
17      double p = (a + b + c) / 2;
18      double area = sqrt(p * (p - a) * (p - b) * (p - c));
19      return area;
20  }
21  int main()
22  {
23      double a, b, c, area;
24      cout << "请输入三角形三边长度:" << endl;
25      cin >> a >> b >> c;
26      area = triangle(a, b, c);
27      if(area != -1)
28          cout << "三角形面积为:" << area << endl;
29      return 0;
30  }
```

运行结果如图 8.2 所示。

图 8.2 例 8-2 运行结果

在例 8-2 中,第 7~11 行让被调函数返回一个状态码,第 27 行检测这个状态码以便处理边长为负的异常。第 15 行通过调用 exit( )函数终止整个程序来处理 3 条边构不成三角形的异常。

上述两种方法都是权宜之计,不能形成强有力的结构化异常处理模式。

第一种方法存在的问题是调用一个函数出现的异常信息要返回给调用函数,供调用函数根据返回的异常信息的情况进行处理,但不能保证异常会被处理,另外有时异常信息需要逐层传递,这时实现起来就比较困难。

第二种方法存在的问题是 exit( )函数和 abort( )函数执行时不会调用局部对象的析构函数,这可能造成内存泄漏等问题。

鉴于上述缺点,编程者需要更加灵活、可读性强的异常处理方式,这就是将要学习的 C++异常处理机制。

在 C++中,异常处理机制的基本思想就是将异常的抛出与处理分离开来,如图 8.3 所示。

在图 8.3 中,当一个模块中存在异常但却不能确定相应的处理方法时,该模块将抛

图 8.3 异常处理机制简介

出一个异常,然后检测该模块是否会引发异常,如果引发异常就需要捕获异常并做出相应的处理。如果程序始终没有处理这个异常,最终它会被抛到 C++ 运行系统,运行系统捕获异常后,通常是终止这个程序。这个过程类似于棒球比赛中投手抛出球,球被捕手捕获,如图 8.4 所示。

图 8.4 棒球比赛类比异常捕获

由于这种异常处理机制使得异常的抛出与处理不在同一个模块中,因此引发异常的模块可以着重解决具体问题,而不必过多地考虑对异常的处理,异常处理模块可以在适当的位置设计对不同类型异常的处理,这在大型程序中是非常有必要的。

通过以上分析,可以得出 C++ 的异常处理机制有以下优势:

- 当有异常发生时,函数的返回值可以忽略不进行处理,但异常机制抛出的异常不会被忽略。
- 当多层函数调用最里层函数出现异常时,函数的返回值需要在各层函数中都进行处理,而异常机制只需处理某一层即可。
- 当有异常发生时,函数的返回值没有任何语义信息,但异常机制抛出的异常可以包含语义信息。

8.3 异常处理的实现

在 C++ 中,异常处理通过 3 个关键字来实现:throw、try 和 catch,其语法格式如下:

```
try                              //异常检测
{
    ...
    throw 异常类型 1 对应的异常值;     //抛出异常
    ...
}
```

```
catch(异常类型 1   参数 1)                //捕捉异常
{
    异常处理语句;                         //异常处理
}
...
catch(异常类型 n   参数 n)
{
    异常处理语句;
}
```

其中,try 语句块为检测异常,若出现异常则由 throw 抛出,throw 后跟随抛出的异常值。抛出异常后,从 try 语句块对应的所有 catch 语句块中依次寻找与抛出异常类型匹配的那个 catch 语句块,从而进入该语句块进行异常处理。

接下来分别介绍 C++中检测异常、抛出异常、捕捉异常的语法结构及使用方法。

1. 检测异常

检测异常使用 try 关键字进行实现,其语法格式如下:

```
try
{
    语句;
}
```

其中,try 后的大括号中应包含抛出异常的 throw 语句或包含抛出异常的函数调用语句。try 语句块检测到异常后,会去最近进入的还未退出的 try 语句块寻找与异常类型匹配的 catch 语句块。若匹配成功,则执行 catch 语句块;若匹配不成功,则寻找更外层的 try 语句块对应的 catch 语句块,若到 main 函数还未找到匹配的 catch 语句块,则会终止程序。另外,需注意在 try 语句块中定义的局部变量不可以在 try 语句块外使用。

2. 抛出异常

抛出异常使用 throw 关键字进行实现,其语法格式如下:

```
throw 表达式;
```

上述语句类似于 return 语句的用法,即 throw 后面的表达式可以是常数、变量或对象。这里需注意 catch 语句在捕捉异常时是根据 throw 语句中表达式值的类型进行匹配的,因此通过 throw 抛出多个异常分别进行不同处理时,应确保 throw 后表达式值的类型不同,否则多个异常会被同一个 catch 语句块处理,具体示例如下:

```
throw "exception1";
throw "exception2";
```

上述代码中,通过 throw 抛出的字符串不同,但会被同一个 catch 语句块捕获。如果

想让不同异常被不同的 catch 语句块捕获并处理,就需要使 throw 后表达式值的类型不同,具体示例如下:

```
throw "exception1";
throw 2;
```

上述代码中,throw 后表达式值的类型不同,因此可以被不同的 catch 语句块捕捉并处理。

3. 捕获异常

捕获异常使用 catch 关键字进行实现,其语法格式如下:

```
catch(异常类型 1　参数 1)              //捕捉异常
{
    异常处理语句;                       //异常处理
}
…
catch(异常类型 n　参数 n)
{
    异常处理语句;
}
```

上述语句类似于函数的定义,catch 后面的小括号中可以只写异常类型名,大括号中的代码用于异常处理。catch 语句块紧跟在 try 语句块后面,即 try 语句块与 catch 语句块作为一个整体出现,该整体称为 try-catch 结构。

在 try-catch 结构中,catch 语句块不能单独使用,但 try 语句块可以单独使用,即只检测异常而不捕捉异常。另外,在一个 try-catch 结构中,只能有一个 try 语句块,但却可以有多个 catch 语句块,以便与不同类型的异常信息匹配。

在执行 try 语句块时如果出现异常并执行了 throw 语句抛出异常,系统会根据抛出的异常信息类型按 catch 语句块出现的次序依次检查每个 catch 参数表中的异常类型与抛出的异常信息类型是否匹配,当匹配成功时,该 catch 语句块就捕获到了这个异常,执行 catch 语句块中的异常处理语句来处理该异常。

另外,注意在 try 语句块与 catch 语句块之间不能插入其他语句,例如下面的代码是错误的,具体示例如下:

```
try
{
    …
}
cout << "exception" << endl;
catch(int)
{
    …
}
```

在 catch 语句中,有一种形式可以用于捕获所有类型的异常,具体示例如下:

```
catch(...)
{
    异常处理语句;
}
```

捕获所有异常的代码类似于 switch 结构中的 default,它用来处理与前面各个 catch 语句块都不匹配的剩余类型异常,因此该语句块应放在其他 catch 语句块之后,因为如果它放在前面,它可以用来捕获任何异常,那么其他的 catch 语句块就不会检查和执行了。

接下来演示异常的检测、抛出及捕获,如例 8-3 所示。

例 8-3

```
1    # include < iostream >
2    # include < cmath >
3    using namespace std;
4    int main()
5    {
6        double a, b, c, area;
7        cout << "请输入三角形三边长度:" << endl;
8        cin >> a >> b >> c;
9        try
10       {
11           if(a < 0 || b < 0 || c < 0)
12           {
13               throw 1;
14           }
15           if(a + b <= c || a + c <= b || b + c <= a)
16           {
17               throw 2.1;
18           }
19           double p = (a + b + c) / 2;
20           double area = sqrt(p * (p - a) * (p - b) * (p - c));
21           cout << "三角形面积为:" << area << endl;
22       }
23       catch (int a)
24       {
25           cerr << "三角形边长不得小于 0!" << endl;
26       }
27       catch (double b)
28       {
29           cerr << "构不成三角形!" << endl;
30       }
31       return 0;
32   }
```

运行结果如图 8.5 所示。

图 8.5　例 8-3 运行结果

在例 8-3 中，第 11～21 行对可能产生异常的代码段用 try 语句块进行检测，其中若输入的 3 条边中有小于 0 的边，则通过 throw 抛出 int 类型异常；若输入的 3 条边构不成三角形，则通过 throw 抛出 double 类型异常。第 23～26 行通过 catch 语句块捕获 int 类型异常。第 27～30 行通过 catch 语句块捕获 double 类型异常。此处需注意，catch 语句块在匹配 throw 语句抛出的异常信息类型时，不会进行数据类型的默认转换，只有与所抛出的异常信息类型精确匹配时 catch 语句块才会捕获这个异常。

另外，catch 语句块中参数名可以获得 throw 语句抛出的值，具体示例如下：

```
try
{
    throw "exception";
}
catch(char const * s)
{
    cout << s << endl;
}
```

上述代码中，throw 语句抛出一个字符串常量，catch 语句块捕捉到它并进行处理，这时会在屏幕上打印出 exception。

通常为了代码重用，会将抛出异常的代码封装为独立的模块，因为这部分代码通常为实现某个独立功能的模块。这样抛出异常语句和 try-catch 语句就实现了分离，即异常可以在 try 语句、catch 语句及 throw 语句间通信。

接下来演示抛出异常语句和 try-catch 语句的分离，如例 8-4 所示。

例 8-4

```
1    # include < iostream >
2    # include < cmath >
3    using namespace std;
4    double triangle(double& a, double& b, double& c)
5    {
6        if(a < 0 || b < 0 || c < 0)
7        {
8            throw 1;          //抛出异常
9        }
10       if(a + b <= c || a + c <= b || b + c <= a)
11       {
12           throw 2.1;        //抛出异常
13       }
```

```
14        double p = (a + b + c) / 2;
15        double area = sqrt(p * (p - a) * (p - b) * (p - c));
16        return area;
17 }
18 int main()
19 {
20        double a, b, c, area;
21        cout << "请输入三角形三边长度:" << endl;
22        cin >> a >> b >> c;
23        try                      //异常检测
24        {
25            area = triangle(a, b, c);
26            cout << "三角形面积为:" << area << endl;
27        }
28        catch (int a)            //捕捉异常
29        {
30            cerr << "三角形边长不得小于 0!" << endl;
31        }
32        catch (double b)         //捕捉异常
33        {
34            cerr << "构不成三角形!" << endl;
35        }
36        return 0;
37 }
```

运行结果如图 8.6 所示。

图 8.6　例 8-4 运行结果

在例 8-4 中,第 4～17 行将求三角形的面积封装成独立模块,第 23～27 行的 try 语句块中没有直接包含 throw 语句,而是包含可能抛出异常的函数调用。程序执行时,通过在 try 语句块中调用含有 throw 语句的函数 triangle(),若出现异常,则程序从 triangle() 函数返回,不再执行 throw 语句后的语句。程序的控制权从 triangle() 函数返回到其调用者 main() 函数中,在 main() 函数中按 catch 语句块出现的次序依次检查每个 catch 参数表中的异常类型与抛出的异常类型是否匹配,如果匹配就执行相应的 catch 语句块处理异常,执行完 catch 语句块后,接着执行 main() 函数中剩余的代码,如图 8.7 所示。此处需注意异常抛出后,将退出导致异常的模块,转而去执行捕捉异常的 catch 语句块,catch 语句块执行完成后也不会再返回到抛出异常的模块中。

```
main()函数    ——调用——→  triangle ()函数
    ...                        ...
catch (int a)  ←——匹配——    throw 1;
{
    ...
}
catch (double b) ←——匹配——  throw 2.1;
{
    ...
        ...                    ...
```

图 8.7　程序执行顺序

通过例 8-4 对异常处理的初步介绍后,在使用异常处理时需注意以下几点:

- 程序运行时将按正常的顺序执行到 try 语句块,如果在执行 try 语句块的过程中没有发生异常,则忽略所有的 catch 语句块,流程转到 catch 语句块后面的语句继续执行。
- 如果在执行 try 语句块的过程中发生了异常,则由 throw 抛出一个异常信息。
- 抛出异常信息后,如果异常的抛出位置在一个 try 语句块中,则该 try 语句块后的 catch 语句块会按顺序检查参数表中的异常声明类型与抛出的异常类型是否匹配;如果异常的抛出位置不在任何 try 语句块中,或抛出的异常与各个 catch 语句块参数中声明的异常类型都不匹配,则结束当前函数的执行,回到函数的调用位置,把调用位置作为异常的抛出位置,重复上述过程,直到 catch 语句块参数表中的异常声明类型与抛出的异常类型相匹配,则 catch 语句块就捕获这个异常,执行 catch 语句块中的语句来处理异常。
- 只要有一个 catch 语句块捕获了异常,其余的 catch 语句块都将被忽略。在异常处理完成后,程序并不会自动终止,而是继续执行 catch 语句块后面的语句。
- 如果 throw 抛出的异常信息始终找不到与之匹配的 catch 语句块,则系统就会调用一个系统函数 terminate(),该函数将终止程序的运行。

8.4 异 常 规 范

在 C++中,对于调用函数的用户来说,函数编写者需要通知用户可能从函数中抛出的异常类型。这是一种规范的做法,因为只有编写者才能准确地告知用户编写相应的代码来捕获所有潜在的异常。因此为了便于阅读程序,当用户再看到程序时,就能知道所用的函数是否会抛出异常及抛出的异常信息类型,C++允许在函数声明时指定函数抛出异常信息的类型,就是异常规范。

如果在函数声明时指定函数抛出异常信息的类型,则表示该函数只可以抛出指定类型的异常。具体示例如下:

```
double triangle(double& a, double& b, double& c) throw (int, double);
```

上述语句表示 triangle()函数只能抛出 int 或 double 类型的异常。

如果在函数声明时指定 throw 参数表为不包括任何类型的空表,则表示不允许该函数抛出任何异常。具体示例如下:

```
double triangle(double& a, double& b, double& c) throw ();
```

上述语句表示 triangle()函数不允许抛出任何异常。

如果在函数声明时不指定函数抛出异常信息的类型,则表示该函数可以抛出任何类型的异常。具体示例如下:

```
double triangle(double& a, double& b, double& c);
```

上述语句表示 triangle()函数可以抛出任何异常。

上面介绍了异常规范的 3 种书写格式,现总结如下:

```
函数返回值类型    函数名(形式参数列表) throw(异常类型 1,异常类型 2,…);
函数返回值类型    函数名(形式参数列表) throw();
函数返回值类型    函数名(形式参数列表);
```

其中,第一行声明表示在函数中可能抛出 throw 后列出的异常类型;第二行声明表示函数不抛出任何异常;第三行声明表示函数可能抛出任何类型的异常,它与以前的函数声明一致。此外,需注意异常规范是函数声明的一部分,必须同时出现在函数声明和函数定义的首行中,否则编译时编译器会报错。此处只需简单理解异常规范的含义,在开发中建议最好不要使用这项功能。

8.5   异常与析构函数

如果类对象是在 try 语句块(或 try 语句块中调用的函数)中并在 throw 语句抛出异常之前定义的,在执行 try 语句块(包括在 try 语句块中调用其他函数)过程中发生了异常,此时流程会立即离开 try 语句块(如果是在 try 语句块中调用函数发生异常,则流程首先离开该函数,返回到调用该函数的 try-catch 结构的 catch 语句块处)。这样流程就有可能离开该对象的作用域而转到其他函数,因此应当事先做好结束对象前的清理工作,C++的异常处理机制会在 throw 抛出异常信息被 catch 捕捉时,对有关的局部对象自动调用析构函数,然后再去执行与异常信息匹配的 catch 语句块。

接下来演示局部对象自动析构的过程,如例 8-5 所示。

例 8-5

```
1    # include < iostream >
2    # include < cmath >
3    using namespace std;
4    class Test              //Test 类
5    {
6    public:
7        Test(int a = 0) : t(a)
8        {
9            cout << "Test():构造函数 " << t << endl;
10       }
11       ~Test()
12       {
13           cout << "~Test():析构函数 " << t << endl;
14       }
15   private:
```

```
16      int t;
17  };
18  double triangle(double& a, double& b, double& c)
19  {
20      Test t2(2);              //创建 t2 对象
21      if(a < 0 || b < 0 || c < 0)
22      {
23          throw 1;            //抛出异常
24      }
25      if(a + b <= c || a + c <= b || b + c <= a)
26      {
27          throw 2.1;          //抛出异常
28      }
29      double p = (a + b + c) / 2;
30      double area = sqrt(p * (p - a) * (p - b) * (p - c));
31      return area;
32  }
33  int main()
34  {
35      double a, b, c, area;
36      cout << "请输入三角形三边长度:" << endl;
37      cin >> a >> b >> c;
38      try                      //异常检测
39      {
40          Test t1(1);
41          area = triangle(a, b, c);
42          cout << "三角形面积为:" << area << endl;
43      }
44      catch (int a)            //捕捉异常
45      {
46          cerr << "三角形边长不得小于 0!" << endl;
47      }
48      catch (double b)         //捕捉异常
49      {
50          cerr << "构不成三角形!" << endl;
51      }
52      return 0;
53  }
```

运行结果如图 8.8 所示。

图 8.8 例 8-5 运行结果

在例 8-5 中,声明了一个 Test 类,当程序运行时,输入-1 2 3,执行到 try 语句块时,首先调用 Test 类的构造函数创建 t1 对象,接着调用 triangle()函数,进入函数 triangle()中,再调用 Test 类的构造函数创建 t2 对象,接着判断出输入的 3 条边中存在负数,因此在此处抛出异常。从进入 try 块起,到异常被抛出前,这期间在栈上构造的所有对象都会被自动析构。从程序运行结果可以看出,先析构 t2 对象,再析构 t1 对象。最后抛出异常并捕捉异常,第 44~47 行为处理异常,处理完异常后,程序转到第 52 行接着执行 return 语句。

8.6　异　常　类

8.6.1　异常类的基本用法

在 C++中,除了可以抛出基本数据类型的异常外,还可以抛出类类型的异常,以便向用户提供更多的异常信息。接下来演示抛出类类型的异常,如例 8-6 所示。

例 8-6

```
1   # include < iostream >
2   # include < cmath >
3   # include < string >
4   using namespace std;
5   class MyException
6   {
7   public:
8       MyException(string s = "") : str(s){}
9       void display()
10      {
11          cout << str << endl;
12      }
13  private:
14      string str;
15  };
16  double triangle(double& a, double& b, double& c)
17  {
18      if(a < 0 || b < 0 || c < 0)
19      {
20          throw MyException("三角形边长不得小于 0!");    //抛出异常
21      }
22      if(a + b <= c || a + c <= b || b + c <= a)
23      {
24          throw MyException("构不成三角形!");            //抛出异常
25      }
26      double p = (a + b + c) / 2;
27      double area = sqrt(p * (p - a) * (p - b) * (p - c));
28      return area;
```

```
29   }
30   int main()
31   {
32       double a, b, c, area;
33       cout << "请输入三角形三边长度:" << endl;
34       cin >> a >> b >> c;
35       try                    //异常检测
36       {
37           area = triangle(a, b, c);
38           cout << "三角形面积为:" << area << endl;
39       }
40       catch (MyException e)    //捕捉异常
41       {
42           e.display();
43       }
44       return 0;
45   }
```

运行结果如图 8.9 所示。

图 8.9　例 8-6 运行结果

在例 8-6 中,定义了一个 MyException 类,triangle()函数在抛出异常时,抛出一个由 MyException 类创建的匿名对象,该匿名对象会传递给 catch 语句块参数表中的 e 对象。

8.6.2 catch 语句块中的参数

当抛出类类型异常时,try-catch 结构的 catch 语句块中的参数可以是类对象、类对象的引用、指向类对象的指针。接下来分别讲解这 3 种情形。

(1)当抛出类类型异常时,若 catch 语句块中的参数是类对象,那么会调用拷贝构造函数。接下来演示这种情形,如例 8-7 所示。

例 8-7

```
1    # include < iostream >
2    # include < cmath >
3    # include < string >
4    using namespace std;
5    class MyException
6    {
7    public:
8        MyException(string s = "") : str(s)
9        {
```

```
10          cout << "有参构造函数" << endl;
11      }
12      MyException(const MyException& e)
13      {
14          this->str = e.str;
15          cout << "拷贝构造函数" << endl;
16      }
17      void display()
18      {
19          cout << str << endl;
20      }
21      ~MyException()
22      {
23          cout << "析构函数" << endl;
24      }
25 private:
26      string str;
27 };
28 double triangle(double& a, double& b, double& c)
29 {
30      if(a < 0 || b < 0 || c < 0)
31      {
32          throw MyException("三角形边长不得小于 0!"); //抛出异常
33      }
34      if(a + b <= c || a + c <= b || b + c <= a)
35      {
36          throw MyException("构不成三角形!");          //抛出异常
37      }
38      double p = (a + b + c) / 2;
39      double area = sqrt(p * (p - a) * (p - b) * (p - c));
40      return area;
41 }
42 int main()
43 {
44      double a, b, c, area;
45      cout << "请输入三角形三边长度:" << endl;
46      cin >> a >> b >> c;
47      try                                              //异常检测
48      {
49          area = triangle(a, b, c);
50          cout << "三角形面积为:" << area << endl;
51      }
52      catch (MyException e)                            //捕捉异常,catch 中的参数为类对象
53      {
54          e.display();
55          cout << " *************** " << endl;
56      }
57      cout << " ----------------- " << endl;
58      return 0;
59 }
```

运行结果如图 8.10 所示。

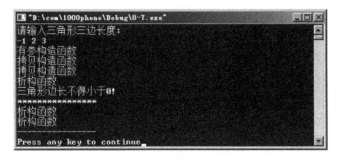

图 8.10 例 8-7 运行结果

在例 8-7 中,triangle()函数在抛出异常时,抛出一个由 MyException 类创建的匿名对象,catch 语句块中的参数为类对象 e,此时会调用拷贝构造函数创建对象 e。从运行结果发现,拷贝构造函数被调用了,注意此处不同的编译器可能有不同的实现。

(2) 当抛出类类型异常时,若 catch 语句块中的参数是类对象的引用,则比上一种情况少调用一次拷贝构造函数。接下来通过一个案例来演示这种情形,如例 8-8 所示。

例 8-8

```
1   # include < iostream >
2   # include < cmath >
3   # include < string >
4   using namespace std;
5   class MyException
6   {
7   public:
8       MyException(string s = "") : str(s)
9       {
10          cout << "有参构造函数" << endl;
11      }
12      MyException(const MyException& e)
13      {
14          this -> str = e.str;
15          cout << "拷贝构造函数" << endl;
16      }
17      void display()
18      {
19          cout << str << endl;
20      }
21      ~MyException()
22      {
23          cout << "析构函数" << endl;
24      }
25  private:
26      string str;
27  };
```

```
28  double triangle(double& a, double& b, double& c)
29  {
30      if(a < 0 || b < 0 || c < 0)
31      {
32          throw MyException("三角形边长不得小于0!");     //抛出异常
33      }
34      if(a + b <= c || a + c <= b || b + c <= a)
35      {
36          throw MyException("构不成三角形!");              //抛出异常
37      }
38      double p = (a + b + c) / 2;
39      double area = sqrt(p * (p - a) * (p - b) * (p - c));
40      return area;
41  }
42  int main()
43  {
44      double a, b, c, area;
45      cout << "请输入三角形三边长度:" << endl;
46      cin >> a >> b >> c;
47      try //异常检测
48      {
49          area = triangle(a, b, c);
50          cout << "三角形面积为:" << area << endl;
51      }
52      catch (MyException& e)          //捕捉异常,catch中的参数为类对象的引用
53      {
54          e.display();
55          cout << " *************** " << endl;
56      }
57      cout << " ---------------- " << endl;
58      return 0;
59  }
```

运行结果如图 8.11 所示。

图 8.11　例 8-8 运行结果

在例 8-8 中,triangle()函数在抛出异常时,抛出一个由 MyException 类创建的匿名对象,catch 语句块中的参数为类对象的引用 e,注意此处也是不同的编译器有不同的实现,一些高版本的编译器实现时将不会调用拷贝构造函数,直接使用此处的引用变量引

用匿名对象。

（3）当抛出类类型异常时，若 catch 语句块中的参数是指向类对象的指针，需要注意抛出时不能使用对匿名对象取地址这种方式，因为这种方式会出现野指针，此时需要使用 new 运算符在堆上创建对象这种方式。接下来演示这种情形，如例 8-9 所示。

例 8-9

```
1    # include < iostream >
2    # include < cmath >
3    # include < string >
4    using namespace std;
5    class MyException
6    {
7    public:
8        MyException(string s = "") : str(s)
9        {
10           cout << "有参构造函数" << endl;
11       }
12       MyException(const MyException& e)
13       {
14           this -> str = e.str;
15           cout << "拷贝构造函数" << endl;
16       }
17       void display()
18       {
19           cout << str << endl;
20       }
21       ~MyException()
22       {
23           cout << "析构函数" << endl;
24       }
25   private:
26       string str;
27   };
28   double triangle(double& a, double& b, double& c)
29   {
30       if(a < 0 || b < 0 || c < 0)
31       {
32           throw new MyException("三角形边长不得小于 0!"); //抛出异常
33       }
34       if(a + b <= c || a + c <= b || b + c <= a)
35       {
36           throw new MyException("构不成三角形!");          //抛出异常
37       }
38       double p = (a + b + c) / 2;
39       double area = sqrt(p * (p - a) * (p - b) * (p - c));
40       return area;
41   }
```

```
42  int main()
43  {
44      double a, b, c, area;
45      cout << "请输入三角形三边长度:" << endl;
46      cin >> a >> b >> c;
47      try                        //检测异常
48      {
49          area = triangle(a, b, c);
50          cout << "三角形面积为:" << area << endl;
51      }
52      catch (MyException * e)    //捕捉异常,catch 中的参数为指向类对象的指针
53      {
54          e->display();
55          delete e;
56          cout << " ************** ** " << endl;
57      }
58      cout << " ---------------- " << endl;
59      return 0;
60  }
```

运行结果如图 8.12 所示。

图 8.12　例 8-9 运行结果

在例 8-9 中,triangle()函数在抛出异常时,抛出一个通过 new 运算符创建的匿名对象,catch 语句块中的参数为指向匿名对象的指针,注意使用完匿名对象,要用 delete 运算符释放在堆上创建的匿名对象。

8.6.3　异常类的继承

异常类也是一个类,也可以派生出子类,在继承与派生中提到父类指针(引用)可以指向(引用)子类对象,在抛出派生类的对象时,catch 语句块中参数也可以是基类类型的指针或引用。

接下来演示这种情形,如例 8-10 所示。

例 8-10

```
1   # include < iostream >
2   # include < cmath >
3   using namespace std;
```

```
4  class BaseMyException                              //基类
5  {
6  public:
7      virtual void display() = 0;                    //虚函数
8  };
9  class MyException1 : public BaseMyException         //派生类
10 {
11 public:
12     virtual void display()
13     {
14         cout << "三角形边长不得小于 0!" << endl;
15     }
16 };
17 class MyException2 : public BaseMyException         //派生类
18 {
19 public:
20     virtual void display()
21     {
22         cout << "构不成三角形!" << endl;
23     }
24 };
25 double triangle(double& a, double& b, double& c)
26 {
27     if(a < 0 || b < 0 || c < 0)
28     {
29         throw MyException1();                       //抛出异常
30     }
31     if(a + b <= c || a + c <= b || b + c <= a)
32     {
33         throw MyException2();                       //抛出异常
34     }
35     double p = (a + b + c) / 2;
36     double area = sqrt(p * (p - a) * (p - b) * (p - c));
37     return area;
38 }
39 int main()
40 {
41     double a, b, c, area;
42     cout << "请输入三角形三边长度:" << endl;
43     cin >> a >> b >> c;
44     try                                             //异常检测
45     {
46         area = triangle(a, b, c);
47         cout << "三角形面积为:" << area << endl;
48     }
49     catch (BaseMyException& e)                       //捕捉异常
50     {
51         e.display();
52     }
```

```
53    return 0;
54 }
```

运行结果如图 8.13 所示。

图 8.13   例 8-10 运行结果

在例 8-10 中,MyException1 类与 MyException2 类继承自 BaseMyException 类,当抛出派生类异常对象时,catch 语句块中参数是基类类型的引用,这与前面讲解的多态类似。

8.7   重 抛 异 常

如果某个异常在处理过程中需要更外层的 catch 语句块对它进行处理,则可以在 catch 语句中通过 throw 语句再次将该异常抛出,这样不同层次的 catch 语句块就可以访问同一个异常。重抛异常时只能从 catch 语句块(或 catch 语句块中调用函数)中完成,该异常不会被同一个 catch 语句块捕捉,而是传递到外层的 try-catch 结构中。

接下来演示重抛异常,如例 8-11 所示。

例 8-11

```cpp
1    # include < iostream >
2    # include < cmath >
3    using namespace std;
4    double triangle(double& a, double& b, double& c)
5    {
6        if(a < 0 || b < 0 || c < 0)
7        {
8            throw 1;               //抛出异常
9        }
10       if(a + b <= c || a + c <= b || b + c <= a)
11       {
12           throw 2.1;             //抛出异常
13       }
14       double p = (a + b + c) / 2;
15       double area = sqrt(p * (p - a) * (p - b) * (p - c));
16       return area;
17   }
18   void test(double a, double b, double c)
19   {
20       try                       //异常检测
```

```
21        {
22            double area = triangle(a, b, c);
23            cout << "三角形面积为:" << area << endl;
24        }
25        catch (int a)          //捕捉异常
26        {
27            throw a;            //重抛异常
28        }
29        catch (double b)        //捕捉异常
30        {
31            throw b;            //重抛异常
32        }
33    }
34    int main()
35    {
36        double a, b, c;
37        cout << "请输入三角形三边长度:" << endl;
38        cin >> a >> b >> c;
39        try                     //异常检测
40        {
41            test(a, b, c);
42        }
43        catch (int a)          //捕捉异常
44        {
45            cerr << "三角形边长不得小于 0!" << endl;
46        }
47        catch (double b)        //捕捉异常
48        {
49            cerr << "构不成三角形!" << endl;
50        }
51        return 0;
52    }
```

运行结果如图 8.14 所示。

图 8.14　例 8-11 运行结果

在例 8-11 中,第 25～28 行捕捉到异常后,没有进行处理,而是通过 throw 语句再次将异常抛出。第 43～46 行捕捉到再次抛出的异常并进行处理。

如果抛出的异常是派生类的对象,且 catch 语句块中的参数是基类指针或引用,则用上面的方法重抛异常时,会出现错误,解决方法如下所示:

```
throw;
```

注意此处关键字 throw 后没有对象,另外,该方法也可以用于重抛普通类型的异常。
接下来演示重抛异常对象,如例 8-12 所示。

例 8-12

```
1   # include <iostream>
2   # include <cmath>
3   using namespace std;
4   class BaseMyException                        //基类
5   {
6   public:
7       virtual void display() = 0;              //虚函数
8   };
9   class MyException1 : public BaseMyException   //派生类
10  {
11  public:
12      virtual void display()
13      {
14          cout << "三角形边长不得小于 0!" << endl;
15      }
16  };
17  class MyException2 : public BaseMyException   //派生类
18  {
19  public:
20      virtual void display()
21      {
22          cout << "构不成三角形!" << endl;
23      }
24  };
25  double triangle(double& a, double& b, double& c)
26  {
27      if(a < 0 || b < 0 || c < 0)
28      {
29          throw MyException1();                //抛出异常
30      }
31      if(a + b <= c || a + c <= b || b + c <= a)
32      {
33          throw MyException2();                //抛出异常
34      }
35      double p = (a + b + c) / 2;
36      double area = sqrt(p * (p - a) * (p - b) * (p - c));
37      return area;
38  }
39  void test(double a, double b, double c)
40  {
41      try                                      //异常检测
42      {
43          double area = triangle(a, b, c);
44          cout << "三角形面积为:" << area << endl;
45      }
46      catch (BaseMyException& e)                //捕捉异常
47      {
```

```
48          throw;                 //重抛异常
49      }
50 }
51 int main()
52 {
53     double a, b, c;
54     cout << "请输入三角形三边长度:" << endl;
55     cin >> a >> b >> c;
56     try                        //异常检测
57     {
58         test(a, b, c);
59     }
60     catch (BaseMyException& e)   //捕捉异常
61     {
62         e.display();
63     }
64     return 0;
65 }
```

运行结果如图 8.15 所示。

图 8.15　例 8-12 运行结果

在例 8-12 中,第 46~49 行捕捉到异常后,没有进行处理,而是通过 throw 语句再次将异常抛出,注意此处 throw 后没有跟对象。第 60~63 行捕捉到再次抛出的异常并进行处理。

8.8　标准异常类

C++标准库提供了一个异常类层次结构,用来表示 C++标准库中的函数执行期间遇到的异常。当然这些标准异常也可以被用于用户编写的程序中,这样用户就可以利用现有的异常资源对一些常见的异常进行处理。标准异常类层次关系如图 8.16 所示。

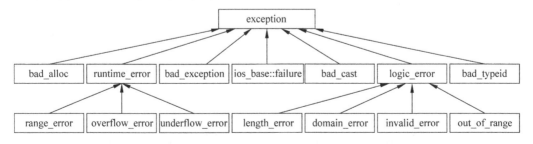

图 8.16　标准异常类层次关系

在图 8.16 中,C++标准库中的异常类层次的根类为 exception 类,它是 C++标准库函数抛出的所有异常类的基类,其公共成员函数如下所示:

```
class exception
{
    ...
public:
    exception() throw();                                //无参构造函数
    exception(const exception&) throw();                //拷贝构造函数
    exception &operator = (const exception&) throw();   //赋值运算符重载
    virtual ~exception() throw();                       //虚析构函数
    virtual const char * what() const throw();          //虚函数
};
```

在上述公有成员函数中,每个函数声明时指定 throw 参数表为不包括任何类型的空表,那么这些函数不会抛出任何异常。成员函数 what()为一个虚函数,返回一个 C 风格的字符串用于描述异常的相关信息,标准异常类层次中的其他类都可以重新实现该函数,以便描述更多派生类的异常对象信息。另外,除了 exception 类外,所有标准异常类的构造函数都接受一个 string 对象作为参数,该参数指明 what()函数返回一个 C 风格的字符串。

exception 类的派生类主要分为 runtime_error 类、logic_error 类和其他异常类 3 种。下面分别介绍这些派生类。

(1) runtime_error 类表示运行期错误,在程序运行期间才能检测的错误,由该类可以派生出以下 3 个类,如表 8.1 所示。

表 8.1   runtime_error 类的派生类

类 名	含 义
range_error	数值范围发生越界的错误
overflow_error	算术运算发生上溢的错误
underflow_error	算术运算发生下溢的错误

(2) logic_error 类表示逻辑错误,此类错误是指在特定代码执行前就违背了某些前置条件,由该类可以派生出以下 4 个类,如表 8.2 所示。

表 8.2   logic_error 类的派生类

类 名	含 义
length_error	长度超过所操作对象最大允许长度的错误
domain_error	特定领域范畴内的错误
invalid_error	函数调用时传递实参无效的错误
out_of_range	数组或下标之类的数值越界的错误

（3）其他类表示语言本身支持的异常，如表 8.3 所示。

表 8.3 其他类

类 名	含 义
bad_alloc	new 或 new[]分配内存失败时抛出的异常
bad_exception	发生意外的异常（函数抛出异常规范外的异常）
ios_base∷failure	标准输入输出流出现的异常
bad_cast	动态类型转换失败时抛出的异常
bad_typeid	使用 typeid 操作一个 NULL 指针并且该指针是带有虚函数的类

为了使用上述标准异常类，在使用时用户需要包含相应的头文件，标准异常类所在的头文件如表 8.4 所示。

表 8.4 标准异常类及对应的头文件

头文件	异 常 类 型
exception	exception、bad_exception
new	bad_alloc
typeinfo	bad_cast、bad_typeid
stdexcept	logic_error、domain_error、length_error、out_of_range、range_error、overflow_error、underflow_error、runtime_error、invalid_argument

接下来演示标准异常类的使用，如例 8-13 所示。

例 8-13

```
1    #include <iostream>
2    #include <cmath>
3    #include <exception>
4    using namespace std;
5    class MyException1 : public exception
6    {
7    public:
8        virtual const char * what() const throw()
9        {
10           return "三角形边长不得小于 0!";
11       }
12   };
13   class MyException2 : public exception
14   {
15   public:
16       virtual const char * what() const throw()
17       {
18           return "构不成三角形!";
19       }
20   };
```

```
21  double triangle(double& a, double& b, double& c)
22  {
23      if(a < 0 || b < 0 || c < 0)
24      {
25          throw MyException1();      //抛出异常
26      }
27      if(a + b <= c || a + c <= b || b + c <= a)
28      {
29          throw MyException2();      //抛出异常
30      }
31      double p = (a + b + c) / 2;
32      double area = sqrt(p * (p - a) * (p - b) * (p - c));
33      return area;
34  }
35  int main()
36  {
37      double a, b, c, area;
38      cout << "请输入三角形三边长度:" << endl;
39      cin >> a >> b >> c;
40      try                            //异常检测
41      {
42          area = triangle(a, b, c);
43          cout << "三角形面积为:" << area << endl;
44      }
45      catch (exception& e)           //捕捉异常
46      {
47          cout << e.what() << endl;
48      }
49      return 0;
50  }
```

运行结果如图 8.17 所示。

图 8.17 例 8-13 运行结果

在例 8-13 中,MyException1 类和 MyException2 类都继承自 exception 类,其中第 8～11 行和第 16～19 行分别重写了 what( )虚函数。在第 45 行捕捉异常时使用了基类 exception 来获得异常信息。

学习完标准异常类,用户可以利用现成的异常资源,编写程序时只需指定异常范围和定义异常处理,就可以捕捉可能产生的异常,大大提高了编程效率。

8.9 本章小结

本章主要介绍了 C++中的异常处理机制,它使得程序具有一定的容错能力,即在环境条件出现异常时不会轻易地终止程序,而会友好地提示用户。本章需重点理解异常处理机制,它的基本思想就是将异常的抛出与处理分离开来,使得每个模块专注于实现本模块的功能,从而增强程序的健壮性。

8.10 习　　题

1. 填空题

(1) 在 C++程序将可能发生异常的程序块放在_____语句块中。

(2) 抛出异常使用的关键字是_____。

(3) 捕获异常使用的关键字是_____。

(4) 若抛出的异常类型与 catch 语句块中的类型都不匹配,则会调用_____函数。

(5) 重抛类对象的异常应使用_____语句。

2. 选择题

(1) 下列叙述错误的是(　　)。

　　A. catch(…)语句块可以捕获所有类型的异常

　　B. 一个 try 语句块可以有多个 catch 语句块

　　C. catch(…)语句块一般放在 catch 语句组的中间

　　D. 程序中 try 语句块与 catch 语句块是一个整体

(2) 关于函数声明 double fun(int a) throw(),下列叙述正确的是(　　)。

　　A. 函数抛出 double 类型异常　　　　　B. 函数抛出任何类型异常

　　C. 函数不抛出任何类型异常　　　　　D. 函数实际抛出的异常

(3) 一般 catch(…)语句块放在其他 catch 语句块之后,该语句块表示(　　)。

　　A. 抛出异常　　　　　　　　　　　　B. 检测异常

　　C. 有语法错误　　　　　　　　　　　D. 捕获所有类型异常

(4) 在 C++标准库中,标准异常类层次的根类为(　　)。

　　A. exception　　　　　　　　　　　　B. bad_exception

　　C. logic_error　　　　　　　　　　　D. runtime_error

(5) 下列不是 runtime_error 派生类的是(　　)。

　　A. range_error　　　　　　　　　　　B. overflow_error

　　C. underflow_error　　　　　　　　　D. out_of_range

3. 思考题

（1）异常处理机制的基本思想是什么？

（2）异常处理机制与普通函数相比有哪些优势？

4. 编程题

编写程序，定义一个 Array 类，要求重载数组下标操作符并通过抛出异常使之具有判断与处理下标越界功能。

第 9 章

STL 简介

本章学习目标
- 理解 STL 思想
- 掌握常用的容器
- 理解迭代器
- 掌握常用的算法

C++语言的优势之一是支持代码重用,主要体现在两个方面:一是面向对象思想,其中有多态和标准类库;二是泛型程序设计思想,其中有模板机制和标准模板库。本章主要讲解标准模板库。

9.1 STL 概述

标准模板库(Standard Template Library)简称为 STL,它提供了一组包含更高级功能的模板,编程者可以使用这些模板为数据类型创建标准的容器、迭代器及算法,很好地实现了代码重用并提高了软件开发效率。

STL 是由 Alexander Stepanov、Meng Lee 等人在惠普实验室创造出来的,在 1994 年 2 月正式成为 ANSI/ISO C++的一部分。它是一个高效的 C++程序库,其中就是一些常用数据结构与算法模板的集合,因此引入 STL 后,就不必再从头写许多标准数据结构和算法,并且还可获得非常高的性能。另外,STL 是所有 C++编译器和所有操作系统平台都支持的一种库,即 STL 提供给 C++程序编写者的接口都是一样的,同一段 STL 代码在不同编译器和操作系统平台上的运行结果是相同的,但底层实现有可能不同。

STL 关注的重点是泛型数据结构和算法,其关键组成部分是容器(container)、迭代器(iterator)、算法(algorithm)。容器是指可容纳各种数据类型的元素;迭代器是可依次存取容器中元素的东西;算法是用来操作容器中元素的函数模板。由此可以看出,STL 的一个基本思想就是将数据和操作分离,而迭代器是连接容器和算法的桥梁,如图 9.1 所示。

在图 9.1 中,数组 int a[10]就是个容器,而 int * 类型的指针变量就可以作为迭代器,此时可以通过指针为这个数组编写一个 sort()排序函数,这就是算法。完成上述操

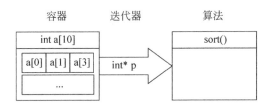

图 9.1　容器、迭代器、算法间的关系

作后,就实现了数据与操作的分离,即容器与算法的分离,但两者可以通过迭代器相互联系。

STL 中所有的组件都是由模板构成的,因此容器中的元素可以是任意类型。在 C++标准中,使用 STL 中的不同组件需要包含对应的头文件,其中共有 13 个头文件,分别为 algorithm、deque、functional、iterator、vector、list、map、memory、numeric、queue、set、stack、utility。接下来分别介绍 STL 中关键的 3 个部分。

1. 容器

容器可以用于存放各种类型的数据(包括基本类型的变量、对象等)。简单理解就是存放其他对象的结构。这里注意容器中存储的是对象的一个副本。另外,容器为了便于操作其中的对象,容器本身也包含有一些成员函数。

容器的另一个特点是可以进行自动扩展。对于程序中不确定对象数目的情况,编程者并不能立即确定创建多大的内存空间来保存对象。容器的优势就在于不需要关心对象的数目,只需创建一个容器,它可以自动申请或释放内存并用最优的算法来执行存储。

STL 中的容器可以分为 3 类:顺序容器、关联容器和适配器容器,下面分别介绍这 3 类容器。

1) 顺序容器

顺序容器是指元素按先后顺序排列,包括向量(vector)、列表(list)、双端队列(deque),如表 9.1 所示。

表 9.1　顺序容器

容　　器	描　　述	实现头文件
向量(vector)	连续存储的元素	vector
双端队列(deque)	连续存储的指向不同元素的指针所组成的数组	deque
列表(list)	由节点组成的双向链表,每个节点包含着一个元素	list

2) 关联容器

关联容器是指元素的位置取决于特定的排序准则,与插入的顺序无关,包括集合(set)、多重集合(multiset)、映射(map)、多重映射(multimap),如表 9.2 所示。

3) 适配器容器

适配器容器是指由顺序容器实现的容器,包括堆栈(stack)、队列(queue)、优先队列(priority_queue),如表 9.3 所示。

表 9.2　关联容器

容　　器	描　　　述	实现头文件
集合(set)	由节点组成的红黑树,每个节点都包含着一个元素,节点之间以某种作用于元素对的谓词排列,没有两个不同的元素能够拥有相同的次序	set
多重集合(multiset)	允许存在两个次序相等的元素的集合	set
映射(map)	由{键,值}组成的集合,以某种作用于键值对上的谓词排列	map
多重映射(multimap)	允许键值对有相等的次序的映射	map

表 9.3　适配器容器

容　　器	描　　　述	实现头文件
堆栈(stack)	后进先出的元素的排列	stack
队列(queuc)	先进先出的元素的排列	queue
优先队列(priority_queue)	元素的次序是由作用于所存储的键值对上的某种谓词决定的一种队列	queue

以上所有的容器都支持完整意义上的拷贝构造和赋值操作,即可以将容器对象作为一个整体,用于构造或赋值给另一个同类对象,因此能够被放入容器的对象类型,必须要能够支持完整意义上的拷贝构造和赋值操作,以实现对象间的复制。

2. 迭代器

迭代器在 STL 中用来将容器和算法联系起来,相当于一种黏合剂的作用。STL 提供的大部分算法都是通过迭代器存取元素序列进行运算的,每一个容器都定义了其本身所专有的迭代器用于存取其中的元素,这样通过迭代器就可以在完全不了解容器内部结构的前提下,以完全一致且透明的方式访问其中的元素。

迭代器和容器的关系,类似于指针和数组的关系,迭代器是一个类类型的对象,但因其重载了若干与指针一致的运算符,如 *、->、++、-- 等,因此可以将其视为指向容器元素的“指针”。但迭代器与指针之间的一个重要区别就是不存在值为 NULL 的迭代器,即不能用 NULL 或 0 来初始化迭代器。

STL 中定义了 5 种类型的迭代器,分别为输入迭代器、输出迭代器、前向迭代器、双向迭代器、随机访问迭代器。顺序容器和关联容器中的每种容器都支持某一种类型的迭代器。STL 通过迭代器向编程者提供访问接口,既可以隐藏内部实现的细节,又可以使访问容器中的元素变得简便、高效。

接下来简单介绍迭代器的定义方法,其语法格式如下:

```
容器类名::iterator　变量名;
```

迭代器定义完成后,就可以访问一个迭代器指向的元素,其语法格式如下:

```
*迭代器变量名
```

3. 算法

算法是指操作容器中元素的函数模板,例如,STL 用 sort()来对 vector 中的数据进行排序,用 find()来搜索一个 list 中的对象。函数本身与其操作数据的结构和类型无关,因此它们可以在从简单数组到高度复杂容器的任何数据结构上使用。

STL 中提供了能在各种容器中通用的算法,例如,插入、删除、查找、排序等,大约有 70 种标准算法。这样只要熟悉这些算法,就可以调用这些算法模板完成所需要的功能,大大提升了开发效率。

上面简要介绍了 STL 的 3 个关键部分,从中可以总结出使用 STL 有以下优势:

- STL 是 C++的一部分,它被内建在 C++编译器中,因此可以直接使用。
- STL 使得容器与算法相分离,降低了程序的耦合性。
- 编程者不需要关心 STL 具体的实现过程,只要能够熟练使用接口即可,这样就可以把精力放在程序开发的其他方面。
- STL 具有高可重用性、高性能及高移植性的特点。高可重用性体现在 STL 中大部分代码都是通过类模板和函数模板实现的。高性能体现在 map 容器是采用红黑树变体实现的。高移植性体现在同一段 STL 代码在不同编译器和操作系统平台上运行结果相同。

9.2　常用的容器

9.1 节中简单介绍了容器的概念及分类,本节将针对每种容器详细地介绍其使用方法及应用场景。

9.2.1　vector 容器

vector 是 STL 中一种自定义数据类型,具体如下所示:

```
template< class T, class Allocator = allocator< T>>
class vector
{
    ...
};
```

vector 容器与普通 C++数组类似,普通数组的大小是固定的,而 vector 会根据需求自动扩大容量。因此程序中经常使用 vector 容器作为动态数组,它支持随机存取元素,并且在末端添加或删除元素时,速度非常快,如图 9.2 所示。

在图 9.2 中,创建了一个存放整型数据的 vector 容器并对容器进行各种基本操作,接下来详细讲解 vector 容器的创建、插入元素、删除元素等基本操作。

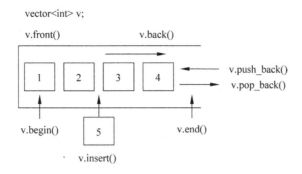

图 9.2 vector 容器示意图

1. 创建 vector 容器

vector 模板中定义了不同的构造函数，因此创建 vector 对象也可以使用不同的方式，主要分为以下两种方式。

1) vector 对象的默认构造函数

这种方式是指创建 vector 对象时只给出对象名，后面没有任何参数，其语法格式如下：

```
vector <元素类型> 向量对象名;
```

如果上述代码中的元素类型为 int，则表示 vector 容器中存储的是 int 类型的元素，具体示例如下：

```
vector < int > v;
```

上面语句使用模板参数 int 调用 vector 类的默认构造函数，默认构造函数创建了一个容器，其初始容量和大小都是 0。这里需注意容量和大小的区别，容量是指任意给定时刻容器能存储的最多元素的个数，而大小是指实际存储元素的个数。这种方式创建的容器在添加元素时，效率非常低，因为在添加元素时，需要扩大容量。

2) vector 对象的有参构造函数

这种方式是指创建 vector 对象时给出对象名并在后面添加参数，其语法格式如下：

```
vector <元素类型> 向量对象名(容量初值);
vector <元素类型> 向量对象名(容量初值, 元素初值);
vector <元素类型> 向量对象名(起始迭代器, 终止迭代器);
vector <元素类型> 向量对象名(另一个同类型向量对象名);
```

第一种形式指定容器容量的初值，具体示例如下：

```
vector < int > v1(20);
```

上述代码表示创建一个 v1 容器,容器中的元素都是 int 类型且被初始化为 0,容器的容量为 20。此处需注意,如果元素类型为基本类型,则用基本类型的零初始化;如果元素类型为一个类,则元素的初值由类的默认构造函数初始化。

第二种形式不仅指定容器容量的初值,还指定容器中元素的初值,具体示例如下:

```
vector < int > v2(20, 6);
```

上述代码表示创建一个 v2 容器,容器中的元素都是 int 类型且被初始化为 6,容器的容量为 20。

第三种形式表示用另一个容器起始迭代器和终止迭代器之间的元素初始化容器中的元素,具体示例如下:

```
int array[5] = {1,2,3,4,5};
vector < int > v3(&array[0], &array[3]);
```

上述代码表示创建一个 v3 容器并将数组 array 中的 a[0]、a[1]、a[2] 的值复制给容器中的元素,此处注意不包括 a[3]。

第四种形式通过调用拷贝构造函数将另一个向量对象复制给需要创建的对象,具体示例如下:

```
vector < int > v4(20, 6);
vector < int > v5(v4);
```

上述代码表示将对象 v4 作为对象 v5 的拷贝构造函数的参数来创建 v5 容器。

2. 获取头尾元素的迭代器

vector 中提供了函数 begin 和 end 用来获取头尾元素的迭代器,其语法格式如下:

```
向量对象名.begin();
向量对象名.end();
```

第一个函数用来返回指向容器中头部元素的迭代器,第二个函数用来返回指向容器中尾部的下一个元素的迭代器。

接下来演示迭代器的使用,如例 9-1 所示。

例 9-1

```
1    # include < iostream >
2    # include < vector >
3    using namespace std;
4    void print(vector < int > & v)
5    {
6        vector < int >::iterator it = v.begin();
7        for(it = v.begin(); it != v.end(); it++)
```

```
8       {
9           cout << * it << " ";
10      }
11      cout << endl;
12 }
13 int main()
14 {
15      vector < int > v1(4, 3);          //创建 v1 容器
16      print(v1);
17      vector < int > v2(v1);            //创建 v2 容器
18      print(v2);
19      int a[5] = {1,2,3,4,5};
20      vector < int > v3(&a[0], &a[4]); //创建 v3 容器
21      print(v3);
22      vector < int >::iterator it = v3.begin();
23      vector < int > v4(it, it + 3);
24      print(v4);
25      return 0;
26 }
```

运行结果如图 9.3 所示。

图 9.3　例 9-1 运行结果

在例 9-1 中，print()函数中定义了一个迭代器，通过 for 循环来遍历容器中的元素。
第 15 行创建一个容器 v1，容器的容量为 4，容器中每个元素都为 3。第 17 行通过调用拷
贝构造函数来创建 v2 容器，v2 容器中的元素与 v1 容器中的元素相同。第 20 行创建 v3
容器并用数组 a 的前 4 个元素初始化 v3 容器中的前 4 个元素。第 22 行定义一个迭代器
并初始化为指向 v3 容器的头部元素。第 23 行创建 v4 容器并用容器 v3 的前 3 个元素初
始化 v4 容器中的前 3 个元素。

3. vector 容器中元素的赋值

vector 容器中元素可以在创建容器时赋值，也可以通过调用 vector 的成员函数来赋
值，其语法格式如下：

```
向量对象名.assign(元素个数 n,元素 elem);
向量对象名.assign(起始迭代器,终止迭代器);
```

第一种形式表示将 n 个 elem 元素赋值给容器，第二种形式表示将迭代器指向区间
的元素赋值给容器中的元素，注意不包括终止迭代器指向的元素。此外，vector 类重载

了赋值操作符,因此也可以通过赋值操作符将一个容器赋值给另一个容器。

4. 访问 vector 容器中的元素

vector 类中重载了[]运算符,因此可以像访问数组元素一样访问容器中的元素,另外 vector 中还提供了一个成员函数 at()用来随机访问容器中的元素,其语法格式如下:

```
向量对象名.at(下标);
```

该函数返回容器中下标所对应的元素,如果下标越界,将会抛出 out_of_range 异常。注意当使用[]运算符访问容器中元素时,如果下标越界,不会抛出异常。

5. 从尾部插入和删除元素

vector 中提供了函数 push_back()和 pop_back()分别用于向容器尾部插入和删除元素,其语法格式如下:

```
向量对象名.push_back(元素);
向量对象名.pop_back();
```

第一个函数表示向容器的尾部插入一个元素,第二个函数表示从容器的尾部删除一个元素。

6. 获取头部和尾部元素

vector 中提供了函数 front()和 back(),分别用于获取容器中头部和尾部的元素,其语法格式如下:

```
向量对象名.front();
向量对象名.back();
```

上述两个函数的返回值分别为容器中头部元素和尾部元素的引用。

7. 插入元素

vector 中通过函数 insert()向容器中插入元素,其语法格式如下:

```
向量对象名.insert(迭代器 pos,元素 elem);
向量对象名.insert(迭代器 pos,元素个数 n,元素 elem);
向量对象名.insert(迭代器 pos,起始迭代器 begin,终止迭代器 end);
```

第一种形式表示在迭代器 pos 所指向的位置处添加一个元素 elem,函数返回添加元素的位置。第二种形式表示在迭代器 pos 所指向的位置处插入 n 个 elem 元素,函数无返回值。第三种形式表示在迭代器 pos 所指向的位置处插入起始迭代器 begin 和终止迭代器 end 之间的元素,不包含终止迭代器指向的元素,函数无返回值。

8. 删除元素

vector 中通过函数 erase() 来删除容器中的元素，其语法格式如下：

```
向量对象名.erase(迭代器 pos);
向量对象名.erase(起始迭代器 begin,终止迭代器 end);
向量对象名.clear();
```

第一种形式表示删除迭代器 pos 所指向位置处的元素，函数返回下一个元素的位置。第二种形式表示删除起始迭代器 begin 和终止迭代器 end 之间的元素，不包含终止迭代器指向的元素，函数无返回值。第三种形式表示删除容器中的所有元素。

9. 获取容器的容量和大小

vector 中提供了函数 capacity() 和 size() 来获取容器的容量和大小，其语法格式如下：

```
向量对象名.capacity();
向量对象名.size();
```

一般情况下，向量容器的容量与大小相同，但如果向容器中增加或删除元素，容器的容量和大小就有可能不相同。

10. 指定容器的大小

vector 中提供了函数 resize() 来指定容量的大小，其语法格式如下：

```
向量对象名.resize(大小 num);
向量对象名.resize(大小 num,元素 elem);
```

第一种形式表示指定容器的大小为 num，若容器变长，则以默认值填充新位置；如果容器变短，则末尾超出容器长度的元素被删除。第二种形式表示指定容器的大小为 num，若容器变长，则以元素 elem 填充新位置；若容器变短，则末尾超出容器长度的元素被删除。

接下来演示上述几种函数的用法，具体如例 9-2 所示。

例 9-2

```
1   # include < iostream >
2   # include < vector >
3   using namespace std;
4   void print(vector < int > & v)
5   {
6       vector < int >::iterator it = v.begin();
7       for(it = v.begin(); it != v.end(); it++)
```

```
 8      {
 9          cout << * it << " ";
10      }
11      cout << endl;
12  }
13  int main()
14  {
15      int i;
16      vector < int > v1, v2;          //创建 v1、v2 容器
17      for(i = 0; i < 10; i++)
18      {
19          v1.push_back(i + 1);
20      }
21      print(v1);
22      cout << "v1 容器头部元素为" << v1.front() << endl;
23      cout << "v1 容器尾部元素为" << v1.back() << endl;
24      cout << "v1 容器下标为 5 的元素为" << v1.at(5) << endl;
25      v2.assign(v1.begin() + 1, v1.end() - 1);
26      print(v2);
27      cout << "v2 容器的容量为" << v2.capacity() << " 大小为" << v2.size() << endl;
28      v2.insert(v2.begin(), v1.begin() + 2, v1.end() - 2);
29      print(v2);
30      v2.pop_back();                  //删除 v2 尾部元素
31      print(v2);
32      cout << "v2 容器的容量为" << v2.capacity() << " 大小为" << v2.size() << endl;
33      v2.resize(18, 10);
34      print(v2);
35      v2.erase(v2.begin(), v2.begin() + 4);
36      print(v2);
37      return 0;
38  }
```

运行结果如图 9.4 所示。

图 9.4 例 9-2 运行结果

在例 9-2 中，第 17～20 行在 for 循环中 v1 容器通过 push_back() 函数向其尾部插入 10 个元素。第 25 行将 v1 容器中的迭代器位置从 v1.begin()＋1 到 v1.end()－1 之间的 元素赋值给 v2 容器中的元素，注意不包含 v1.end()－1 所指向的元素。第 27 行打印容

器 v2 的容量和大小。第 28 行在容器迭代器 v2. begin() 所指向的位置处插入从容器 v1
迭代器 v1. begin()+2 到 v1. end()-2 之间的元素,注意不包含 v1. end()-2 所指向的
元素。第 30 行删除容器 v2 中尾部元素。第 32 行打印容器 v2 的容量和大小,此时容量
和大小不相同。第 33 行指定容器的大小。第 35 行在容器 v2 中删除迭代器 v2. begin()
到 v2. begin()+4 之间的元素,注意不包含 v2. begin()+4 所指向的元素。

9.2.2　deque 容器

deque 是双端队列容器,和 vector 一样,deque 也支持随机存取。vector 是单端开口
的连续性存储容器,而 deque 是双端开口的连续性存储容器,这里的双端开口是指可以
在容器的头部和尾部分别做元素的插入和删除操作,这里需注意,vector 容器也可以在
头部进行插入和删除操作,但是头部插入和删除操作效率相比 deque 容器要低许多,如
图 9.5 所示。

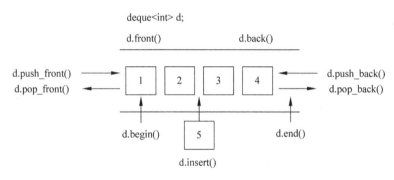

图 9.5　deque 容器示意图

在图 9.5 中,创建了一个存放整型数据的 deque 容器并对容器进行各种基本操作。
deque 容器的基本操作与 vector 容器非常相似,接下来详细讲解 deque 容器的创建、插入
元素、删除元素等基本操作。

1. 创建 deque 容器

deque 模板中也定义了不同的构造函数,因此要创建 deque 对象,可以使用不同的方
式,其语法格式如下:

```
deque<元素类型> 双端队列对象名;                        //默认构造函数
deque<元素类型> 双端队列对象名(容量初值);              //有参构造函数
deque<元素类型> 双端队列对象名(容量初值, 元素初值);     //有参构造函数
deque<元素类型> 双端队列对象名(起始迭代器, 终止迭代器); //有参构造函数
deque<元素类型> 双端队列对象名(另一个同类型对象名);     //拷贝构造函数
```

2. 获取头尾元素的迭代器

deque 中也提供了函数 begin() 和 end() 用来获取头尾元素的迭代器,其用法与

vector 中用法相同,其语法格式如下:

```
双端队列对象名.begin();
双端队列对象名.end();
```

第一个函数用来返回指向容器中头部元素的迭代器,第二个函数用来返回指向容器中尾部的下一个元素的迭代器。

3. deque 容器中元素的赋值

deque 容器中元素的赋值方法与 vector 容器中赋值方法相同,其语法格式如下:

```
双端队列对象名.assign(元素个数 n,元素 elem);
双端队列对象名.assign(起始迭代器,终止迭代器);
```

4. 访问 deque 容器中的元素

deque 容器中访问元素的方法与 vector 容器中访问元素的方法相同,其语法格式如下:

```
双端队列对象名.at(下标);
双端队列对象名[下标];
```

5. 从头部或尾部插入和删除元素

deque 中提供了函数 push_front() 和 pop_front() 分别用于向容器头部插入元素和删除元素,这是 vector 容器中不具有的操作,其语法格式如下:

```
双端队列对象名.push_front(元素);
双端队列对象名.pop_front();
双端队列对象名.push_back(元素);
双端队列对象名.pop_back();
```

6. 获取头部和尾部元素

deque 中获取头部和尾部元素的方法同 vector 中获取头部和尾部元素的方法相同,其语法格式如下:

```
双端队列对象名.front();
双端队列对象名.back();
```

7. 插入元素

deque 中插入元素的方法同 vector 中插入元素的方法相同,其语法格式如下:

```
双端队列对象名.insert(迭代器 pos,元素 elem);
双端队列对象名.insert(迭代器 pos,元素个数 n,元素 elem);
双端队列对象名.insert(迭代器 pos,起始迭代器 begin,终止迭代器 end);
```

8. 删除元素

deque 中删除元素的方法同 vector 中删除元素的方法相同,其语法格式如下:

```
双端队列对象名.erase(迭代器 pos);
双端队列对象名.erase(起始迭代器 begin,终止迭代器 end);
双端队列对象名.clear();
```

9. 获取容器的大小

deque 中获取容器大小的方法同 vector 中获取容器大小的方法相同,其语法格式如下:

```
双端队列对象名.size();
```

该函数返回容器中元素的个数,注意 deque 中没有 capacity()成员函数,即 deque 没有容量的概念,因为它被表示成一个分段数组,容器中的元素分段存储在一个个大小固定的数组中,容器中还有一个索引数组,它用来存放那些分段数组的首地址。

10. 指定容器的大小

deque 中指定容器大小的方法同 vector 中指定容器大小的方法相同,其语法格式如下:

```
双端队列对象名.resize(大小 num);
双端队列对象名.resize(大小 num,元素 elem);
```

接下来演示 deque 容器的使用,如例 9-3 所示。

例 9-3

```
1    # include < iostream >
2    # include < deque >
3    using namespace std;
4    void print(deque < int > & d)
5    {
6        deque < int >::iterator it = d.begin();
7        for(it = d.begin(); it != d.end(); it++)
8        {
9            cout << * it << " ";
10       }
```

```
11          cout << endl;
12  }
13  int main()
14  {
15          int i;
16          deque < int > d1, d2;        //创建 d1、d2 容器
17          for(i = 0; i < 10; i++)
18          {
19                  d1.push_back(i + 1);
20          }
21          print(d1);
22          cout << "d1 容器头部元素为" << d1.front() << endl;
23          cout << "d1 容器尾部元素为" << d1.back() << endl;
24          cout << "d1 容器下标为 5 的元素为" << d1.at(5) << endl;
25          d2.assign(d1.begin() + 1, d1.end() - 1);
26          print(d2);
27          cout << "d2 容器的大小为" << d2.size() << endl;
28          d2.insert(d2.begin(), d1.begin() + 2, d1.end() - 2);
29          print(d2);
30          d2.pop_back();
31          print(d2);
32          d2.resize(18, 10);
33          print(d2);
34          d2.erase(d2.begin(), d2.begin() + 4);
35          print(d2);
36          d2.push_front(0);          //向容器 d2 头部插入元素 0
37          print(d2);
38          d2.pop_front();            //删除容器 d2 头部的元素
39          print(d2);
40          return 0;
41  }
```

运行结果如图 9.6 所示。

图 9.6　例 9-3 运行结果

在例 9-3 中,第 15～35 行代码与例 9-2 中的代码类似,具体解释参考例 9-2 中的解释。第 36 行通过 push_front()函数向容器 d2 的头部插入元素 0。第 38 行通过 pop_ front()函数删除容器 d2 头部的元素 0。

9.2.3 list 容器

list 容器实现为一个双向链表,它是一种物理存储单元上非连续、非顺序的存储结构,数据元素的逻辑顺序是通过链表中指针链接次序实现的,如图 9.7 所示。

图 9.7 双向链表

在图 9.7 中,链表由一系列节点组成,节点可以在运行时动态生成。每个节点包括两个部分:一个是存储数据元素的数据域;另一个是存储上一个节点和下一个节点地址的指针域。由于 list 容器由双向链表实现,因此该容器不能随机访问元素,但在任意位置插入和删除元素的效率非常高。list 容器的大部分操作与 vector 和 deque 都相同,接下来简要介绍 list 容器的基本操作。

1. 创建 list 容器

list 模板中也定义了不同的构造函数,因此创建 list 对象也可以使用不同的方式,其语法格式如下:

```
list<元素类型> 列表对象名;                    //默认构造函数
list<元素类型> 列表对象名(容量初值);          //有参构造函数
list<元素类型> 列表对象名(容量初值, 元素初值);  //有参构造函数
list<元素类型> 列表对象名(起始迭代器, 终止迭代器); //有参构造函数
list<元素类型> 列表对象名(另一个同类型对象名);   //拷贝构造函数
```

2. 获取头尾元素的迭代器

list 中也提供了函数 begin()和 end(),用来获取头尾元素的迭代器,其语法格式如下:

```
列表对象名.begin();
列表对象名.end();
```

上述两个函数均返回一个迭代器,注意使用迭代器时,只能执行＋＋或－－操作,不能执行＋或－操作,因为 list 不支持随机访问元素,具体示例如下:

```
list<int> lt(10, 8);
list<int>::iterator it = lt.begin();
it++;    //正确
it += 5; //错误
```

3. list 容器中元素的赋值

list 容器也提供了函数 assign()用来为容器中的元素赋值,其语法格式如下:

```
列表对象名.assign(元素个数 n,元素 elem);
列表对象名.assign(起始迭代器,终止迭代器);
```

4. 从头部或尾部插入和删除元素

list 容器也支持从头部或尾部插入和删除元素,其语法格式如下:

```
列表对象名.push_front(元素);
列表对象名.pop_front();
列表对象名.push_back(元素);
列表对象名.pop_back();
```

5. 获取头部和尾部元素

list 容器也支持获取头部和尾部元素,其语法格式如下:

```
列表对象名.front();
列表对象名.back();
```

由于 list 容器通过链表实现,内存区域并不是连续的,因此无法用[]运算符来访问容器中的元素,也不能通过函数 at()来随机访问的元素。

6. 插入元素

list 容器也支持插入元素,其语法格式如下:

```
列表对象名.insert(迭代器 pos,元素 elem);
列表对象名.insert(迭代器 pos,元素个数 n,元素 elem);
列表对象名.insert(迭代器 pos,起始迭代器 begin,终止迭代器 end);
```

7. 删除元素

list 容器也支持删除元素,其语法格式如下:

```
列表对象名.erase(迭代器 pos);
列表对象名.erase(起始迭代器 begin,终止迭代器 end);
列表对象名.clear();
列表对象名.remove(元素 elem);
```

list 容器中还可以通过 remove()函数来删除元素,该函数将删除容器中所有与元素 elem 相同的元素。

8. 获取容器的大小

list 中也可以获取容器大小,其语法格式如下:

```
列表对象名.size();
```

9. 指定容器的大小

list 中也可以指定容器的大小,其语法格式如下:

```
列表对象名.resize(大小 num);
列表对象名.resize(大小 num,元素 elem);
```

接下来演示 list 容器的使用,如例 9-4 所示。

例 9-4

```cpp
1    # include < iostream >
2    # include < list >
3    using namespace std;
4    void print(list < int >& lt)
5    {
6        list < int >::iterator it = lt.begin();
7        for(it = lt.begin(); it != lt.end(); it++)
8        {
9            cout << * it << " ";
10       }
11       cout << endl;
12   }
13   int main()
14   {
15       int i;
16       list < int > lt1, lt2;                    //创建 lt1、lt2 容器
17       for(i = 0; i < 10; i++)
18       {
19           lt1.push_back(i + 1);
20       }
21       print(lt1);
22       cout << "lt1 容器头部元素为" << lt1.front() << endl;
23       cout << "lt1 容器尾部元素为" << lt1.back() << endl;
24       lt2.assign(++lt1.begin(), -- lt1.end());
25       print(lt2);
26       cout << "lt2 容器的大小为" << lt2.size() << endl;
27       lt2.insert(lt2.begin(), lt1.begin(), lt1.end());
28       print(lt2);
29       lt2.pop_back();                          //删除容器 lt2 中尾部元素
```

```
30        print(lt2);
31        lt2.resize(18, 10);
32        print(lt2);
33        lt2.remove(6);                        //删除容器 lt2 中为 6 的元素
34        print(lt2);
35        lt2.push_front(0);                    //向容器 lt2 头部插入元素 0
36        print(lt2);
37        lt2.pop_front();                      //删除容器 lt2 头部元素
38        print(lt2);
39        lt2.erase(lt2.begin(), lt2.end());    //删除容器 lt2 中的所有元素
40        print(lt2);
41        return 0;
42   }
```

运行结果如图 9.8 所示。

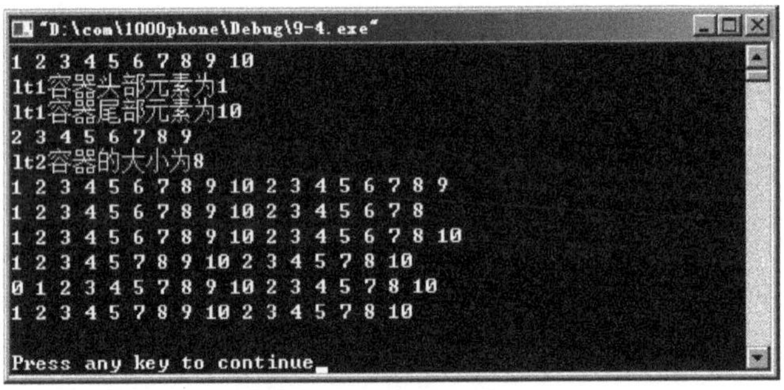

图 9.8　例 9-4 运行结果

在例 9-4 中,list 的使用方法同 vector 和 deque 大致相同,唯一需要注意迭代器的使用方法,只能进行＋＋操作或－－操作。第 33 行通过 remove()函数删除容器中与元素 6 相同的元素。

9.2.4　set 容器与 multiset 容器

set 是一个集合容器,其中所包含的元素是唯一的,如图 9.9 所示。它采用红黑树变体的数据结构实现,集合中的元素按一定的顺序排列,在插入操作和删除操作上比 vector 效率高。元素插入过程是按排序规则插入,因此不能在指定位置插入元素。另外,set 不可以直接存取元素,即不能使用[]操作符与 at()函数访问元素;set 也不可以直接修改容器中的元素值,因为该容器是自动排序的,如果希望修改一个元素值,则必须先删除原有的元素,再插入新的元素。

multiset 与 set 的区别:set 支持唯一键值,即每个元素值只能出现一次,而 multiset 中同一值可以出现多次,如图 9.10 所示。set 与 multiset 的用法非常相似,下面将详细讲解 set 的基本操作,如果没特殊说明,则表示 set 的操作也适用于 multiset。

图 9.9　set 容器

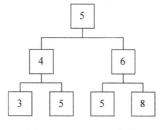

图 9.10　multiset 容器

1. 创建 set 容器

set 模板中也定义了不同的构造函数,因此创建 set 对象也可以使用不同的方式,其语法格式如下:

```
set<元素类型, less<元素类型>> 集合对象名;
set<元素类型, greater<元素类型>> 集合对象名;
set<元素类型, less<元素类型>> 集合对象名(起始迭代器, 终止迭代器);
set<元素类型, greater<元素类型>> 集合对象名(起始迭代器, 终止迭代器);
set<元素类型> 集合对象名(另一个同类型对象名);
```

上述代码中的 less<元素类型>和 greater<元素类型>就是容器中元素的排序规则,其中 less<元素类型>表示从小到大的排序规则,如果不写则默认为从小到大排序;greater<元素类型>表示从大到小的排序规则。

2. 获取头尾元素的迭代器

set 中也提供了函数 begin()和 end()用来获取头尾元素的迭代器,其语法格式如下:

```
集合对象名.begin();
集合对象名.end();
```

上述两个函数均返回一个迭代器,注意使用迭代器时,只能执行++或--操作,不能执行+或-操作。

3. 插入元素

set 中也通过 insert()函数插入元素,其语法格式如下:

```
集合对象名.insert(元素 elem);
集合对象名.insert(迭代器 pos,元素 elem);
集合对象名.insert(起始迭代器 begin,终止迭代器 end);
```

第一种形式的函数返回值是 pair<iterator, bool>对象,其中第一个参数的值指向元素插入的位置;第二个参数的值表示元素是否插入成功。注意在 multiset 中第一种形式 insert()函数的返回值是指向插入位置的迭代器,因为 set 容器中不允许存在重复的元素,当插入一个已经存在的元素时,insert()函数返回值 pair 中的 bool 就为假,表示插入元素失败,而 multiset 容器允许插入的元素相同。

4. 删除元素

set 中也支持删除元素,其语法格式如下:

```
集合对象名.erase(迭代器 pos);
集合对象名.erase(起始迭代器 begin,终止迭代器 end);
集合对象名.erase(元素 elem);
集合对象名.clear();
```

5. 获取容器的大小

set 中也可以获取容器大小,其语法格式如下:

```
集合对象名.size();
```

此外,set 中还可以获取容器中可容纳最大元素的数量,其语法格式如下:

```
集合对象名.max_size();
```

接下来演示 set 容器的用法,如例 9-5 所示。

例 9-5

```
1    # include < iostream >
2    # include < set >
3    # include < functional >
4    using namespace std;
5    int main()
6    {
7        int i;
8        set < int, greater < int >> s1;          //创建 s1 容器
9        set < int > s2;                          //创建 s2 容器
10       for(i = 0; i < 10; i++)
11       {
12           s1.insert(i + 1);
13       }
14       set < int, greater < int >>::iterator it1;
15       for(it1 = s1.begin(); it1 != s1.end(); it1++)
16       {
17           cout << * it1 << " ";
18           s2.insert(* it1);
19       }
20       cout << endl;
21       set < int >::iterator it2;
22       for(it2 = s2.begin(); it2 != s2.end(); it2++)
```

```
23      {
24          cout << * it2 << " ";
25      }
26      cout << endl;
27      pair < set < int >::iterator, bool > p;    //创建 pair 对象
28      p = s2.insert(4);
29      if(p.second == true)
30      {
31          cout << "插入成功!" << endl;
32      }
33      else
34      {
35          cout << "插入失败!" << endl;
36      }
37      cout << "s2 容器的大小为" << s2.size() << endl;
38      cout << "s2 容器容纳最大元素数量为" << s2.max_size() << endl;
39      return 0;
40  }
```

运行结果如图 9.11 所示。

图 9.11　例 9-5 运行结果

在例 9-5 中,第 8 行指定集合 s1 的排序规则为降序排序,第 10～13 行通过 for 循环将 1～10 插入 s1 中,第 15～19 行利用迭代器通过 for 循环依次访问 s1 中的元素并将 s1 中的元素插入 s2 中,集合 s2 的排序规则为升序排序,从运行结果可以看出,s1 中的元素呈降序排列,s2 中的元素呈升序排列。第 27 行创建 pair 对象,pair 类有两个成员 first 和 second,这两个成员可以通过点操作符获得。第 28 行向集合 s2 中插入元素 4,从上得知,s2 中已有元素 4,因此此插入操作会执行失败,即函数 insert()返回值 pair 中的第二个成员 second 为 false。第 37 行打印 s2 容器的大小,第 38 行打印 s2 容器中容纳的最大元素数量。

接下来演示 multiset 容器的用法,如例 9-6 所示。

例 9-6

```
1   # include < iostream >
2   # include < set >
3   # include < functional >
4   using namespace std;
5   int main()
6   {
```

```
7         int i;
8         multiset<int, greater<int>> ms1;      //创建 ms1 容器
9         multiset<int> ms2;                    //创建 ms2 容器
10        for(i = 0; i < 10; i++)
11        {
12            ms1.insert(i + 1);
13        }
14        multiset<int, greater<int>>::iterator it1;
15        for(it1 = ms1.begin(); it1 != ms1.end(); it1++)
16        {
17            cout << * it1 << " ";
18            ms2.insert( * it1);
19        }
20        cout << endl;
21        multiset<int>::iterator it2;
22        it2 = ms2.insert(4);
23        cout << * it2 << endl;
24        for(it2 = ms2.begin(); it2 != ms2.end(); it2++)
25        {
26            cout << * it2 << " ";
27        }
28        cout << endl;
29        cout << "ms2 容器的大小为" << ms2.size() << endl;
30        cout << "ms2 容器容纳最大元素数量为" << ms2.max_size() << endl;
31        return 0;
32  }
```

运行结果如图 9.12 所示。

图 9.12   例 9-6 运行结果

在例 9-6 中，multiset 的操作与 set 的操作大致相同，第 22 行向 ms2 容器中插入元素 4，insert() 函数返回值是指向插入位置的迭代器。从运行结果可以看出，ms2 容器中允许存在相同的元素。

9.2.5   map 容器与 multimap 容器

map 是标准的关联式容器，一个 map 是一个键值对序列，即（key，value）对，如图 9.13 所示。map 的具体实现采用红黑树变体的平衡二叉树的数据结构，它提供基于 key 的快速检索能力，在插入操作和删除操作上比 vector 快。map 中 key 值是唯一的，容器中的元素按一定的顺序排列，元素插入过程是按排序规则插入，因此不能指定插入位置。另

外,map 可以直接获取 key 所对应的 value,即支持[]操作符和 at()函数。

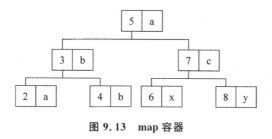

图 9.13 map 容器

multimap 与 map 的区别: map 支持唯一键值,每个键只能出现一次; 而 multimap 中相同键可以出现多次,因此 multimap 不支持[]操作符和 at()函数,如图 9.14 所示。

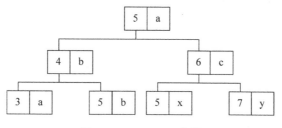

图 9.14 multimap 容器

映射中存储的元素是键值对,首先来学习如何构建键值对,常用的方法主要有两种,具体如下所示。

(1) 使用 pair<>构建键值对对象。

```
pair<数据类型 1, 数据类型 2> 对象名(数据 1, 数据 2);
对象名.first;
对象名.second;
```

上述语句通过调用 pair 的构造函数来创建 pair 对象,其中第一个数据对应键(key),第二个数据对应值(value)。

(2) 使用 make_pair 函数构建键值对对象。

```
pair<数据类型 1, 数据类型 2> 对象名 = make_pair(数据 1, 数据 2);
对象名.first;
对象名.second;
```

pair 对象的创建除了调用其构造函数,还可以调用 make_pair()函数,其实 make_pair()函数内调用的仍然是 pair 的构造函数。

map 与 multimap 的用法非常相似,下面将详细讲解 map 的基本操作,如果没特殊说明,则表示 map 的操作也适用与 multimap。

1. 创建 map 容器

map 模板中也定义了不同的构造函数,因此要创建 map 对象,可以使用不同的方式,其语法格式如下：

```
map<数据类型 1, 数据类型 2, less<数据类型 1>> 映射对象名;
map<数据类型 1, 数据类型 2, greater<数据类型 1>> 映射对象名;
map<数据类型 1, 数据类型 2, less<数据类型 1>> 映射对象名(起始迭代器, 终止迭代器);
map<数据类型 1, 数据类型 2, greater<数据类型 1>> 映射对象名(起始迭代器, 终止迭代器);
map<数据类型 1, 数据类型 2> 映射对象名(另一个同类型对象名);
```

2. 获取头尾元素的迭代器

map 中也提供了函数 begin()和 end()用来获取头尾元素的迭代器，它的用法和集合容器的用法相同，其语法格式如下：

```
映射对象名.begin();
映射对象名.end();
```

3. 获取 key 所对应的 value

map 中可以通过[]运算符来获取 key 所对应的 value，其语法格式如下：

```
映射对象名[key];
```

注意在 multimap 中不可以使用这种方式获取 key 所对应的 value，因为 multimap 中允许存在重复的 key。

4. 插入元素

map 中也通过 insert()函数插入元素，其语法格式如下：

```
映射对象名.insert(键值对);
映射对象名.insert(迭代器,键值对);
映射对象名.insert(起始迭代器,终止迭代器);
```

第一种形式的函数返回值是 pair < iterator，bool >对象，函数的参数表示插入的键值对，可以使用以下 3 种方式调用第一种形式的 insert()函数，其语法格式如下：

```
映射对象名.insert(pair<数据类型 1, 数据类型 2>(数据 1, 数据 2));
映射对象名.insert(make_pair(数据 1, 数据 2));
映射对象名.insert(map<数据类型 1, 数据类型 2>::value_type(数据 1, 数据 2));
```

5. 删除元素

map 中也支持删除元素，其语法格式如下：

```
映射对象名.erase(迭代器 pos);
映射对象名.erase(起始迭代器 begin,终止迭代器 end);
映射对象名.erase(key);
映射对象名.clear();
```

第三个函数表示删除键为 key 的键值对,其余函数的用法同其他容器的用法相同。

6. 获取容器的大小

map 中也可以获取容器大小,其语法格式如下:

```
映射对象名.size();
```

接下来演示 map 容器的用法,如例 9-7 所示。

例 9-7

```
1   # include < iostream >
2   # include < map >
3   # include < string >
4   using namespace std;
5   void print(map< int, string, greater< int >> &m)
6   {
7       map< int, string, greater< int >>::iterator it = m.begin();
8       for(it = m.begin(); it != m.end(); it++)
9       {
10          cout << "(" << ( * it).first << ", " << ( * it).second << ") ";
11      }
12      cout << endl;
13  }
14  int main()
15  {
16      string s1("xiaoqian"), s2("xiaofeng"), s3("qianfeng");
17      map< int, string, greater< int >> m1;        //创建 m1 容器
18      m1.insert(pair< int, string > (3, s1));      //插入元素
19      m1.insert(make_pair(1, s2));
20      m1.insert(map< int, string >::value_type(2, s3));
21      print(m1);
22      cout << "m1 容器中键为 3 对应的值为" << m1[3] << endl;
23      m1.erase(1);                                 //删除键为 1 的元素
24      print(m1);
25      cout << "m1 容器的大小为" << m1.size() << endl;
26      cout << "m1 容器容纳最大元素数量为"<< m1.max_size() << endl;
27      return 0;
28  }
```

运行结果如图 9.15 所示。

在例 9-7 中,第 8~11 行通过 for 循环利用迭代器来遍历容器中的元素。第 18~20

图 9.15　例 9-7 运行结果

行分别通过 3 种方式构建键值对对象,再利用 insert()函数将键值对插入到 m1 容器中。
第 22 行通过[]运算符来获取 key 所对应的 value。第 23 行通过 erase()函数删除键为 1
的键值对。第 25 行打印 m1 容器的大小,第 26 行打印 m1 容器中容纳的最大元素数量。

接下来演示 multimap 容器的用法,如例 9-8 所示。

例 9-8

```
1   # include < iostream >
2   # include < map >
3   # include < string >
4   using namespace std;
5   void print(multimap < int, string, greater < int > > &m)
6   {
7       multimap < int, string, greater < int > >::iterator it = m.begin();
8       for(it = m.begin(); it != m.end(); it++)
9       {
10          cout << "(" << ( * it).first << ", " << ( * it).second << ") ";
11      }
12      cout << endl;
13  }
14  int main()
15  {
16      string s1("xiaoqian"), s2("xiaofeng"), s3("qianfeng");
17      multimap < int, string, greater < int > > m1;     //创建 m1 容器
18      m1.insert(pair < int, string > (3, s1));          //插入元素
19      m1.insert(make_pair(1, s2));
20      m1.insert(map < int, string >::value_type(2, s3));
21      print(m1);
22      m1.erase(1);                                      //删除键为 1 的元素
23      print(m1);
24      m1.insert(pair < int, string > (3, s1));
25      m1.insert(map < int, string >::value_type(2, s3));
26      print(m1);
27      cout << "m1 容器的大小为" << m1.size() << endl;
28      cout << "m1 容器容纳最大元素数量为"<< m1.max_size() << endl;
29      m1.erase(m1.begin(), m1.end());
30      print(m1);
31      return 0;
32  }
```

运行结果如图 9.16 所示。

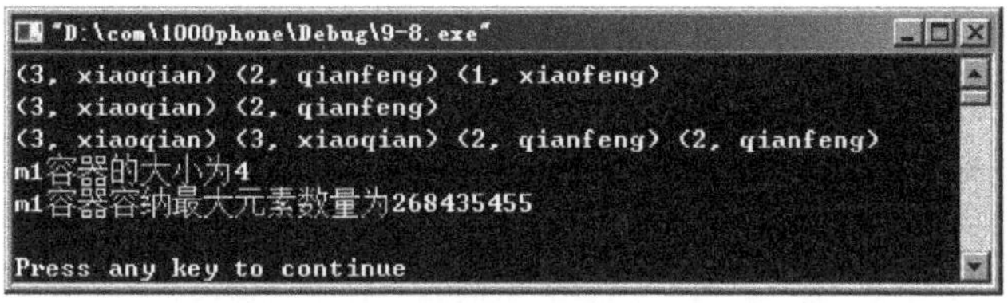

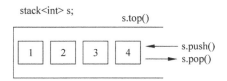

图 9.16 例 9-8 运行结果

在例 9-8 中,第 22 行删除键为 1 的键值对。第 24 行和第 25 行通过 insert()函数将向容器 m1 中插入重复的键值对,从运行结果可以发现,multimap 中可以包含相同的键值对。第 29 行删除容器中全部元素,从运行结果可发现容器为空。

9.2.6 stack 容器

stack 是一种先进后出的容器,类似于栈的形式,如图 9.17 所示。它通过简单地装饰 deque 容器而成为一种新的容器。

```
stack<int> s;
                              s.top()
┌──────────────────────────────────┐
│  ┌───┐ ┌───┐ ┌───┐ ┌───┐          │
│  │ 1 │ │ 2 │ │ 3 │ │ 4 │ ◄──── s.push()
│  └───┘ └───┘ └───┘ └───┘ ────► s.pop()
└──────────────────────────────────┘
```

图 9.17 stack 容器示意图

stack 容器中常用的操作方法有以下几个,其语法格式如下:

```
堆栈对象名.push(元素 elem);    //将元素 elem 压入堆栈顶
堆栈对象名.pop();              //弹出堆栈顶元素
堆栈对象名.top();              //返回堆栈顶元素
堆栈对象名.size();             //堆栈容器的大小
堆栈对象名.empty();            //判断堆栈容器是否为空
```

接下来演示 stack 容器的用法,如例 9-9 所示。

例 9-9

```
1   # include < iostream >
2   # include < stack >
3   using namespace std;
4   int main()
5   {
6       stack< int > s;    //创建 s 容器
7       s.push(10);        //将 10 压入栈
8       s.push(20);
9       s.push(30);
10      s.push(100);
11      cout << "堆栈大小: " << s.size() << endl;
```

```
12        while(!s.empty())
13        {
14            cout << s.top() << " ";
15            s.pop();        //弹出栈顶元素
16        }
17        cout << endl << "堆栈大小: " << s.size() << endl;
18        return 0;
19    }
```

运行结果如图 9.18 所示。

图 9.18　例 9-9 运行结果

在例 9-9 中，第 7～10 行分别向 s 容器中压入元素 10、20、30、100，此时容器的大小为 4。第 12～16 行通过 while 循环依次查看堆栈顶元素并弹出，最终容器 s 的大小为 0。

9.2.7　queue 容器

queue 是一种先进先出的容器，类似于单端队列的形式，如图 9.19 所示。它通过简单地装饰 deque 容器而成为一种新的容器。

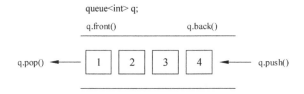

图 9.19　queue 容器示意图

queue 容器中常用的操作方法有以下几个，其语法格式如下：

```
队列对象名.push(元素 elem);        //将元素 elem 添加至队尾
队列对象名.pop();                 //将队头的第一个元素移除
队列对象名.back();                //返回队尾最后一个元素
队列对象名.front();               //返回队头第一个元素
队列对象名.size();                //队列容器的大小
队列对象名.empty();               //判断队列容器是否为空
```

接下来演示 queue 容器的用法，如例 9-10 所示。

例 9-10

```
1    # include < iostream >
2    # include < queue >
```

```
3    using namespace std;
4    int main()
5    {
6        queue < int > q;    //创建 q 容器
7        q.push(10);         //将 10 添加至队尾
8        q.push(20);
9        q.push(30);
10       q.push(40);
11       cout << "队头: " << q.front() << endl;
12       cout << "队尾: " << q.back() << endl;
13       cout << "队列大小: " << q.size() << endl;
14       while(!q.empty())
15       {
16           cout << q.front() << " ";
17           q.pop();          //移除队头元素
18       }
19       cout << endl << "队列大小: " << q.size() << endl;
20       return 0;
21   }
```

运行结果如图 9.20 所示。

图 9.20　例 9-10 运行结果

在例 9-10 中,第 7~10 行分别向 q 容器中压入元素 10、20、30、40,此时容器的大小为 4。第 14~18 行通过 while 循环依次查看队头元素并移除,最终容器 s 的大小为 0。

9.3　迭　代　器

前面简单介绍过迭代器的使用,它在 STL 中将算法和容器联系起来,起着一种黏合剂的作用。从容器角度来说,只需提供相应容器的迭代器,就可以遍历容器中的元素,而不必关心容器中的数据将进行何种操作;从算法角度来说,只需提供迭代器操作数据,而不必关心是何种容器。从这两个角度来说,迭代器实现了容器与算法的分离。

迭代器用于指向顺序容器和关联容器中的元素,可以分为 const 和非 const 两种迭代器,其中 const 迭代器可以读取其指向的元素,非 const 迭代器除了可以读取其指向的元素外还可以修改其指向的元素。根据不同的需求,定义一个容器的迭代器有两种方法,其语法格式如下:

> 容器类名::iterator 变量名;
> 容器类名::const_iterator 变量名;

访问一个迭代器指向元素的方法与指针访问指向变量的方法相同,此外,迭代器还可以执行++操作,以便指向容器中的下一个元素。如果迭代器到达了容器最后一个元素的后面,此时不能使用该迭代器访问元素。

接下来演示迭代器的使用,如例 9-11 所示。

例 9-11

```
1   # include < iostream >
2   # include < list >
3   using namespace std;
4   int main()
5   {
6       int i;
7       list < int > lt;                    //创建 lt 容器
8       for(i = 0; i < 5; i++)
9           lt.push_back(i + 1);
10      list < int >::const_iterator it;    //定义 const 迭代器
11      for(it = lt.begin(); it != lt.end(); it++)
12          cout << * it << " ";            //通过迭代器访问容器中的元素
13      cout << endl;
14      list < int >::reverse_iterator r;   //定义一个反向迭代器
15      for(r = lt.rbegin(); r != lt.rend(); r++)
16          cout << * r << " ";
17      cout << endl;
18      return 0;
19  }
```

运行结果如图 9.21 所示。

图 9.21　例 9-11 运行结果

在例 9-11 中,第 10 行定义了一个 const 迭代器,第 11 行和第 12 行利用 const 迭代器遍历容器中的元素。第 14 行定义了一个反向迭代器,它的前进方向与正向迭代器方向正好相反。第 15 行中的 rbegin()函数返回指向容器中倒数第一个元素的位置,rend()函数返回指向容器中第一个元素的上一个位置,这个位置已经超出容器范围。

不同容器所支持的迭代器功能强弱有所不同,例如,只有顺序容器与关联容器可以使用迭代器遍历。另外,容器迭代器的功能强弱,决定了该容器是否支持 STL 中的某种算法。STL 中的迭代器按功能由弱到强分为 5 种,如表 9.4 所示。

表 9.4　迭代器的分类

序　号	迭　代　器	作　　用
1	输入迭代器	提供对数据的只读访问
2	输出迭代器	提供对数据的只写访问
3	前向迭代器	提供读写操作,并能一次一个地向前推进迭代器
4	双向迭代器	提供读写操作,并能一次一个地向前和向后移动
5	随机访问迭代器	提供读写操作,并能在数据中随机移动

在表 9.4 中,序号大的迭代器具有序号小的迭代器的所有功能,可以当作序号小的迭代器使用,例如前向迭代器具有输入、输出迭代器的所有功能。

上述 5 种迭代器所能进行的操作各不相同。所有的迭代器都可以执行前置＋＋和后置＋＋操作,其他操作因迭代器的不同而不同,如表 9.5 所示。

表 9.5　不同迭代器进行的操作

迭　代　器	操　　作
输入迭代器	＊、＝、＝＝、！＝
输出迭代器	＊、＝
前向迭代器	＊、＝、＝＝、！＝
双向迭代器	＊、＝、＝＝、！＝、前置－－、后置－－
随机访问迭代器	＊、＝、＝＝、！＝、前置－－、后置－－、＋、－、＋＝、－＝、[]、＜、＞、＜＝、＞＝

既然迭代器按功能可以划分成不同的迭代器,那么各种容器所支持的迭代器也是不同的,如表 9.6 所示。

表 9.6　容器所支持的迭代器类别

容　　器	迭代器类别
vector	随机访问迭代器
deque	随机访问迭代器
list	双向迭代器
set/multiset	双向迭代器
map/multimap	双向迭代器
stack	不支持迭代器
queue	不支持迭代器
priority_queue	不支持迭代器

迭代器是一种抽象出来的概念,因此对于初学者较难理解。初学者只需理解迭代器是一种对象并能用来遍历标准模板库容器中的部分或全部元素即可。

9.4　算　　法

STL 中提供了能在各种容器中通用操作的算法,例如插入、删除、查找、排序等,这些算法实际上是一系列的函数模板。STL 中提供的所有算法都包含在 3 个头文件中,具体如下所示。

- algorithm 头文件由一系列函数模板组成，其中常用的函数功能有比较、交换、查找、遍历、复制、修改、反转、排序和合并等。
- numeric 头文件中包含几个在序列容器上进行的简单运算的函数模板。
- functional 头文件中定义了一些类模板，用于声明函数对象。

STL 中的算法大致分为两类，具体如下所示：

- 质变算法是指运算过程中会改变区间内的元素内容。例如复制、交换、删除、排序等算法都属于此类。
- 非质变算法是指在运算过程中不会改变区间内的元素内容。例如查找、计数、遍历等算法都属于此类。

9.4.1 函数对象

在介绍算法前，先介绍算法中常用的一个概念：函数对象。它是指重载函数调用操作符的类创建的对象，使得类对象可以像函数那样调用函数，因此也称为仿函数。

接下来演示函数对象，如例 9-12 所示。

例 9-12

```
1   # include < iostream >
2   using namespace std;
3   class FuncObject
4   {
5   public:
6       void operator()()        //重载()运算符
7       {
8           cout << "qianfeng" << endl;
9       }
10  };
11  int main()
12  {
13      FuncObject f;           //函数对象
14      f();
15      return 0;
16  }
```

运行结果如图 9.22 所示。

"D:\com\1000phone\Debug\9-12.exe"
qianfeng
Press any key to continue

图 9.22 例 9-12 运行结果

在例 9-12 中，定义了一个 FuncObject 类并重载了函数调用操作符。第 13 行通过 FuncObject 类创建对象 f，此时 f 称为函数对象。第 14 行函数对象重载了函数调用操作符,使得它可以像函数一样调用函数。此外,函数对象也可以有参数和返回值,并且也可以作为其他函数的参数和返回值。

9.4.2 for_each 算法

for_each()函数可以遍历容器中的元素,其语法格式如下:

```
template<class InIt, class Fun>
Fun for_each(InIt first, InIt last, Fun f);
```

for_each()函数的第一个参数表示输入起始迭代器,第二个参数表示输入终止迭代器,第三个参数表示函数或函数对象。for_each()函数对[first,end)区间中的每个元素都调用 f 函数或函数对象进行操作。

接下来演示 for_each()函数的用法,如例 9-13 所示。

例 9-13

```
1   #include<iostream>
2   #include<functional>
3   #include<algorithm>
4   #include<vector>
5   using namespace std;
6   class FuncObject
7   {
8   public:
9       FuncObject(): num(0) {}
10      void operator()(int &n)         //重载()运算符
11      {
12          num++;
13          cout << n << " ";
14      }
15      void printNum()
16      {
17          cout << num << endl;
18      }
19  private:
20      int num;
21  };
22  int main()
23  {
24      vector<int> v;                  //创建 v 容器
25      for (int i = 0; i < 10; i++)
26      {
27          v.push_back(i + 1);
28      }
29      FuncObject f1;                  //创建函数对象
30      FuncObject f2 = for_each(v.begin(), v.end(), f1);
```

```
31      cout << endl;
32      f1.printNum();
33      f2.printNum();
34      return 0;
35  }
```

运行结果如图 9.23 所示。

图 9.23　例 9-13 运行结果

在例 9-13 中,定义一个 vector 容器 v 并插入 10 个元素,通过 for_each() 函数对 [v.begin,v.end) 区间中的每个元素都调用函数对象 f1 进行操作,注意函数参数中的函数对象与函数返回的函数对象不是同一个对象。

9.4.3　find 算法

find() 函数可以用来查找指定元素的位置,其语法格式如下:

```
template< class InIt, class T >
InIt find( InIt first, InIt last, const T& val);
```

find() 函数的第一个参数表示输入起始迭代器,第二个参数表示输入终止迭代器,第三个参数表示需要查找的元素,函数返回指向匹配元素的迭代器。

接下来演示 find() 函数的用法,如例 9-14 所示。

例 9-14

```
1   # include < iostream >
2   # include < functional >
3   # include < algorithm >
4   # include < vector >
5   using namespace std;
6   int main()
7   {
8       vector< int > v;    //创建 v 容器
9       for (int i = 0; i < 10; i++)
10      {
11          v.push_back(i + 1);
12      }
13      vector< int >::iterator it = find(v.begin(), v.end(), 1);
14      if (it == v.end())
15      {
```

```
16          cout << "没有找到!" << endl;
17      }
18      else
19      {
20          cout << "查找到" << * it << endl;
21      }
22      return 0;
23  }
```

运行结果如图 9.24 所示。

图 9.24　例 9-14 运行结果

在例 9-14 中,定义一个 vector 容器 v 并插入 10 个元素,通过 find()函数查找元素 1 的位置。find 函数利用底层元素的等于操作符,对指定范围内的元素与查找元素进行比较,当匹配时,结束搜索,返回该元素的迭代器。此处需注意,如果查找的元素是类对象,则此类需重载等于操作符。

9.4.4　merge 算法

merge()函数用于合并两个有序容器并存放到另一个容器中,其语法格式如下:

```
template<class InIt1, class InIt2, class OutIt>
OutIt merge(InIt1 first1, InIt1 last1,InIt2 first2, InIt2 last2, OutIt x);
```

merge()函数的第一个参数表示容器 1 的起始迭代器,第二个参数表示容器 1 的终止迭代器,第三个参数表示容器 2 的起始迭代器,第四个参数表示容器 2 的终止迭代器,第五个参数表示目标容器的起始迭代器,函数返回目标容器的终止迭代器。

接下来演示 merge()函数的用法,如例 9-15 所示。

例 9-15

```
1   # include < iostream >
2   # include < functional >
3   # include < algorithm >
4   # include < vector >
5   using namespace std;
6   void print(vector< int >& v)   //打印容器中的元素
7   {
8       for(vector< int >::iterator it = v.begin(); it != v.end(); it++)
9       {
10          cout << * it << " ";
11      }
```

```
12       cout << endl;
13  }
14  int main()
15  {
16      int i;
17      vector < int > v1, v2, v3;        //创建 v1、v2、v3 容器
18      for (i = 1; i < 10; i += 2)
19      {
20          v1.push_back(i);
21      }
22      print(v1);
23      for (i = 2; i < 10; i += 2)
24      {
25          v2.push_back(i);
26      }
27      print(v2);
28      v3.resize(v1.size() + v2.size());
29      vector < int >:: iterator it;
30      it = merge(v1.begin(), v1.end(), v2.begin(), v2.end(), v3.begin());
31      print(v3);
32      cout << * ( -- it) << endl;
33      return 0;
34  }
```

运行结果如图 9.25 所示。

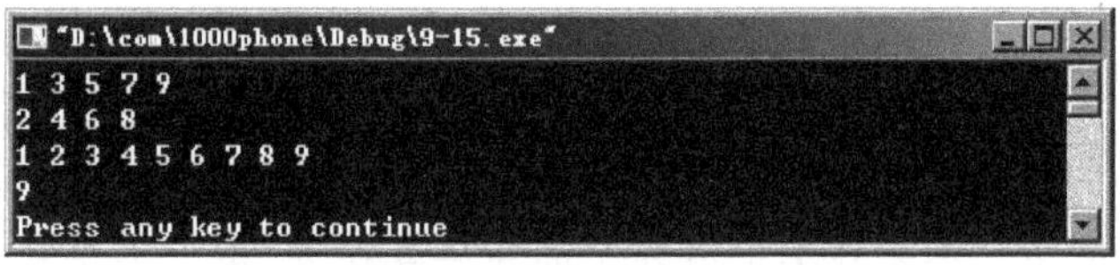

图 9.25   例 9-15 运行结果

在例 9-15 中,定义了 3 个 vector 容器 v1、v2、v3,通过 for 循环分别向 v1、v2 容器中插入元素。第 28 行指定 v3 容器的大小为 v1 容器和 v2 容器的大小之和。第 30 行通过 merge() 函数将 v1 容器和 v2 容器中元素合并到 v3 容器中。

9.4.5   sort 算法

sort() 函数用于将容器中的元素进行排序,其语法格式如下:

```
template < class RanIt, class Pred >
void sort(RanIt first, RanIt last, Pred pr);
```

sort() 函数的第一个参数表示随机访问起始迭代器,第二个参数表示随机访问终止迭代器,第三个参数表示指定排序规则(如果不写表示默认按升序规则排序)。

接下来演示 sort() 函数的用法,如例 9-16 所示。

例 9-16

```
1   # include < iostream >
2   # include < functional >
3   # include < algorithm >
4   # include < vector >
5   using namespace std;
6   bool compare(const int& a, const int& b)
7   {
8       return (a > b);
9   }
10  void print(vector < int > & v)
11  {
12      for(vector < int >::iterator it = v.begin(); it != v.end(); it++)
13      {
14          cout << * it << " ";
15      }
16      cout << endl;
17  }
18  int main()
19  {
20      vector < int > v;      //创建 v 容器
21      v.push_back(8);        //向容器尾部插入元素 8
22      v.push_back(3);
23      v.push_back(5);
24      v.push_back(7);
25      print(v);
26      sort(v.begin(), v.end());
27      print(v);
28      sort(v.begin(), v.end(), compare);
29      print(v);
30      return 0;
31  }
```

运行结果如图 9.26 所示。

图 9.26 例 9-16 运行结果

在例 9-16 中,定义了一个 vector 容器 v1 并向容器中插入元素 8、3、5、7。第 26 行调用 sort()函数没有传递第三个参数,表示默认按升序排序。第 28 行调用 sort 函数传递第三个参数指定按降序排序。

9.5　本章小结

本章主要介绍了标准模板库的基础知识,主要分为三大块:容器、迭代器和算法。有了标准模板库,编程者就不需要再从头编写一些标准数据结构和算法,并且可以获得非常高的性能。实际上标准模板库中的内容非常复杂,本章只是引领读者对它有个初步认识,如果想进一步掌握标准模板库,还需要在实际开发中多加实践。

9.6　习　　题

1. 填空题

(1) 泛型程序设计思想体现在模板机制和_____。

(2) 标准模板库的关键组成部分是容器、迭代器和_____。

(3) 标准模板库中的容器可以分为3类:顺序容器、_____和适配器容器。

(4) _____用于指向顺序容器和关联容器中的元素。

(5) _____算法可以用来查找指定元素的位置。

2. 选择题

(1) 下列不属于顺序容器的是(　　　)。

　　A. vector　　　　　　B. set　　　　　　C. deque　　　　　　D. list

(2) 下列不属于关联容器的是(　　　)。

　　A. set　　　　　　　B. map　　　　　　C. multimap　　　　D. deque

(3) 下列操作中,不属于 deque 容器的是(　　　)。

　　A. size()　　　　　　B. assign()　　　　C. capacity()　　　D. at()

(4) 下列操作中,不属于 multimap 容器的是(　　　)。

　　A. at()　　　　　　　B. size()　　　　　C. insert()　　　　D. end()

(5) 下列算法中,用于合并两个有序容器的是(　　　)。

　　A. for_each()　　　　B. find()　　　　　C. merge()　　　　D. sort()

3. 思考题

(1) 容器 map 与容器 multimap 的区别是什么?

(2) 标准模板库中的迭代器按功能由弱到强分为哪 5 种?

4. 编程题

编写程序,使用栈容器的 pop()、top()、push()及 empty()4 个操作来实现队列容器的 empty()、push()、pop()、back()、front()等操作。

第10章

综合案例

本章学习目标
- 理解面向对象程序设计思想
- 掌握类的封装和设计
- 掌握文件的基本操作
- 掌握程序的流程控制

通过前面的学习,相信读者已掌握了 C++语言基础知识,为了提高读者的动手能力,本章将回顾一下所学知识,设计一个图书管理系统。

10.1 需求分析

随着人类知识的进步,图书馆的规模不断扩大,图书数量也相应增加,但一些图书馆的工作还是手工完成,不便于动态地调整图书结构。为了更好地适应图书馆的管理需求,读者可以用 C++语言开发一款图书管理系统。

本图书管理系统是针对图书管理员对图书信息进行综合管理的系统,具体功能如下所示:

① 登录系统。管理员进入图书管理系统的登录界面进行登录。

② 显示图书。管理员可以显示所有的图书信息。

③ 查询图书。管理员可以按 ISBN 号、书名、作者等对图书进行查询。

④ 图书排序。管理员可以按价格、数量等对图书进行排序。

⑤ 增加图书。管理员可以按需求增加图书。

⑥ 减少图书。管理员可以按需求减少图书。

⑦ 修改图书。管理员可以对图书信息进行修改。

⑧ 插入图书。管理员可以向指定位置处插入图书。

⑨ 保存操作。管理员可以将所做的操作应用于图书库。

⑩ 退出系统。管理员可以退出图书管理系统。

以上是对整个图书管理系统的概述,为方便读者理解整个图书系统的功能,可以参考图 10.1。

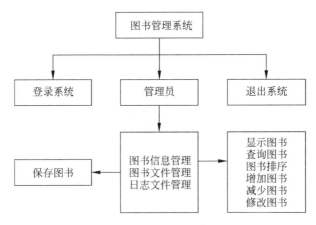

图 10.1　图书管理系统功能

10.2　程序设计

对图书管理系统功能有了初步了解后,接下来就需要根据系统各个模块的功能进行类和数据结构的设计。本图书管理系统中涉及的类有 book 类、bookList 类、admin 类、library 类。本图书管理系统将采用单向链表来管理对图书信息的操作。下面分别介绍每个类的成员信息。

1. Book 类

Book 类提供图书的基本信息,具体如下所示:

```
class Book
{
private:
    string m_sISBN;         //图书编号
    string m_sKind;         //图书类别
    string m_sName;         //图书名称
    string m_sPress;        //出版社
    string m_sDate;         //图书日期
    double m_dPrice;        //图书价格
    int m_iCount;           //图书数量
    friend class BookList;  //BookList 类声明为 Book 类的友元类
    friend class Admin;     //Admin 类声明为 Book 类的友元类
};
```

Book 类声明在 book. h 头文件中,其中 BookList 类和 Admin 类为 Book 类的友元类,它们可以访问 Book 类中的私有数据。此外,在 book. h 头文件中还定义了若干符号常量,具体如下所示:

```
# define ISBN      1                //图书编号
# define KIND      2                //图书类别
# define NAME      3                //图书名称
# define PRESS     4                //出版社
# define DATE      5                //图书日期
# define PRICE     6                //图书价格
# define COUNT     7                //图书数量
```

下面对图书进行查询或排序时,会使用到这里的符号常量。

2. BookList 类

BookList 类通过链表的一些操作来实现图书的管理,具体如下所示:

```
class BookList
{
public:
    BookList();
    ~BookList();
    void OutputHead();
    void InputBook(Book& book);
    void OutputBook(Book& book);
    void AddBook(const Book * ptr = NULL);
    void InsertBook(const BookList * book, int num = FIRST);
    void SubBook(const BookList * book, int num = FIRST);
    void DeleteBook(const BookList * book, int num = FIRST);
    BookList * SearchBook(int type, int condition, string str) const;
    void ShowAllBook(BookList * head = s_pBookHead);
    void SortBook(int type);
    void EditBook(const BookList * book, int num = FIRST);
    static void DeleteBookList(BookList * & p);
    static const Book * GetBook(BookList * & p);
    static bool IsSame(const Book * b1, const Book& b2);
    static BookList * GetListHead();
private:
    void Swap(BookList * ptr1, BookList * ptr2);
    int Compare(int type, const BookList * ptr1, const BookList * ptr2);
    BookList * IsSameBook(const Book& b) const;
    BookList * GetFrontBook(const BookList * book);
    BookList * IsBookExist(const BookList * book, int num);
private:
    Book * m_book;                   //指向图书对象
    BookList * m_pBookNext;           //指向下一个节点
    static BookList * s_pBookHead;    //指向链表头部
    static BookList * s_pBookTail;    //指向链表尾部
};
```

BookList 类声明在 bookList.h 头文件中,其中两个静态数据成员分别指向链表的

头部和尾部,静态成员的初始化需要在类外实现,具体如下所示:

```
BookList * BookList::s_pBookHead = NULL;
BookList * BookList::s_pBookTail = NULL;
```

链表中的每一个节点包含两个数据成员,其中 m_book 用于指向图书对象,m_pBookNext 用于指向下一个节点,从而构成单向链表。此外,头文件中也定义了若干符号常量,具体如下所示:

```
#define   ALL       -1        //对满足一定条件链表的所有节点进行某一操作
#define   FIRST     1         //对满足一定条件的第一个节点进行某一操作
#define   NONE      0         //查询没有条件值的内容
#define   EQUAL     1         //查询等于条件值的内容
#define   LESS      2         //查询小于条件值的内容
#define   GREATER   3         //查询大于条件值的内容
```

接下来分别介绍 BookList 类的每个成员函数。

1) BookList()函数

该函数为 BookList 类的构造函数,当创建一个 BookList 类的对象时,需要调用构造函数,此时就会产生一个链表节点,如果是第一次创建该类对象,则需要使链表的头尾指针都指向该节点,具体如下所示:

```
BookList::BookList() : m_book(NULL), m_pBookNext(NULL)
{
    if (!(s_pBookHead || s_pBookTail))
    {
        s_pBookHead = this;
        s_pBookTail = this;
    }
}
```

第一个节点中的两个指针都为 NULL,链表中的头尾指针均指向第一个节点,此时为一个空链表,此后创建的节点均可插入该链表中。

2) AddBook()函数

该函数可以实现将图书添加到链表中的功能,加入的图书可以是从图书库文件中读取的图书,也可以是用户手动输入的图书。其中如果加入的图书是图书库文件中已存在的图书,这时只需将链表中原有的图书数量与需要加入图书的数量相加;如果加入的图书是图书库文件中不存在的图书,这时只需将图书信息所在的节点插入链表的尾节点,具体如下所示:

```
void BookList::AddBook(const Book * ptr)
{
    Book b;
    if(!ptr)
```

```
{
        //用户手动输入的图书
        cout << "请输入图书信息：" << endl;
        OutputHead();
        InputBook(b);
    }
    else
        //图书库文件中读取的图书
        b = * ptr;
    BookList * p = IsSameBook(b);
    if(p)
    {
        //链表中的图书与输入的图书相同
        cout << "您输入的图书信息在图书库文件中已存在，原有图书信息如下：" << endl;
        OutputHead();
        OutputBook( * (p -> m_book));
        p -> m_book -> m_iCount += b.m_iCount;
        cout << "现将输入的图书数量与原有的图书数量相加后，最终图书信息如下：" << endl;
        OutputHead();
        OutputBook( * (p -> m_book));
    }
    else
    {
        //链表中的图书与输入的图书不同
        if(s_pBookTail)
        {
            s_pBookTail -> m_book = new Book(b);
            s_pBookTail -> m_pBookNext = new BookList();
            s_pBookTail = s_pBookTail -> m_pBookNext;
        }
    }
}
```

其中，OutputHead()函数用于输出图书信息描述，具体如下所示：

```
void BookList::OutputHead()
{
    cout << left
            << setw(12) << "编号"
            << setw(12) << "类别"
            << setw(12) << "名称"
            << setw(12) << "出版社"
            << setw(12) << "日期"
            << setw(12) << "价格"
            << setw(6) << "数量" << endl
            << "~~~~~~~~~~~~~~~~~~~~~~~~~~~~~~~~~~~~~~~~~~~~~~~~" << endl;
}
```

left 表示设置输出的格式为左对齐,setw()表示设置输出的域宽。

InputBook()函数用于输入图书信息,具体如下所示:

```
void BookList::InputBook(Book& book)
{
    cin >> book.m_sISBN
        >> book.m_sKind
        >> book.m_sName
        >> book.m_sPress
        >> book.m_sDate
        >> book.m_dPrice
        >> book.m_iCount;
}
```

IsSameBook()函数用于判断图书是否与链表中某个节点中的图书相同。若相同,函数返回该节点;否则,函数返回 NULL,具体如下所示:

```
BookList * BookList::IsSameBook(const Book& b) const
{
    BookList * p = s_pBookHead;
    while(p->m_book)
    {
        if(IsSame(p->m_book, b))
            return p;
        p = p->m_pBookNext;
    }
    return NULL;
}
```

其中,IsSame()函数用于判断两种图书是否相同。若相同,函数返回 true;否则,函数返回 false,具体如下所示:

```
bool BookList::IsSame(const Book * b1, const Book& b2)
{
    if(b1->m_sISBN == b2.m_sISBN &&
       b1->m_sKind == b2.m_sKind &&
       b1->m_sName == b2.m_sName &&
       b1->m_sPress == b2.m_sPress &&
       b1->m_dPrice == b2.m_dPrice
      )
        return true;
    return false;
}
```

OutputBook()函数用于输出图书信息,具体如下所示:

```
void BookList::OutputBook(Book& book)
{
    cout << left
            << setw(12) << book.m_sISBN
            << setw(12) << book.m_sKind
            << setw(12) << book.m_sName
            << setw(12) << book.m_sPress
            << setw(12) << book.m_sDate
            << setw(12) << book.m_dPrice
            << setw(6) << book.m_iCount << endl
            << "_____" << endl;
}
```

3) InsertBook()函数

该函数用于在指定链表节点后加入多种用户手动输入的图书,其实现与 AddBook()函数有相同之处,首先判断插入位置的节点是否存在,若存在,则通过循环向插入位置处的节点后依次插入输入的图书,此处输入的图书也分为在图书库文件中和不在图书库文件中两种情况,函数的参数 book 代表插入图书的节点放在此节点之后,参数 num 代表图书的种类数,具体如下所示:

```
void BookList::InsertBook(const BookList * book, int num)
{
    int i = 0;
    Book b;
    BookList * pThis = IsBookExist(book, num);
    //插入位置的节点不存在
    if(!pThis)
        return;
    //插入位置的节点存在
    BookList * pNext = pThis->m_pBookNext;
    while(i++< num)
    {
        cout << "输入图书内容: " << endl;
        OutputHead();
        InputBook(b);
        BookList * p = IsSameBook(b);
        if(p)
        {
            //链表中的图书与输入的图书相同
            p->m_book->m_iCount += b.m_iCount;
        }
        else
        {
            //链表中的图书与输入的图书不同
            pThis->m_pBookNext = new BookList();
            pThis = pThis->m_pBookNext;
```

```
            pThis->m_book = new Book(b);
            pThis->m_pBookNext = pNext;
        }
    }
}
```

其中,IsBookExist()函数用于判断节点中的图书是否存在于链表节点中,若存在,函数则返回链表中的该节点;否则,函数返回 NULL,具体如下所示:

```
BookList * BookList::IsBookExist(const BookList * Book, int num)
{
    if(!Book)
    {
        cout << "IsBookExist()中第一个参数无效!" << endl;
        return NULL;
    }
    if(num < 1)
    {
        cout << "IsBookExist()中第二个参数无效!" << endl;
        return NULL;
    }
    BookList * pThis = s_pBookHead;
    while(pThis)
    {
        if(pThis->m_book == Book->m_book)
            return pThis;
        pThis = pThis->m_pBookNext;
    }
    return NULL;
}
```

4) SearchBook()函数

该函数用于查询指定图书关键字及满足查询条件的图书,并将满足条件的节点组成一个新的链表。函数的第一个参数代表指定查询的关键字,第二个参数代表指定查询的条件,第三个参数代表指定查询关键字对应的内容,返回值为满足条件的节点构成链表的头部指针,具体如下所示:

```
BookList * BookList::SearchBook(int type, int condition, string str) const
{
    int c;
    BookList * p = s_pBookHead;
    BookList * pList = new BookList();
    BookList * pHead = pList;
    while (p->m_book)
    {
        switch (type)
```

```
        {
        case ISBN:
            c = p->m_book->m_sISBN >= str ?
                (p->m_book->m_sISBN == str ? 1 : 3) : 2;
            break;
        case KIND:
            c = p->m_book->m_sKind >= str ?
                (p->m_book->m_sKind == str ? 1 : 3) : 2;
            break;
        case NAME:
            c = p->m_book->m_sName >= str ?
                (p->m_book->m_sName == str ? 1 : 3) : 2;
            break;
        case PRESS:
            c = p->m_book->m_sPress >= str ?
                (p->m_book->m_sPress == str ? 1 : 3) : 2;
            break;
        case DATE:
            c = p->m_book->m_sDate >= str ?
                (p->m_book->m_sDate == str ? 1 : 3) : 2;
            break;
        case PRICE:
        {
            double d;
            istringstream iss(str);
            iss >> d;
            c = p->m_book->m_dPrice >= d ?
                (p->m_book->m_dPrice == d ? 1 : 3) : 2;
            break;
        }
        case COUNT:
        {
            int d;
            istringstream iss(str);
            iss >> d;
            c = p->m_book->m_iCount >= d ?
                (p->m_book->m_iCount == d ? 1 : 3) : 2;
            break;
        }
        }
        if (c == condition)
        {
            pList->m_book = p->m_book;
            pList->m_pBookNext = new BookList();
            pList = pList->m_pBookNext;
        }
        p = p->m_pBookNext;
    }
    return pHead->m_book ? pHead : NULL;
}
```

5) DeleteBook()函数

该函数用于从链表中删除多个指定节点,分为删除头部节点与删除非头部节点两种情况,具体如下所示:

```cpp
void BookList::DeleteBook(const BookList * book, int num)
{
    int i = 0;
    const BookList * p = book;
    BookList * pThis;
    BookList * pNext;
    BookList * pFront;
    //删除头部节点
    if(p == s_pBookHead)
    {
        s_pBookHead = s_pBookHead -> m_pBookNext;
        delete p -> m_book;
        delete p;
        return;
    }
    //删除非头部节点
    while(i++ < num)
    {
        if(!p -> m_book)
            return;
        pFront = GetFrontBook(p);
        pThis = IsBookExist(p, num);
        if(!pThis)
            return;
        p = p -> m_pBookNext;
        pNext = pThis -> m_pBookNext;
        delete pThis -> m_book;
        delete pThis;
        if(pFront)
            pFront -> m_pBookNext = pThis = pNext;
    }
}
```

其中,GetFrontBook()函数用于获取指定节点的前一个节点,具体如下所示:

```cpp
BookList * BookList::GetFrontBook(const BookList * Book)
{
    if (!Book)
    {
        cout << "GetFrontBook()中参数无效" << endl;
        return NULL;
    }
    BookList * pThis = s_pBookHead;
```

```
    while(pThis->m_pBookNext)
    {
        if(pThis->m_pBookNext->m_book == Book->m_book)
            return pThis;
        pThis = pThis->m_pBookNext;
    }
    return NULL;
}
```

6）EditBook() 函数

该函数用于多次修改链表节点中的图书信息，函数的第一个参数为满足修改条件的所有图书所在节点组成的链表，第二个参数表示修改全部，其函数通过循环首先判断节点是否在链表中，若存在，则进行修改。修改时，若输入的图书与原链表中的节点的图书完全不同并且输入的图书在原链表节点中也不存在时，将输入的图书信息赋值给原链表节点中的图书；若输入的图书与原链表中节点的图书完全不同但输入的图书在原链表节点中存在时，则删除原链表中的该节点，将输入的图书数量与原链表中的图书数量进行相加，具体如下所示：

```
void BookList::EditBook(const BookList * book, int num)
{
    Book b;
    const BookList * p = book;
    BookList * pSame;
    BookList * pThis;
    while(p->m_book)
    {
        //判断原链表中是否存在待修改的图书信息
        pThis = IsBookExist(p, FIRST);
        if(pThis)
        {
            cout << "图书原有信息如下：" << endl;
            OutputHead();
            OutputBook( * (pThis->m_book));
            cout << "请输入修改后的信息：" << endl;
            InputBook(b);
            //判断原链表中是否存在输入图书信息
            pSame = IsSameBook(b);
            if(!pSame || pSame->m_book == p->m_book)
            {
                pThis->m_book->m_sISBN = b.m_sISBN;
                pThis->m_book->m_sKind = b.m_sKind;
                pThis->m_book->m_sName = b.m_sName;
                pThis->m_book->m_sPress = b.m_sPress;
                pThis->m_book->m_sDate = b.m_sDate;
                pThis->m_book->m_dPrice = b.m_dPrice;
                pThis->m_book->m_iCount = b.m_iCount;
```

```
            }
            else
            {
                DeleteBook(pThis);
                pSame->m_book->m_iCount += b.m_iCount;
            }
            cout << "修改成功!" << endl;
            cin.get();
            cin.get();
        }
        else
            break;
        p = p->m_pBookNext;
    }
    cout << "修改完毕!" << endl;
}
```

7）SubBook( )函数

该函数用于减少某种图书的数量，函数的第一个参数为需要减少图书数量的节点，第二个参数为减少的图书数量，具体如下所示：

```
void BookList::SubBook(const BookList * book, int num)
{
    BookList * p = IsBookExist(book, FIRST);
    if(p)
    {
        cout << "要减少的图书信息: " << endl;
        OutputHead();
        OutputBook( *(p->m_book));
        if(p->m_book->m_iCount > num)
        {
            p->m_book->m_iCount -= num;
        }
        if(p->m_book->m_iCount < num)
        {
            cout << "图书不足,请重新操作!" << endl;
        }
        if(p->m_book->m_iCount == num)
        {
            cout << "该图书已删除!" << endl;
            DeleteBook(p);
        }
    }
}
```

8）ShowAllBook( )函数

该函数用于输出所有图书的信息，其通过遍历图书链表来实现，具体如下所示：

```
void BookList::ShowAllBook(BookList * head)
{
    this->OutputHead();
    BookList * p = head;
    while(p->m_book)
    {
        this->OutputBook(*(p->m_book));
        p = p->m_pBookNext;
    }
}
```

9）SortBook（）函数

该函数用于对图书信息进行排序，函数的参数表示图书排序的关键字，排序过程采用选择排序思想，从小到大进行排序，注意排序时，不需要改变链表节点的前后位置，只需改变节点中指向图书指针的指向即可，具体如下所示：

```
void BookList::SortBook(int type)
{
    BookList * p = s_pBookHead;
    //链表仅有一个节点，无须进行排序
    if(!p->m_pBookNext)
    {
        ShowAllBook();
        return;
    }
    BookList * pTmp;
    for(BookList * i = p; i->m_pBookNext->m_book;)
    {
        pTmp = i;
        BookList * j = i->m_pBookNext;
        while(j->m_book)
        {
            if(Compare(type, pTmp, j) > 0)
                pTmp = j;
            j = j->m_pBookNext;
        }
        Swap(i, pTmp);
        i = i->m_pBookNext;
    }
}
```

其中，Compare（）函数用于比较两个节点中图书的某一信息的大小，具体如下所示：

```
int BookList::Compare(int type, const BookList * ptr1, const BookList * ptr2)
{
    switch (type)
    {
```

```
        case ISBN:
            return (ptr1 -> m_book -> m_sISBN >= ptr2 -> m_book -> m_sISBN ?
                (ptr1 -> m_book -> m_sISBN == ptr2 -> m_book -> m_sISBN ? 0 : 1) : -1);
        case KIND:
            return (ptr1 -> m_book -> m_sKind >= ptr2 -> m_book -> m_sKind ?
                (ptr1 -> m_book -> m_sKind == ptr2 -> m_book -> m_sKind ? 0 : 1) : -1);
        case NAME:
            return (ptr1 -> m_book -> m_sName >= ptr2 -> m_book -> m_sName ?
                (ptr1 -> m_book -> m_sName == ptr2 -> m_book -> m_sName ? 0 : 1) : -1);
        case PRESS:
            return (ptr1 -> m_book -> m_sPress >= ptr2 -> m_book -> m_sPress ?
                (ptr1 -> m_book -> m_sPress == ptr2 -> m_book -> m_sPress ? 0 : 1) : -1);
        case DATE:
            return (ptr1 -> m_book -> m_sDate >= ptr2 -> m_book -> m_sDate ?
                (ptr1 -> m_book -> m_sDate == ptr2 -> m_book -> m_sDate ? 0 : 1) : -1);
        case PRICE:
            return (ptr1 -> m_book -> m_dPrice >= ptr2 -> m_book -> m_dPrice ?
                (ptr1 -> m_book -> m_dPrice == ptr2 -> m_book -> m_dPrice ? 0 : 1) : -1);
        case COUNT:
            return (ptr1 -> m_book -> m_iCount >= ptr2 -> m_book -> m_iCount ?
                (ptr1 -> m_book -> m_iCount == ptr2 -> m_book -> m_iCount ? 0 : 1) : -1);
    }
    return 0;
}
```

Swap()函数用于交换节点中的图书信息,具体如下所示:

```
void BookList::Swap(BookList * ptr1, BookList * ptr2)
{
    Book * tmp;
    tmp = ptr1 -> m_book;
    ptr1 -> m_book = ptr2 -> m_book;
    ptr2 -> m_book = tmp;
}
```

3. Admin 类

Admin 类主要用于管理图书库文件、日志文件及生成的图书信息链表,具体如下
所示:

```
class Admin
{
public:
    Admin(string bookFile, string logFile = "info.log");
    ~Admin();
    void ReadBookFile();
    void UpdateBookFile();
```

```
    void SaveBookFile(string file);
    void Logout(string content);
    void Select(string choice, int type = -1, int condition = NONE, string str = NULL);
private:
    ifstream m_fiBookFile;          //图书库文件的文件流对象
    ofstream m_foLogFile;           //日志文件的文件流对象
    string m_strBookFile;           //图书库文件名
    string m_strLogFile;            //日志文件名
    BookList * m_bookHead;          //指向图书信息链表头部的指针
};
```

Admin 类声明在 admin.h 头文件中,其中该类通过 m_bookHead 这个数据成员可以操作整个图书信息链表,接下来分别介绍 Admin 类的成员函数,具体如下所示:

1) Admin()函数

该函数为 Admin 类的有参构造函数,其中 logFile 的默认参数为"info.log",具体如下所示:

```
Admin::Admin(string bookFile, string logFile)
{
    m_strBookFile = bookFile;
    m_strLogFile = logFile;
    m_bookHead = new BookList;
    m_foLogFile.open(m_strLogFile.c_str(), ios::out | ios::app);
    m_foLogFile.clear();
    m_foLogFile.seekp(0, ios_base::beg);
    Logout("打开日志文件成功!");
}
```

该构造函数中,m_bookHead 初始化为 BookList 对象的地址,即指向链表的头部,此外还对日志文件进行打开及初始化操作。

Logout()函数用于向日志文件中打印操作信息,具体如下所示:

```
void Admin::Logout(string content)
{
    m_foLogFile << __DATE__ << "[" << __TIME__ << "]: "
                << content << " [" << __FILE__ << "] "
                << " [" << __LINE__ << "] " << endl;
}
```

2) ReadBookFile()函数

该函数用于读取图书文件库中的图书信息,每读一条图书信息便将该信息插入图书链表中,具体如下所示:

```
void Admin::ReadBookFile()
{
    m_fiBookFile.open(m_strBookFile.c_str(), ios_base::in);
    m_fiBookFile.clear();
    m_fiBookFile.seekg(0, ios_base::beg);
    Book b;
    while(m_fiBookFile.peek() != EOF)
    {
        m_fiBookFile >> b.m_sISBN
                        >> b.m_sKind
                        >> b.m_sName
                        >> b.m_sPress
                        >> b.m_sDate
                        >> b.m_dPrice
                        >> b.m_iCount;
        m_bookHead->AddBook(&b);
        m_fiBookFile.get();
    }
    m_fiBookFile.close();
}
```

该函数执行完,就将图书库中的图书信息全部插入到链表中,此后对图书的操作只需对该链表进行操作即可,因此读取完图书信息后,就可以将图书库文件关闭。

3) UpdateBookFile()函数

该函数用于更新图书库文件中的图书信息,该函数首先创建一个 book.txt.temp 的临时文件,然后将链表中节点的图书信息输入到该临时文件中,接着将原来的图书库文件 book.txt 删除,最后将临时文件重命名为 book.txt,具体如下所示:

```
void Admin::UpdateBookFile()
{
    string str = m_strBookFile + ".temp";
    SaveBookFile(str);
    remove(m_strBookFile.c_str());
    rename(str.c_str(), m_strBookFile.c_str());
}
```

其中,SaveBookFile()函数用于将链表中节点的图书信息输入到临时文件中,具体如下所示:

```
void Admin::SaveBookFile(std::string file)
{
    Logout("开始创建临时文件");
    ofstream fout(file.c_str());
    BookList * p = m_bookHead;
    const Book * ptr = BookList::GetBook(p);
    while(ptr)
```

```
    {
        fout << left
                << setw(12) << ptr -> m_sISBN
                << setw(12) << ptr -> m_sKind
                << setw(12) << ptr -> m_sName
                << setw(12) << ptr -> m_sPress
                << setw(12) << ptr -> m_sDate
                << setw(12) << ptr -> m_dPrice
                << ptr -> m_iCount << endl;
        ptr = BookList::GetBook(p);
    }
    fout.close();
    Logout("图书信息存入临时文件成功");
}
```

其中,GetBook()函数是 BookList 类中的一个静态成员函数,用于获取图书库链表中节点的图书信息并把函数参数中指向该节点的指针往后移动一个节点,具体如下所示:

```
const Book * BookList::GetBook(BookList * & p)
{
    if(!p -> m_book)
        return NULL;
    const Book * ptr = p -> m_book;
    p = p -> m_pBookNext;
    return ptr;
}
```

4) Select()函数

该函数用于根据管理员输入的选项进行相应的操作,函数的第一个参数表示管理员输入的选项,第二个参数表示输入的关键字选项,第三个参数表示操作的条件选项,第四个参数表示关键字对应的内容,具体如下所示:

```
void Admin::Select(string choice, int type, int condition, string str)
{
    m_bookHead = BookList::GetListHead();
    if(choice == "1")                    //显示图书信息
    {
        Logout("显示图书信息");
        m_bookHead -> ShowAllBook();
        Logout("图书信息显示完成");
    }
    else if(choice == "2")               //查询图书信息
    {
        Logout("查询图书信息");
        BookList * p = m_bookHead -> SearchBook(type, condition, str);
```

```
        if (!p)
        {
            cout << "######## 您输入的图书信息在图书库中找不到! #########" << endl;
            return;
        }
        p -> ShowAllBook(p);
        Logout("图书信息查询完成");
        BookList::DeleteBookList(p);
    }
    else if(choice == "3")    //图书信息排序
    {
        Logout("图书信息排序");
        m_bookHead -> SortBook(type);
        m_bookHead -> ShowAllBook();
        Logout("图书信息排序完成");
    }
    else if(choice == "4")    //加入图书
    {
        Logout("加入图书");
        for (int i = 0; i < condition; i++)
        {
            cout << "请输入第" << i + 1 << "个图书信息(共"
                << condition << "个): " << endl;
            m_bookHead -> AddBook();
        }
        Logout("加入图书完成");
    }
    else if(choice == "5")    //减少图书
    {
        Logout("减少图书");
        BookList * p = m_bookHead -> SearchBook(type, EQUAL, str);
        if (!p)
        {
            cout << "######## 您输入的图书信息在图书库中找不到! #########" << endl;
            return;
        }
        m_bookHead -> SubBook(p, condition);
        Logout("减少完成");
        BookList::DeleteBookList(p);
    }
    else if(choice == "6")    //修改图书信息
    {
        Logout("修改图书信息");
        BookList * p = m_bookHead -> SearchBook(type, condition, str);
        if(!p)
        {
            cout << "######## 您输入的图书信息在图书库中找不到! #########" << endl;
            return;
```

```
        }
        m_bookHead -> EditBook(p, FIRST);
        Logout("图书信息修改完成");
        BookList::DeleteBookList(p);
    }
    else if(choice == "7")    //插入图书
    {
        Logout("插入图书");
        BookList * p = m_bookHead -> SearchBook(type, EQUAL, str);
        if(!p)
        {
            cout << "#######您输入的图书信息在图书库中找不到! ###### ###" << endl;
            return;
        }
        m_bookHead -> InsertBook(p, condition);
        Logout("图书插入完成");
        BookList::DeleteBookList(p);
    }
    else if(choice == "8")    //保存操作
    {
        Logout("保存操作");
        UpdateBookFile();
        Logout("保存操作完成");
    }
    else if(choice == "9")    //退出系统
    {
        Logout("退出系统!");
        return;
    }
}
```

其中，GetListHead()函数为 BookList 类中的静态成员函数，用于获取指向图书库信息构成的链表头部指针，具体如下所示：

```
BookList * BookList::GetListHead()
{
    return s_pBookHead;
}
```

DeleteBookList()函数为 BookList 类中的静态成员函数，用于释放链表，此处链表可以是图书库信息链表，也可以是 SearchBook()函数返回的链表，两种链表是有区别的，释放时需注意，如果是 SerachBook()函数返回的链表，则不需要释放节点中的图书信息，具体如下所示：

```
void BookList::DeleteBookList(BookList * & p)
{
```

```
    BookList * pTmp = p, * pList = p;
    BookList * & pHead = p;
    while(pTmp && pTmp - > m_pBookNext)
    {
        pTmp = pTmp - > m_pBookNext;
        if (pList == s_pBookHead)
            delete p - > m_book;
        delete p;
        p = pTmp;
    }
    delete pTmp;
    pHead = NULL;
}
```

5）～Admin()函数

该函数为 Admin 类的析构函数，主要用于关闭日志文件及释放图书库信息链表，具体如下所示：

```
Admin::~Admin()
{
    m_foLogFile.close();
    BookList::DeleteBookList(m_bookHead);
}
```

4．Library 类

Library 类主要用于管理整个图书系统，具体如下所示：

```
class Library
{
public:
    Library();
    ~Library();
    void LoginMenu();
    void ChoiceMenu();
    void LibraryFunction();
private:
    string m_strChoice;      //管理员选项
    Admin m_Admin;           //选项的具体操作
};
```

Library 类声明在 library.h 头文件中，其中该类通过 m_Admin 这个数据成员可以完成查询、修改图书等操作，接下来分别介绍 Library 类的成员函数，具体如下所示。

1）Library()函数

该函数用于初始化 m_Admin 及完成管理员的登录操作，登录成功后，需要立即读取图书库文件中的图书信息，具体如下所示：

```
Library::Library() : m_Admin("book.txt")
{
    LoginMenu();
    cout << "请选择: ";
    cin >> m_strChoice;
    if(m_strChoice == "1")
    {
        string str;
        cout << "请输入管理员密码: ";
        cin >> str;
        while(str != PassWord)
        {
            cout << "密码错误!" << endl;
            cout << "重新输入或按 0 退出." << endl;
            cin >> str;
            if(str == "0")
                exit(0);
        }
        cout << "管理员登录成功!" << endl;
    }
    else
        exit(0);
    system("pause");
    system("cls");
    m_Admin.ReadBookFile();
    LibraryFunction();
}
```

其中，LoginMenu()函数为登录界面，具体如下所示：

```
void Library::LoginMenu()
{
    cout << "~~~~~~~~~~~~~~~~~~~~~~~~~~~~~~~~~~~~~~" << endl
        << " *                                  * " << endl
        << " *        欢迎使用图书管理系统        * " << endl
        << " *                                  * " << endl
        << " *          1 - 管理员登录           * " << endl
        << " *                                  * " << endl
        << " *          2 - 管理员退出           * " << endl
        << " *                                  * " << endl
        << "~~~~~~~~~~~~~~~~~~~~~~~~~~~~~~~~~~~~~~" << endl;
}
```

2）LibraryFunction()函数

该函数用于执行管理员输入选项对应的操作，具体如下所示：

```cpp
void Library::LibraryFunction()
{
    int condition = NONE;
    int type = -1;
    string str;
    while(1)
    {
        ChoiceMenu();
        cout << "请选择: ";
        cin >> m_strChoice;
        if(m_strChoice == "2")              //图书查询
        {
            cout << "请输入查询图书的关键字: " << endl
                << "[1.图书编号 2.图书类别 3.图书名称 4.出版社 "
                << "5.图书日期 6.图书价格 7.图书数量]" << endl;
            cin >> type;
            if(type > 5)
            {
                cout << "请输入查询条件: " << endl
                    << "[1.相等 2.小于 3.大于]" << endl;
                cin >> condition;
            }
            else
            {
                condition = 1;
            }
            cout << "请输入关键字对应的内容: " << endl;
            cin >> str;
        }
        else if(m_strChoice == "3")          //图书排序
        {
            cout << "请输入图书排序的关键字: " << endl
                << "[1.图书编号 2.图书类别 3.图书名称 4.出版社 "
                << "5.图书日期 6.图书价格 7.图书数量]" << endl;
            cin >> type;
        }
        else if(m_strChoice == "4")          //加入图书
        {
            cout << "请输入加入图书个数: " << endl;
            cin >> condition;
        }
        else if(m_strChoice == "5")          //减少图书
        {
            cout << "请输入减少图书关键字: " << endl
                << "[1.图书编号; 3.图书名称]" << endl;
            cin >> type;
            cout << "请输入减少图书的数量: " << endl;
            cin >> condition;
```

```
            cout << "请输入关键字对应的内容: " << endl;
            cin >> str;
        }
        else if(m_strChoice == "6")      //修改图书
        {
            cout << "请输入修改图书的关键字: " << endl
                 << "[1.图书编号 2.图书类别 3.图书名称 4.出版社 "
                 << "5.图书日期 6.图书价格 7.图书数量]" << endl;
            cin >> type;
            cout << "请输入修改条件: " << endl
                 << "[1.相等; 2.小于; 3.大于]" << endl;
            cin >> condition;
            cout << "请输入关键字对应的内容: " << endl;
            cin >> str;
        }
        else if(m_strChoice == "7")      //插入图书
        {
            cout << "请输入插入类型的关键字: " << endl
                 << "[1.图书编号 2.图书类别 3.图书名称 4.出版社 "
                 << "5.图书日期 6.图书价格 7.图书数量]" << endl;
            cin >> type;
            cout << "请输入插入图书的个数: " << endl;
            cin >> condition;
            cout << "请输入插入位置对应的内容: " << endl;
            cin >> str;
        }
        m_Admin.Select(m_strChoice, type, condition, str);
        if(m_strChoice == "9")           //退出系统
            return;
        system("pause");
        system("cls");
    }
}
```

其中，ChoiceMenu()函数用于显示管理员选项界面，具体如下所示：

```
void Library::ChoiceMenu()
{
    cout << "~~~~~~~~~~~~~~~~~~~~~~~~~~~~~~~~~~~~~~~~~~~~~" << endl
         << "*            图书管理界面            *" << endl
         << "*            1 - 显示图书            *" << endl
         << "*            2 - 查询图书            *" << endl
         << "*            3 - 图书排序            *" << endl
         << "*            4 - 增加图书            *" << endl
         << "*            5 - 减少图书            *" << endl
         << "*            6 - 修改图书            *" << endl
         << "*            7 - 插入图书            *" << endl
         << "*            8 - 保存操作            *" << endl
```

```
             << " *            9 - 退出系统            * " << endl
             << "~~~~~~~~~~~~~~~~~~~~~~~~~~~~~~~~~~~~~~~~~" << endl;
}
```

至此,图书管理系统中包含的所有类及类的成员都介绍完毕,接下来实现图书管理系统。

10.3　代 码 实 现

10.2 节中简单介绍了 Book 类、BookList 类、Admin 类、Library 类的成员,接下来通过 main()函数来实现整个图书管理系统,具体如下所示:

```
#include "library.h"
#include <iostream>
using namespace std;
int main()
{
    try
    {
        Library l;
    }
    catch(...)
    {
        cerr << "发生异常!" << endl;
    }
    return 0;
}
```

main()函数在 mian.cpp 中,该函数中只创建了一个 Library 对象 l,该对象中包含 Admin 类对象成员 m_Admin,该对象成员中又包含指向 BookList 类对象的指针,该指针指向图书库信息链表的头部,从而对图书进行管理。

10.4　效 果 演 示

程序中的代码编辑完成,然后通过编译,若没有错误,就可以运行了,本节演示程序运行的效果。

1. 登录界面

程序运行后,首先进入管理员登录界面,如图 10.2 所示。

管理员输入 2,退出系统;管理员输入 1 时,进行登录。登录时,需要提供密码,只有输入密码正确,才可以进入管理界面,如图 10.3 所示。

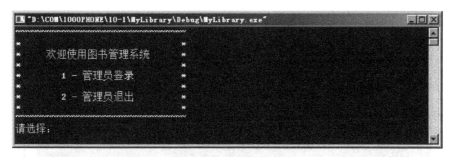

图 10.2　登录界面

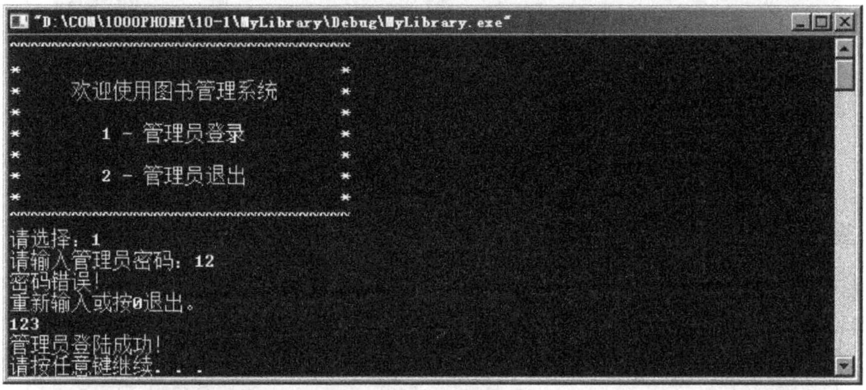

图 10.3　输入密码

2. 管理界面

登录成功后,按任意键就可以进入管理界面,如图 10.4 所示。

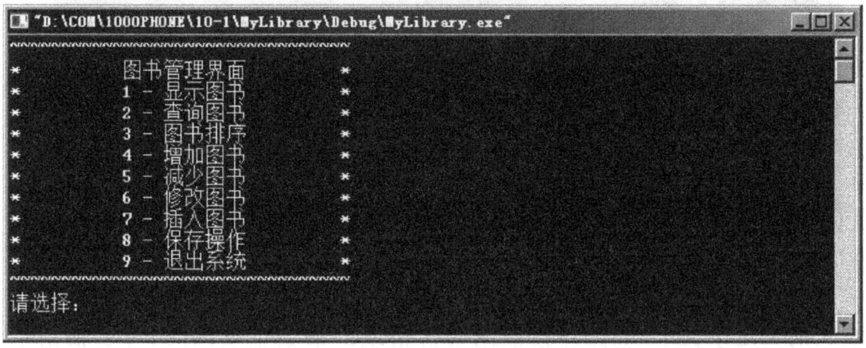

图 10.4　管理界面

3. 显示图书

在图书管理界面选择 1,就可以显示出图书库中所有的图书信息,如图 10.5 所示。

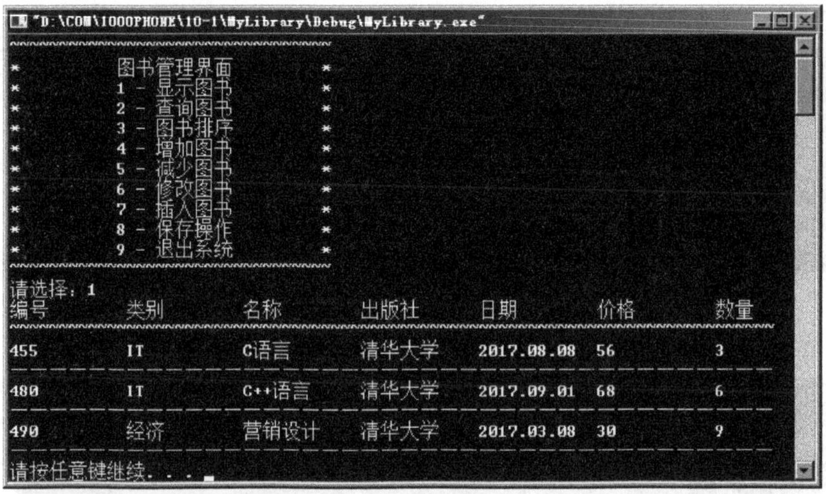

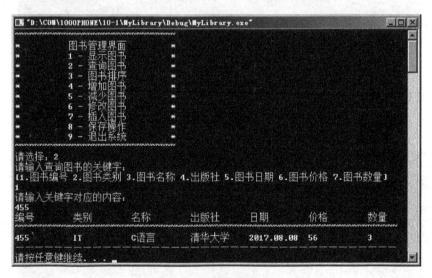

图 10.5　显示图书

4. 查询图书

在图书管理界面选择 2，就可以根据输入条件查询图书，如图 10.6 所示。

图 10.6　查询图书

当输入的关键字大于 5 时，即按照图书价格或图书数量查询时，可以根据某个范围查询，如图 10.7 所示。

5. 图书排序

在图书管理界面选择 3，就可以根据输入关键字对图书排序，如图 10.8 所示。

在图 10.8 中，当输入关键字 7 时，对图书数量按从小到大进行排序并显示。

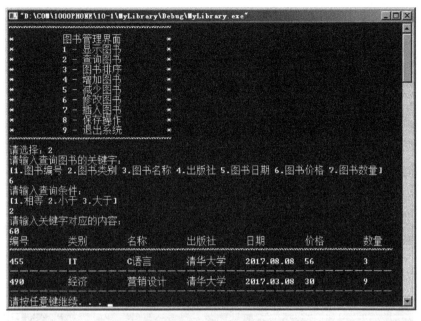

图 10.7 根据范围查询图书

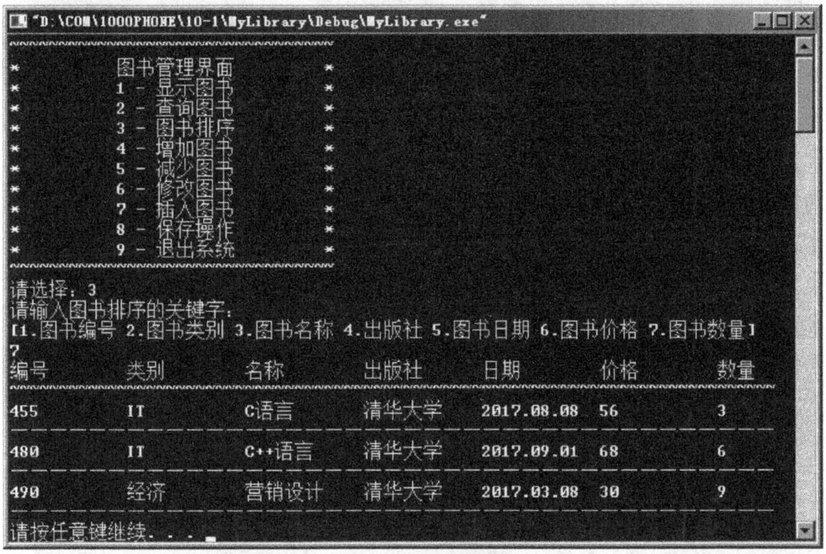

图 10.8 图书排序

6. 增加图书

在图书管理界面选择 4,就可以根据输入的图书个数增加图书,如图 10.9 所示。

图 10.9 中,通过手动输入图书信息增加图书,如果增加的图书在原图书库中存在,那么只需将两者的图书数量相加即可,如图 10.10 所示。

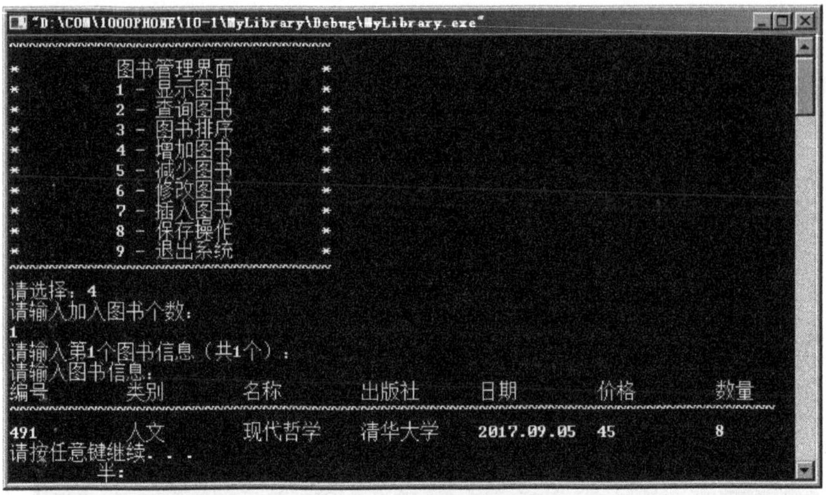

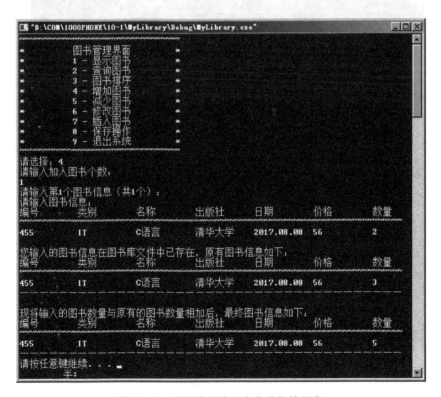

图 10.9 增加图书

图 10.10 原图书库中已存在增加的图书

7. 减少图书

在图书管理界面选择 5，就可以根据输入的关键字和减少的图书数量来减少图书，如图 10.11 所示。

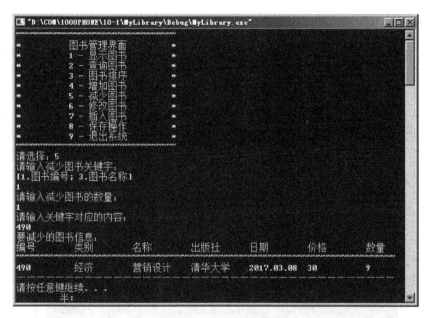

图 10.11 减少图书

如果输入的图书数量小于图书库信息中图书的数量,则将图书库中的该图书数量减去输入的数量;如果输入的图书数量大于图书库信息中图书的数量,则提示管理员重新操作;如果输入的图书数量等于图书库信息中图书的数量,则将图书库中的该图书删除,如图 10.12 所示。

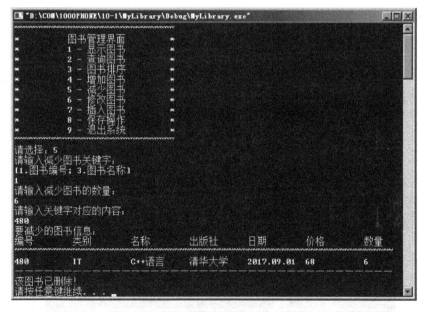

图 10.12 删除图书

8. 修改图书

在图书管理界面选择 6,就可以根据输入的关键字和条件来修改图书,如图 10.13
所示。

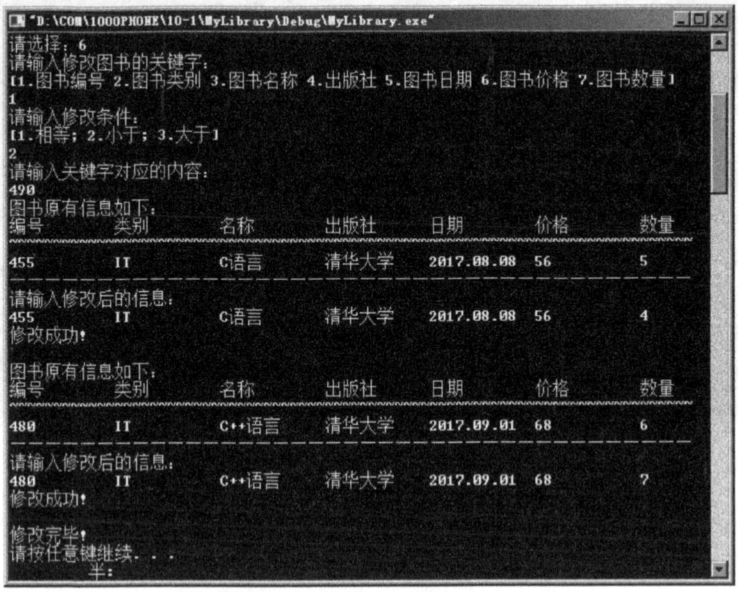

图 10.13　修改图书

9. 插入图书

在图书管理界面选择 7,就可以根据输入的关键字和数量在指定位置插入图书,如
图 10.14 所示。

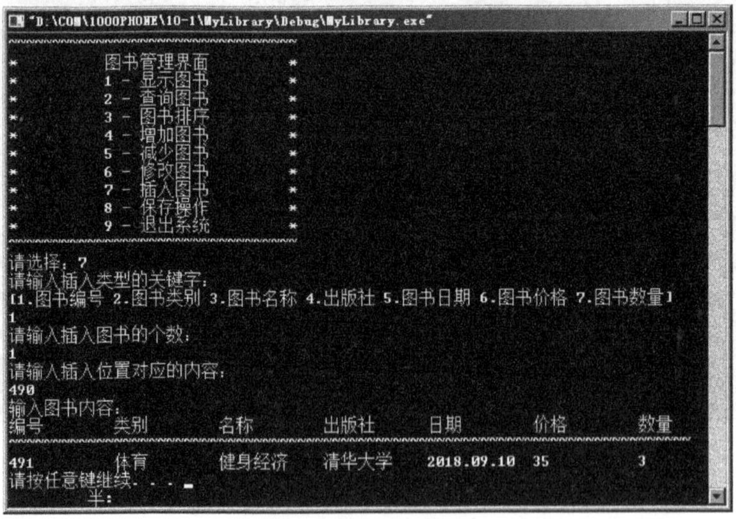

图 10.14　插入图书

10. 保存操作

在图书管理界面选择 8，就可以将前面对图书的操作保存到图书库文件中，如图 10.15 所示。

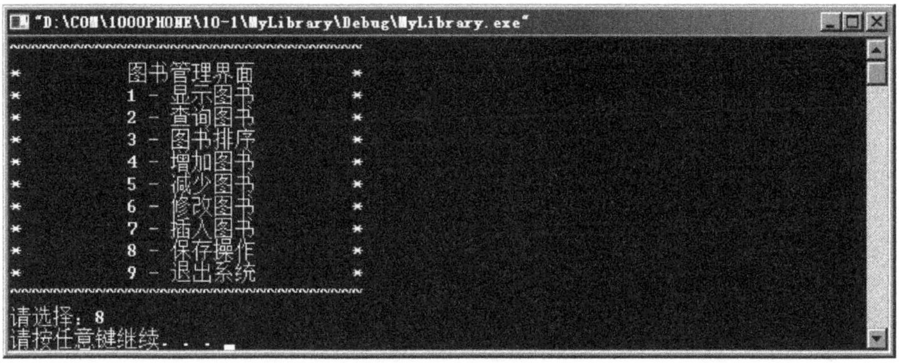

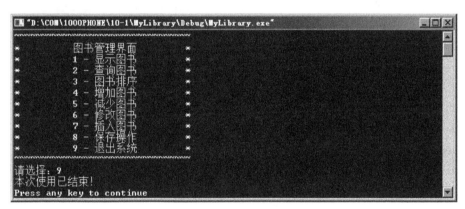

图 10.15 保存操作

11. 退出系统

在图书管理界面选择 9，就可以退出系统，如图 10.16 所示。

图 10.16 退出系统

10.5 本章小结

通过本章的学习，能够掌握 C++ 语言的开发流程和技巧，重点要了解程序开发流程及面向对象程序设计思想，熟练运用 C++ 语言基础知识，提高运用 C++ 语言解决实际问题的能力。

10.6　习　　题

思考题

（1）通过 10.2 节讲解的 4 个类，简述如何实现该图书管理系统。

（2）在 ReadBookFile()函数中，while 循环条件可改为"! m_fiBookFile.eof()"吗？

图书资源支持

感谢您一直以来对清华版图书的支持和爱护。为了配合本书的使用,本书提供配套的资源,有需求的读者请扫描下方的"书圈"微信公众号二维码,在图书专区下载,也可以拨打电话或发送电子邮件咨询。

如果您在使用本书的过程中遇到了什么问题,或者有相关图书出版计划,也请您发邮件告诉我们,以便我们更好地为您服务。

我们的联系方式:

地　　址:北京海淀区双清路学研大厦 A 座 707

邮　　编:100084

电　　话:010－62770175－4604

资源下载:http://www.tup.com.cn

电子邮件:weijj@tup.tsinghua.edu.cn

QQ:883604(请写明您的单位和姓名)

用微信扫一扫右边的二维码,即可关注清华大学出版社公众号"书圈"。

资源下载、样书申请

书圈